基本単位

長さ	メートル	m	熱力学温度	ケルビン	K
質量	キログラム	kg			
時間	秒	s	物質量	モル	mol
電流	アンペア	A	光度	カンデラ	cd

SI接頭語

10^{24}	ヨタ	Y	10^{3}	キロ	k	10^{-9}	ナノ	n
10^{21}	ゼタ	Z	10^{2}	ヘクト	h	10^{-12}	ピコ	p
10^{18}	エクサ	E	10^{1}	デカ	da	10^{-15}	フェムト	f
10^{15}	ペタ	P	10^{-1}	デシ	d	10^{-18}	アト	a
10^{12}	テラ	T	10^{-2}	センチ	c	10^{-21}	セプト	z
10^{9}	ギガ	G	10^{-3}	ミリ	m	10^{-24}	ヨクト	y
10^{6}	メガ	M	10^{-6}	マイクロ	μ			

〔換算例：1 N＝1/9.806 65 kgf〕

	SI		SI 以外		
量	単位の名称	記号	単位の名称	記号	SI単位からの換算率
エネルギー，熱量，仕事およびエンタルピー	ジュール (ニュートンメートル)	J (N·m)	エルグ カロリ(国際) 重量キログラムメートル キロワット時 仏馬力時 電子ボルト	erg cal_{IT} kgf·m kW·h PS·h eV	10^{7} 1/4.186 8 1/9.806 65 $1/(3.6\times10^{6})$ $\approx3.776\,72\times10^{-7}$ $\approx6.241\,46\times10^{18}$
動力，仕事率，電力および放射束	ワット (ジュール毎秒)	W (J/s)	重量キログラムメートル毎秒 キロカロリ毎時 仏馬力	kgf·m/s kcal/h PS	1/9.806 65 1/1.163 ≈1/735.498 8
粘度，粘性係数	パスカル秒	Pa·s	ポアズ 重量キログラム秒毎平方メートル	P kgf·s/m²	10 1/9.806 65
動粘度，動粘性係数	平方メートル毎秒	m²/s	ストークス	St	10^{4}
温度，温度差	ケルビン	K	セルシウス度，度	℃	〔注(1)参照〕
電流，起磁力	アンペア	A			
電荷，電気量	クーロン	C	(アンペア秒)	(A·s)	1
電圧，起電力	ボルト	V	(ワット毎アンペア)	(W/A)	1
電界の強さ	ボルト毎メートル	V/m			
静電容量	ファラド	F	(クーロン毎ボルト)	(C/V)	1
磁界の強さ	アンペア毎メートル	A/m	エルステッド	Oe	$4\pi/10^{3}$
磁束密度	テスラ	T	ガウス ガンマ	Gs γ	10^{4} 10^{9}
磁束	ウェーバ	Wb	マクスウェル	Mx	10^{8}
電気抵抗	オーム	Ω	(ボルト毎アンペア)	(V/A)	1
コンダクタンス	ジーメンス	S	(アンペア毎ボルト)	(A/V)	1
インダクタンス	ヘンリー	H	ウェーバ毎アンペア	(Wb/A)	1
光束	ルーメン	lm	(カンデラステラジアン)	(cd·sr)	1
輝度	カンデラ毎平方メートル	cd/m²	スチルブ	sb	10^{-4}
照度	ルクス	lx	フォト	ph	10^{-4}
放射能	ベクレル	Bq	キュリー	Ci	$1/(3.7\times10^{10})$
照射線量	クーロン毎キログラム	C/kg	レントゲン	R	$1/(2.58\times10^{-4})$
吸収線量	グレイ	Gy	ラド	rd	10^{2}

〔注〕 (1) T Kから θ℃への温度の換算は，$\theta=T-273.15$とするが，温度差の場合には $\varDelta T=\varDelta\theta$ である．ただし，$\varDelta T$ および $\varDelta\theta$ はそれぞれケルビンおよびセルシウス度で測った温度差を表す．

(2) 丸括弧内に記した単位の名称および記号は，その上あるいは左に記した単位の定義を表す．

JSMEテキストシリーズ

加工学Ⅱ 塑性加工

Manufacturing ProcessesⅡ Plastic Working

日本機械学会

事業部会・編修理事の方々，出版分科会を構成されました委員の方々，分野別の出版の企画・進行および最終版下作成にあたられた分野別出版分科会委員の方々，とりわけ教科書としての性格上短時間で詳細な形式に合わせた原稿の作成までご協力をお願いいただきました執筆者の方々に改めて深甚なる謝意を表します．また，熱心に出版業務を担当された本会出版グループの関係者各位にお礼申し上げます．

本シリーズが機械系学生の基礎学力向上に役立ち，また多くの大学での講義に採用され技術者教育に貢献できれば，関係者一同の喜びとするところであります．

2002 年 6 月

日本機械学会

JSME ﾃｷｽﾄｼﾘｰｽﾞ 出版分科会

主査　宇高　義郎

序

「JSME テキストシリーズ」は，大学学部学生のための機械工学への入門から必須科目の修得までに焦点を当て，機械工学の標準的内容をもち，かつ技術者認定制度に対応する教科書の発行を目的に企画されました.

日本機械学会が直接編集する直営出版の形での教科書の発行は，1988 年の出版事業部会の規程改正により出版が可能になってからも，機械工学の各分野を横断した体系的なものとしての出版には至りませんでした．これは多数の類書が存在することや，本会発行のものとしては機械工学便覧，機械実用便覧などが機械系学科において教科書・副読本として代用されていることが原因であったと思われます．しかし，社会のグローバル化にともなう技術者認証システムの重要性が指摘され，そのための国際標準への対応，あるいは大学学部生への専門教育への動機付けの必要性など，学部教育を取り巻く環境の急速な変化に対応して各大学における教育内容の改革が実施され，そのための教科書が求められるようになってきました.

そのような背景の下に，本シリーズは以下の事項を考慮して企画されました.

① 日本機械学会として大学における機械工学教育の標準を示すための教科書とする.

② 機械工学教育のための導入部から機械工学における必須科目まで連続的に学べるように配慮し，大学学部学生の基礎学力の向上に資する.

③ 国際標準の技術者教育認定制度〔日本技術者教育認定機構(JABEE)〕，技術者認証制度〔米国の工学基礎能力検定試験(FE)，技術士一次試験など〕への対応を考慮するとともに，技術英語を各テキストに導入する.

さらに，編集・執筆にあたっては,

① 比較的多くの執筆者の合議制による企画・執筆の採用,

② 各分野の総力を結集した，可能な限り良質で低価格の出版,

③ ページの片側への図・表の配置および 2 色刷りの採用による見やすさの向上,

④ アメリカの FE 試験（工学基礎能力検定試験(Fundamentals of Engineering Examination)）問題集を参考に英語による問題を採用,

⑤ 分野別のテキストとともに内容理解を深めるための演習書の出版,

により，上記事項を実現するようにしました.

本出版分科会として特に注意したことは，編集・校正には万全を尽くし，学会ならではの良質の出版物になるように心がけたことです．具体的には，各分野別出版分科会および執筆者グループを全て集団体制とし，複数人による合議・チェックを実施し，さらにその分野における経験豊富な総合校閲者による最終チェックを行っています.

本シリーズの発行は，関係者一同の献身的な努力によって実現されました． 出版を検討いただいた出版

「加工学・塑性加工」刊行にあたって

私たちの周りには「もの」があふれています．それにより，便利で豊かな生活ができています．そのような「もの」は最初から「もの」として存在していたのでしょうか？そうではないことは明らかです．原材料があり，それが素材となり，さらに「もの」となって私たちの身の回りに存在しているのです．それでは，「もの」がどのようにして造られてきたかを考えたことはありますか？

加工学は「もの」がどのようにして造られてくるか？それを更によくするためにどうすればいいか？を学ぶ学問で，塑性加工はその重要な一分野です．

「もの」を造るには素材と加工が必要ですが，幸い，我が国は世界最高の素材生産の技術と，加工の技術・技能を有しています．これを維持し発展させることが必要です．そのための基礎は「機械材料学」と「加工学」です．このテキストは「加工学」のなかの「塑性加工」の基礎を学ぶためのものです．本書により，若い学生・技術者諸君が塑性加工の基礎を身に着け，我が国の発展に貢献されることを期待しております．

本テキストは多くの気鋭の学者・研究者の共同作業により生まれました．執筆者には諸般の事情により，刊行が遅れたことをお詫びするとともに，ご協力頂いた皆様に感謝の意を表します．

2014 年 9 月

JSME テキストシリーズ出版分科会

加工学・塑性加工テキスト

主査　遠藤　順一

加工学・塑性加工　執筆者・出版分科会委員

執筆者・委員	遠藤　順一	(神奈川工科大学)	第 1 章，第 4 章，第 6 章
執筆者	桑原　利彦	(東京農工大学)	第 2 章，第 4 章，第 5 章
執筆者	湯浅　栄二	(東京都市大学)	第 3 章
執筆者	柳本　潤	(東京大学)	第 4 章，第 5 章，付録
執筆者	川井　謙一	(横浜国立大学)	第 4 章
執筆者	村上　碩哉	(東京工業大学)	第 6 章
執筆者	小豆島　明	(横浜国立大学)	第 6 章
編集・委員	村田　良美	(明治大学)	

総合校閲者　西村　尚　(東京都立大学)

目次

第4章　各種の塑性加工

第5章　塑性加工の力学

第6章　加工機械と生産システム

第 1 章

序論

Introduction

1・1 モノ造りとは (what is manufacturing?)

日本の代表的大企業である M 重工の O 社長は，製造業ににについて次のように述べている．

「製造業というのは物の形を変えることで付加価値を創出する仕事です．材料を買ってきて，切って，曲げて，機械加工して組み立てて，ソフトウェアを組み込み，表面処理をして色を塗っていく．形を変えるには当然，どう変えるかという情報が必要になる．図面は，最終的に「こういうものを造ってほしい」ということを表す情報ですけれど，その前に「この機能を基本として，あとはオプションにしよう」といったような基本設計・概念設計があり，さらにその前には顧客へのアンケートに基づくマーケッティング・データがある．つまり，源流のところから情報がだんだん形を変え，細分化されながら図面になっていく．情報の形が変わっていく流れとそれを受けて物の形を変える流れ，この二つこそ製造業の本流です.」（日経ものづくり，2008 年 11 月号）

すなわち, モノを造ることはモノの形を変えることであると述べている．モノの形を望ましいものに変えることにより，付加価値が増える．製造業はモノの形を変えて，付加価値を増殖する．製造業の本質である．

ところで「つくる」には「作る」，「造る」，「創る」という漢字が当てられているが,「作る」は無形のもの,「造る」は有形のもの,「創る」は新しく始めてつくる場合と使い分けられるようである. したがって,「モノづくり」には「造り」を当てるのが妥当である．

モノの形を変える手段は多様である．モノを金属に限れば，

1. 熱を加えて溶融する．
2. 化学的に溶かす／くっつける．
3. 力を加えて形を変える．
4. 原子あるいは分子状態にして加工する．

などである．

切削／研削などの除去加工と塑性加工は，もっとも多用されている加工であるが，上記 3 に相当する．(切削／研削において，削るということが金属の塑性変形を利用していることは本シリーズ「加工学 I －除去加工－」あるいは専門書を参照されたい.）

「力を加えて形を変える」ためには，モノ＝材料が力によって形が変わることが必要である．元の形が変わるには,「壊れる」場合と「変形する」場合があり，後者の性質を材料の変形能 (deformability)，あるいは延性(ductility)という．多くの金属材料はこの性質を有している．これが今日，

金属が多用されている要因の一つである.

金属を利用することが人間の文明に大きく寄与したことは間違いないものと思われる. エジプトでは紀元前 5000 年頃, すでに銅をつかっていたとのことである. 石器時代から青銅の時代になり, 鉄が青銅にとって変わった.

人間が加工することを覚えたのは何時の頃であったかはっきりは分からないが, 考古学者によれば 40 万年前には木製の槍を石の工具？で先端を尖らせ, また, 投げやすいように削っていたとのことである(1).

4 足歩行から 2 足歩行に変わることにより, 脳の働きが活発になり, 手が使えるようになって, モノの形を望ましい形に変えることができるようになったことが, 今日の人間の文明を築いたものと考えられる. すなわち, 加工をすることが文明の基礎とも言える. 特に, 脆性材料である石器から, 延性を有する金属を用い始めたことの意義は大きい. 脆性では, 必ずしも望みの形にならないからである.

金属を溶融して,「型」に注ぎ, 冷却後に望ましい形（鋳造）に変えるためには金属を溶融するために, 高温が必要である. 陳舜臣氏によれば, 古代中国では燃焼温度を高温にする「ふいご」が用いられたので, 鋳造が盛んになり, 欧州では高温を得られなかったので鋳造よりも塑性加工（鍛鉄）が用いられたとの説を述べている（陳舜臣：中国の歴史). ヨーロッパでは古代のコインはいわゆるコイニングという塑性加工で造られたのに対し, 古代中国では鋳造により製造されていたという指摘もあり, 東西両文明の相違として面白いことである.

鉄が用いられるようになってから, 青銅に取って代わったことはよく知られている. 人間が鉄を使うようになったのは紀元前数世紀, あるいはそれ以前とされているが, 木炭と鉄鉱石を積み,「ふいご」で空気を送って低炭素の鋼を得ていたとされる. ふいごを人力, あるいは畜力で動かしていたので, 力が弱く, 大量の熱を発生することができない. 鉄の融点は,1530℃くらいでケイ酸やアルミナの融点はもっと高い. 従ってできた鉄は鍛造（自由鍛造）して鉄以外の不純物（脈石）を搾り出すことが必要であったとのことである. 欧州では 14 世紀頃に水車をふいごの動力として用いるようになり, 木炭を高い温度で燃焼させることができるようになり, それまでよりも飛躍的に鉄の生産量が増加したようである. 鉄鉱石に含まれている酸素をとるために用いられた木炭の炭素が鉄の中に溶け込み, 融点が 1200℃位まで下がり, 不純物が石灰と化合してスラグとなり, 溶融した鉄の上に浮いた. こうして溶鉄が得られるようになった(2).

図 1.1　18 世紀初頭の製鉄所の全景(2)

水力, 木炭, 鉄鉱石が得られる場所は山間部であり, 製鉄所はこのような土地に作られたようである. スロヴェニアの山間部にある KROPA という町では, 中世ヨーロッパの「釘」の多くを賄っていたとのことである. 同地には, 現在, 中世の水力を利用した製鉄所の模型があり, 現在はハンドメイドの鉄の工芸品を作っている. 図 1.1 に水力を利用していた製鉄所を示す(2).

18 世紀になり，ダービー父子により，石炭を乾留して作られたコークスを用いた製鉄が行われるようになった．これが近代製鉄の始まりとされる．水力を用いたふいごによる送風から，蒸気機関を用いた送風機による送風も採用された．すなわち，産業革命の時代に近代製鉄の基礎が確立し，これが大量の鉄製品の供給に繋がった．ちなみに，ジェームス・ワットの蒸気機関の第 1 号（1765 年といわれている）はピストンとシリンダー（直径 460mm）の間に 10mm の凹凸があり，蒸気が漏れて使いものにならなかったそうである．1774 年に Wilkinson により，中ぐり盤が作られ，これを用いた第 2 号機（1976 年）は直径 1300mm で凹凸は 1.5mm 以下となり実用となったことが知られている．産業革命とは，単に蒸気機関が創られただけではなく，様々な技術開発の相乗効果であることを注意すべきである．

1・2　加工法の比較 (comparison of production methods)

加工法の種類は多い．従って，どの加工法を選択するかは，生産を計画するに当って重要であることはいうまでもない．

1 例として丸いカップを製造する場合を考えよう．考えられるのは

＊　丸棒など塊から切削する．
＊　鋳造する．
＊　塑性加工する．
＊　円筒と円盤を溶接する．

など様々な方法が考えられるし，切削にしても使用する機械は，旋盤であったり，フライス盤であったりと種々である．塑性加工にいたっては

＊　板をプレス加工（成形）する（第 4 章参照）．
＊　鍛造（押出し）で造る（第 4 章参照）．
＊　円盤をスピニングする（第 4 章参照）．
＊　板をインクリメンタル・フォーミングする．

など，枚挙のいとまがないほどである．もし，大量に生産しなければならないとすれば，プレス成形あるいは鍛造が有利となるが，これらの加工を行うには金型を製作する必要がある．また，もし数個だけ作るのであれば，切削や溶接，フレキシブル・スピニング，インクリメンタル・フォーミングなど，型を用いないで加工する方法が有利となる．鋳造も，鋳型を簡単に造れれば候補に入る．最適な加工法はケース・バイ・ケースで異なる．どの加工法を選ぶかは，コスト，時間（納期），所有する機械，技能，要求精度など様々な要素を勘案しなければならない．従来は，切削加工＝少量生産，塑性加工＝大量生産，鋳造＝中量生産という図式が一般的であったが，最近は上記のフレキシブル・スピニングやインクリメンタル・フォーミングのように金型を必要とせず，少量生産に対応する塑性加工法が開発されており，一筋縄ではいかない．一般的に言えることは，少量生産に適している加工法は加工時間が長いのに対し，大量生産に適している加工法は加工時間が短いことである．また，精度が高いほど加工時間も長くなるのが普通である．最近は，プレス（機械）をはじめ，塑性加工機械が高度化し，塑性加工による製品の精度が高くなり，従来は塑性加工した後に切

図 1.2　インジェクター（カットモデル）
（提供　(株)小松精機工作所）

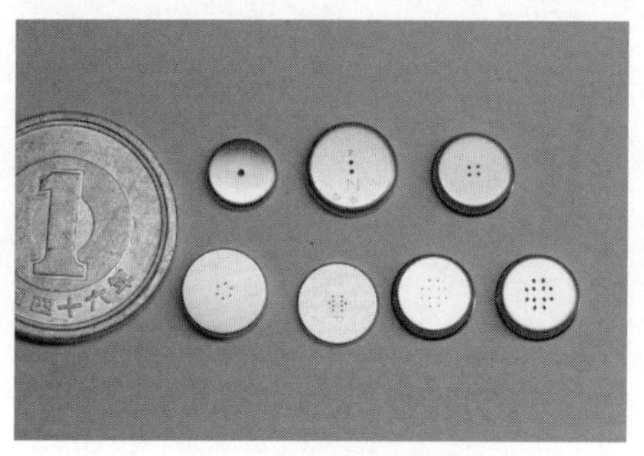
図 1.3　インジェクターのオリフィス
（提供　(株)小松精機工作所）

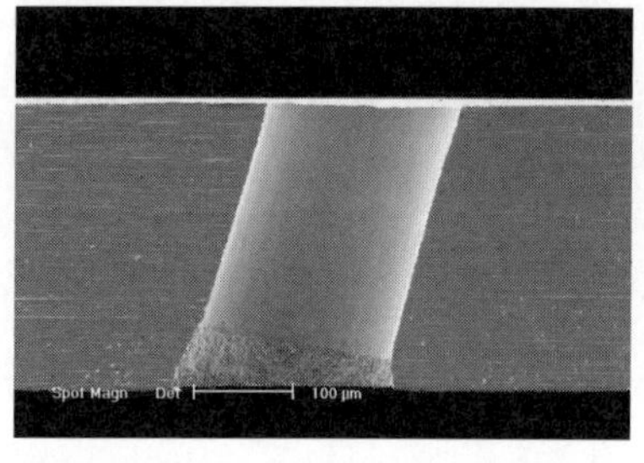
図 1.4　オリフィスにあけられた斜孔
（提供　(株)小松精機工作所）

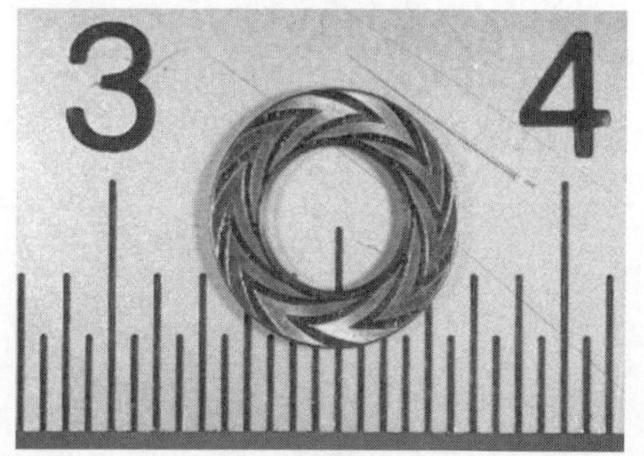

図 1.5　HDD用流体動圧軸受けのスラストベアリング
（提供　三吉工業(株)）

削・研削をしていた部品を塑性加工のみで済ませる事例が増えている．

1・3　最新塑性加工製品の事例 (examples of recent products by plastic working)

最近は，ネット・シェイプ加工と称し，塑性加工だけで必要な精度をだすことが行われており，コストダウンが図られている．

以下にいくつかの最新の塑性加工製品の事例を示そう．

＊ガソリン燃料噴射インジェクターのオリフィス

ガソリンエンジンの燃料消費率向上のために，燃料噴射が行われている．図 1.2 にインジェクターを示す．この部品の先端についているオリフィスは，燃料である流体をある圧力で噴射したときに，流体を噴霧とする重要な部品であり，燃焼効率を左右する．板に小さい孔をあける必要があるので，従来は放電加工が用いられてきた．放電加工は加工時間がかかり，孔は 1 個であった．これをプレス加工に置き換え，かつ，孔を斜めにあけた．図 1.3 にオリフィスを，図 1.4 に斜めにあけた孔を示す．このように，多数の孔を斜めにあけることができ，燃焼効率があがり，燃費向上が図られ，CO_2 削減に貢献できている．しかしながら，このように斜めに小さい孔をあけるのは極めて難しい．例えば，ドリル加工をしようとすれば，ドリルが逃げて折れるのが普通である．それをプレス加工，すなわち，パンチでの孔抜きで行っている．金型とプレス機械，技能と技術をうまく組合せている．

ハイテンと称する難加工鋼板をプレス加工した部品を用いることにより，自動車の軽量化を行い，CO_2 削減に大きく寄与している．塑性加工は環境問題にも貢献している．

＊ハードディスク・ドライブ用流体軸受けのスラストベアリング

記憶装置の一つであるハードディスク（HDD）は小型・高速度化が求められ，固体接触であるボールベアリングから，非接触の流体動圧軸受けに変わってきている．流体動圧軸受けは，軸受けの溝に入れた潤滑剤が，回転により発生した動圧により，固体同士が接触することなく，軸受けの機能を発生する．この溝は 10μm 程度であって，切削加工あるいは放電加工が用いられ，プレス加工は極めて難しいとされていた．というのは，プレス機械の下死点（第 6 章，6・1・3 を参照）精度が±10μm 以上であるからである．図 1.5 に流体動圧軸受けのスラストベアリングをプレス加工（コイニング）で製作したものを示す．このようなプレス加工ができるのはサーボプレスが開発されたからである．

HDD 用の部品としては，ピックアップを保持するサスペンションもプレス加工で生産されている．板厚 30～50μm の極薄板をせん断や曲げ加工している．従来はエッチングで生産していた部品であり，プレス加工により，加工時間とコストが下がった．

このように，IT 産業を支えるハードウェアに関しても，塑性加工により，加工時間が減少し，コストダウンが図られ，大きく貢献している．

＊インクリメンタル・フォーミング

塑性加工は一般的にいえば，大量生産に適した加工である．それは，金型形状を短時間で素材に転写するからである．これが多品種少量生産に対してはデメリットとなる．というのは，金型を作る必要があり，これに要するコストは製品を大量生産しないと吸収することができない．例えば，順送り型（第6章参照）では金型コストは一千万円近くとなる場合があり，一万個の製品を造っても製品1個当たりに占める金型コストは千円である．この値段では切削加工よりも高価になる恐れがある．しかし十万個の製品をつくれば1個当たりは百円にしかならない．このように，大量であればあるほど金型が占めるコストは減少することになる．ところが，現在は多品種少量生産が主流となっている．この原因の一つは消費者の志向が多様になっていることである．

多品種少量生産に対応する塑性加工として，インクリメンタル・フォーミングが開発された．この方法は，棒状の汎用工具を三次元的に動かし，局部的に塑性変形をさせ，逐次に成形を行うというものである．図1.6，1.7にインクリメンタル・フォーミングにより，富士山の縮尺模型の加工している様子を，図1.8に完成した製品を示す．

このように，塑性加工は多品種少量生産にも対応できる．

図1.6　インクリメンタル・フォーミングにおける成形I（提供　(株)アミノ）

図1.7　インクリメンタル・フォーミングにおける成形II（提供　(株)アミノ）

図1.8　インクリメンタル・フォーミングによる富士山の縮尺模型（提供　(株)アミノ）

1・4　本テキストの目的 (aims of this text)

本テキストは機械工学系の学生を対象に，塑性加工について理解を深めてもらうことを目的としている．しかしながら，機械工学系の学科を卒業しても，実際に塑性加工に携わる人は多いとは思われない．塑性加工によって製造された各種素材・製品・部品の恩恵に預かることは多いであろうが，塑性加工そのものに関係する人は少ないのではなかろうか．塑性加工の種類は多岐にわたる．それらの知識を網羅することは難しいし，すべてが機械工学系の学生に必要ともされないであろう．しかしながら，塑性加工の基礎となる「ものの考え方」はすべての機械工学系の学生に必要な筈である．そこで本テキストでは，塑性加工の基礎を与える，材料と変形の力学的解析に多くのページを費やしている．技術の進歩は速く，知識は陳腐化する．前節で述べた最新の塑性加工製品は十年後には最新ではなくなるであろう．しかしながら，本テキストで述べた力学的解析法に用いられている手法は，例え今後，より厳密な新しい解析法が出現したとしても有効である筈である．すなわち，材料とその変形をモデル化し力学的に取り扱うという手法は，機械工学には普遍であり続ける筈である．塑性加工がより微細な領域に入り，現在の連続体力学では取扱えないことになったとしても，「考え方」は生きている筈である．

一方，本テキストは「塑性力学」のテキストとは一線を画している．すなわち，解析的手法のみの記述に偏ることなく，各種塑性加工法，加工機械，金型，潤滑など必要な事項についても記述している．勿論，塑性加工は多岐にわたり，加工機械も多岐にわたるので，そのすべてを網羅することはできない．あくまでも代表的なものを取上げ，その基礎となる考え方を述べているつもりである．

冒頭で述べたように，塑性加工の歴史は古く，我々は先人の知恵と努力の恩恵に浴している．今後，形を変えたとしても，塑性加工とその製品がなくなることはない．本テキストで学生諸君が「考え方」を身に付けてくれれば，本書の作成に携わった者の喜びとするところである．

1・5　本テキストの構成と使い方 (contents of this textbook and how to use it)

本テキストは塑性加工を初めて学ぶ学生を対象にしており，基礎科目として，力学，材料力学，微積分や線形代数などの授業科目を学習していることを前提に，6 章と付録から構成されている．

第 1 章「序論」では塑性加工の役割と重要性について述べている．

第 2 章「塑性力学の基礎」は金属の塑性という現象を物理的観点から解説した．

第 3 章「金属材料の塑性変形」は金属の塑性変形を金属学的観点から解説している．

第 4 章「各種の塑性加工」では主要な塑性加工について概説している．

第 5 章「塑性加工の力学」では塑性加工を力学的に解析する手法について述べている．

第 6 章「加工機械と生産システム」では各種塑性加工の中からプレス加工をとりあげ，プレス機械，金型，トライボロジー，生産システムについて解説した．

付録「有限要素法」では今日 CAE で普及している有限要素法を塑性変形に適用する方法を解説し，各種塑性加工への有限要素法適用への基礎を与えている．

現在，カリキュラムの多様化と情報系の科目の増設により，多くの大学・高専において加工系の授業時間が必ずしも十分にはとることができないことが考えられる．そこでいかなるカリキュラムに対しても対応できることをめざしている．また，塑性加工の授業を受けず，企業において，塑性加工を学ばざるを得なくなった技術者に対しても，入門書として役立つように意を用いている．従って本テキストは第 2 章から付録まで順番に学ぶだけでなく，各学校のカリキュラムに合わせ，必要な章を学ぶことが出来るように，内容の重複をいとわなかった．

例えば，力学系に重点を置く学校では，第 2 章，第 5 章，付録の順に学べばよいし，「工作法」の授業の一環として，第 4 章「各種の塑性加工」のみを用いてもよい．どの章を学ぶかは各学校のカリキュラムに合わせる，あるいは学ぶ人間のニーズに合わせることができる．付録として「有限要素法」の基礎を置いたのも，企業において塑性加工を学ばねばならなくなった技術者のニーズに応えるためである．いわゆる素形材として，各種プレス加工部品を扱わねばならなくなった技術者は第 6 章が参考になる筈である．本テキストを学ぶ人がそれぞれのニーズに合わせて用いてもらうことを願っている．

第 1 章の参考文献

(1)　I. Catic, M. Rujnic-Sokele, I. Karavanic, Globakisation of Tool, Proc. 7th ICIT&MPT, (2009), 345-350.

(2)　作井誠太編，100 万人の金属学，技術編，（1966），アグネ．

第 2 章

塑性力学の基礎

Fundamentals of Theory of Plasticity

2・1 単軸応力状態における金属の弾塑性変形特性 (elastic-plastic deformation characteristics of metals under uniaxial stress state)

金属材料の弾塑性変形特性を測定するためのもっとも基本的な方法は単軸引張試験法(uniaxial tensile test)である．本節では，単軸引張試験法から測定される金属の塑性変形特性の評価方法について述べる．なお単軸引張試験法の詳細は「JIS Z 2201 金属材料引張試験片」および「JIS Z 2241金属材料引張試験方法」（ISO 6892に対応）に規定されているので参照されたい．

2・1・1 応力-ひずみ曲線 (stress-strain curve)

初期断面積 A（板幅 W, 板厚 T），標点間距離 L の単軸引張試験片を長手方向に引っ張る．引張荷重が F に到達した時点の各寸法が各々 w, t, l になったとする（図2.1）．このとき，公称応力(nominal stress) σ_N および公称ひずみ(nominal strain) ε_N は次式で定義される．

$$\sigma_N \equiv \frac{F}{A} = \frac{F}{W \cdot T}, \quad \varepsilon_N \equiv \frac{l-L}{L} \tag{2.1}$$

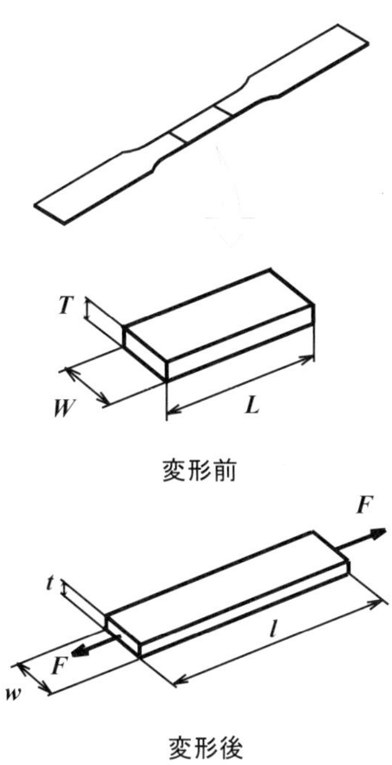

図 2.1 金属薄板の単軸引張試験

各種金属材料の公称応力-公称ひずみ曲線の測定例を図2.2(a)に，0.5％以下の小さいひずみ範囲における公称応力-公称ひずみ曲線を拡大した図を同図(b)に示す．はじめ，応力（もしくはひずみ）が点Aに達するまでは，応力とひずみの間には比例関係が成り立ち，応力を0にすればひずみも0に戻る．このように，外力を0にすると元の形に戻る性質を弾性(elasticity)という．弾性域において測定される応力-ひずみ曲線の傾き E はヤング率(Young's modulus)とよばれる．ちなみに，点Aは弾性限界(elastic limit)とよばれる．

点Aを超えてさらに試験片を変形させると，応力-ひずみ曲線の勾配が徐々に小さくなる．このひずみ範囲においては，例えば点Bに達した時点で荷重を減少させると，応力とひずみはそれまでの応力ひずみ曲線を後戻りせず，点Bを通りヤング率 E と等しい傾きを有する直線BC上をたどる．そして応力が0になると，点Cの位置で示されるひずみが試験片に残留する．このように，外力を取り除いてもひずみが0にならず，永久変形が物体に残留する性質を塑性(plasticity)という．

金属が塑性変形を開始することを「降伏(yield)」ともいい，応力-ひずみ曲線上で降伏が開始した点を降伏点(yield point)，そのときの応力を降伏応力(yield stress)とよぶ．これに対し，塑性変形中に発生する真応力のことを塑性流動応力(flow stress)もしくは変形抵抗(flow resistance)とよぶこともある．図

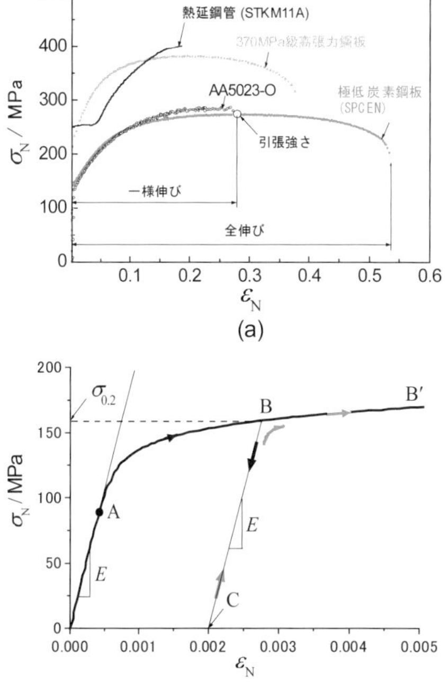

図 2.2 (a)各種金属材料の公称応力-公称ひずみ曲線 (b)降伏点近傍の拡大図

2.2(a)の熱延鋼管の例に見られるように，焼鈍した軟鋼では降伏伸び(yield elongation)が生じるので，降伏点は明瞭に測定でき，降伏応力も明確に定まる．一方，降伏伸びが生じない材料においては，結晶のすべり変形（2.2節参照）が徐々に開始することや，測定機器の精度の問題もあって，降伏点を正確に決定することが難しい．そこで，点 B のように，0.002（0.2%）の残留ひずみを与える応力をもって実用上の降伏応力と定義する．これを0.2%耐力(0.2% proof stress)とよび，通常 $\sigma_{0.2}$ と表記する．非常に精密に降伏点を測定したい場合，極微の残留ひずみ（$10^{-5} \sim 10^{-6}$）を与える応力をもって降伏点と定義することもある(1)．

塑性変形域では，ひずみの増加に伴って，塑性変形を継続させるのに必要な応力も徐々に増加する．この現象は，加工硬化(work hardening)もしくはひずみ硬化(strain hardening)とよばれる．加工硬化は，塑性ひずみの累積とともに材料の降伏応力が増大する現象と捉えることができる．事実，図2.2(b)において，除荷後の点 C から再度荷重を増加させると，点 B まではヤング率 E の傾きで応力が上昇するが，点 B に達すると，除荷前の応力-ひずみ曲線 AB を延長した曲線 BB′ をたどることが実験で確認できる．

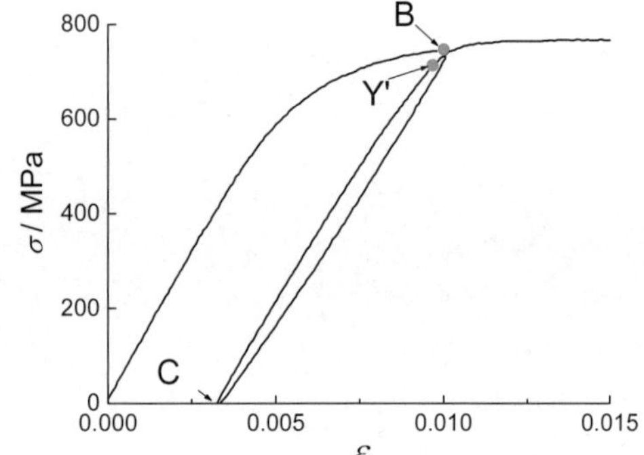

図 2.3 ヒステリシス効果（りん青銅）

実際の材料では，図2.3に示すように，応力経路が BCY′ のようにループを描く．これはヒステリシス効果(hysteresis effect)とよばれる．このとき材料の再降伏は点 B よりわずかに低い応力（点 Y′）で起こる．ヒステリシス効果を数式表現するのは煩瑣であるので，通常の塑性力学解析では，図2.2(b)のように簡単化して考えるのである．

ひずみがさらに増すと，それまで一様に伸ばされていた試験片の一部が細くなってくびれ(necking)を起こし，ほぼこの時期に引張荷重は最高となる．この最高荷重を試験片の初期断面積 A で割った値が引張強さ(tensile strength)である．くびれが発生すると，くびれ部の応力がより高くなるため，くびれ部での塑性変形がさらに加速され，ついには破断に至る．破断までの試験片の公称ひずみを全伸び(total elongation)，最高荷重点までのひずみを一様伸び(uniform elongation)とよぶ．

2・1・2　真応力と対数ひずみ (true stress and logarithmic strain)

微小変形理論にもとづく弾性変形解析では公称応力を用いて不都合はない．なぜなら，弾性変形ではひずみの大きさは 10^{-3} のオーダーであるから，変形による断面積の変化が無視できるからである．

一方，塑性変形解析では，ひずみの大きさが 10^{-2} ～1のオーダーにおよぶこともあるので，変形による断面積の変化が無視できない．そこで，変形中の時々刻々の断面積で荷重を除して得られる真応力(true stress) σ を用いる．単軸引張変形においては，真応力は次式で計算できる．

$$\sigma \equiv \frac{F}{w \cdot t} = \frac{F}{W \cdot T}\frac{l}{L} = \sigma_{\mathrm{N}}(1+\varepsilon_{\mathrm{N}}) \tag{2.2}$$

ここで，塑性変形では金属の体積はほとんど変わらないので，$W \cdot T \cdot L = w \cdot t \cdot l$ としている．すなわち，公称応力-公称ひずみ曲線のデータがあれば，真応力は式(2.2)からただちに計算できる.

【例題2・1】　＊＊＊＊＊＊＊＊＊＊＊＊＊＊＊＊＊＊＊＊＊＊＊

直径10mm, 長さ50mm の金属丸棒に単軸引張荷重10kN を加えたところ, 丸棒の長さが60mm になった. 丸棒に作用する引張の真応力 σ を求めよ.

【解答】　丸棒に作用する引張の公称応力は,

$$\sigma_{\mathrm{N}} = \frac{10{,}000\,(\mathrm{N})}{3.14\times5\times5\,(\mathrm{mm}^2)} = 127\,\mathrm{MPa}$$

$$\therefore\ \sigma = 127\,\mathrm{MPa}\times(1+0.2) = 153\,\mathrm{MPa}$$

＊＊＊＊＊＊＊＊＊＊＊＊＊＊＊＊＊＊＊＊＊＊＊

ひずみについては, 塑性力学解析では, 次式で定義される対数ひずみ(logarithmic strain)を用いる.

$$\varepsilon \equiv \ln\frac{l}{L} \tag{2.3}$$

対数ひずみは真ひずみ(true strain)ともよばれる.

対数ひずみの由来を図2.4を用いて説明する. 初期長さ L の試験片が最終長さ l まで伸び変形を受けたとする. ここで全変形過程を n 個の微小変形段階に分割し, 第 i 番目の変形段階における長さを l_i （$l_1 = L$）, 長さの変化量を Δl_i $(= l_{i+1} - l_i)$ とする. このとき, 第 i 番目の変形段階におけるひずみの増加量 $\Delta\varepsilon_i$ は, その変形段階における長さ l_i を基準にとって $\Delta\varepsilon_i = \Delta l_i / l_i$. よって, 試験片の長さが l に至るまでの $\Delta\varepsilon_i$ の総和は, 次式より求まる.

$$\varepsilon = \sum_{i=1}^{n}(\Delta\varepsilon_i) = \frac{\Delta l_1}{L} + \frac{\Delta l_2}{l_2} + \cdots + \frac{\Delta l_i}{l_i} + \cdots + \frac{\Delta l_n}{l_n} \tag{2.4}$$

各変形段階の Δl_i を無限に小さくとれば,

$$\varepsilon \equiv \int_L^l \frac{dl}{l} = \ln\frac{l}{L} \tag{2.5}$$

を得る. これが対数ひずみの由来である. ちなみに, 式(2.5)において, dl/l は, ある瞬間における長さ l と長さの微小増加量 dl より計算されるひずみの増加分を表している. これを $d\varepsilon$ と書き, ひずみ増分(incremental strain, strain increment)とよぶ. すなわち,

$$d\varepsilon \equiv \frac{dl}{l} \tag{2.6}$$

なお対数ひずみ ε と公称ひずみ ε_{N} の間には次の関係式が成り立つ.

$$\varepsilon = \ln(1+\varepsilon_{\mathrm{N}})\quad\left(\because\ \ \varepsilon_{\mathrm{N}} = \frac{l-L}{L}\right) \tag{2.7}$$

公称ひずみと対数ひずみの比較を表2.1に示す. 公称ひずみが0.01以下であ

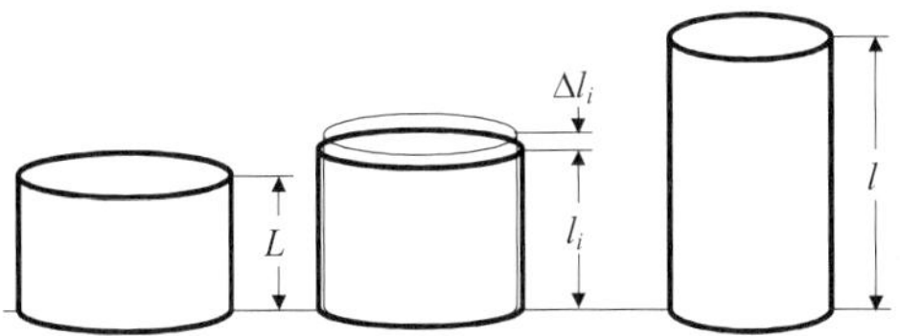

図 2.4　対数ひずみ（真ひずみ）の説明図

表 2.1 公称ひずみと対数ひずみの比較

公称ひずみ ε_{N}	対数ひずみ ε	$(\varepsilon-\varepsilon_{\mathrm{N}})/\varepsilon_{\mathrm{N}}\times100$ ／%
0.001	0.0009995	-0.05
0.005	0.00499	-0.3
0.01	0.00995	-0.5
0.02	0.0198	-1.0
0.05	0.0488	-2.4
0.10	0.0953	-4.7
0.20	0.1823	-8.8
0.40	0.3365	-15.8
0.80	0.5878	-26.5
1.0	0.6931	-69.3

ε_{N} が 1 に比べて十分小さいときは $\varepsilon = \ln(1+\varepsilon_{\mathrm{N}}) \approx \varepsilon_{\mathrm{N}} - \frac{\varepsilon_{\mathrm{N}}^2}{2}$ で近似できることに注意.

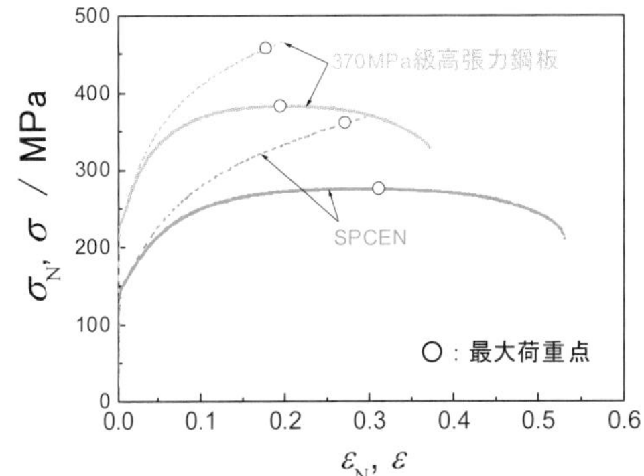

図 2.5　公称応力-公称ひずみ曲線（太線）と真応力-対数ひずみ曲線（破線）の比較

れば，対数ひずみとの誤差は0.5％以下である．実際の材料で測定された公称応力-公称ひずみ曲線と真応力-対数ひずみ曲線の比較を図2.5に示す．後者は前者の上方に位置し，ひずみの増加に伴いその差が顕著になる．

塑性力学解析において，対数ひずみを用いることの合理性と利点は2･1･5節で述べる．

【例題2・2】　＊＊＊＊＊＊＊＊＊＊＊＊＊＊＊＊＊＊＊＊＊＊＊＊

A bar of 100mm initial length is elongated to a length of 144mm in two stages as indicated below:

stage 1: 100mm increased to 120mm
stage 2: 120mm increased to 144mm

(a) Calculate the nominal strain for each stage and compare the sum of the two with the total overall value of ε_N.
(b) Repeat part (a) for true strain.

【解答】

(a) The nominal strains, ε_N, for stages 1 and 2 are both 0.2, and the total overall value of ε_N is 0.44. Therefore, the sum of the two nominal strains is not equal to the total overall value of ε_N.
(b) The logarithmic strains, ε, for stages 1 and 2 are both 0.1823, and the total overall value of the logarithmic strain is 0.3646. Therefore, the sum of the two logarithmic strains is equal to the total overall value

＊＊＊＊＊＊＊＊＊＊＊＊＊＊＊＊＊＊＊＊＊＊＊＊

2・1・3　真応力-対数塑性ひずみ曲線 (true stress-strain curve)

図2.6(a)に示す真応力-対数ひずみ曲線において，点 B まで負荷した後に除荷すると，前述したように，応力とひずみは直線経路 BC をたどる．ここで負荷時のひずみ ε を全ひずみ(total strain)とよぶ．全ひずみは弾性ひずみ(elastic strain) ε^e と塑性ひずみ(plastic strain) ε^p の和である．すなわち，

$$\varepsilon = \varepsilon^e + \varepsilon^p \tag{2.8}$$

ここでヤング率を E とすると $\varepsilon^e = \sigma / E$ だから，$\sigma \geq Y$ において塑性ひずみ ε^p は次式より求まる．

$$\varepsilon^p = \varepsilon - \varepsilon^e = \varepsilon - \frac{\sigma}{E} \tag{2.9}$$

式(2.9)を用いて対数ひずみを対数塑性ひずみに変換すれば，真応力-対数塑性ひずみ曲線を得る（図2.6(b)）．単軸引張試験から得られる真応力-対数塑性ひずみ曲線は，塑性力学解析において，多軸応力下で塑性変形する金属の加工硬化を定式化するための参照曲線として使われる（5･1･4項参照）．従って，実験で測定された真応力-対数塑性ひずみ曲線をできるだけ精度のよい近似式を用いて数式表現しておくことは，高精度な成形シミュレーションを行う上で必要不可欠である．

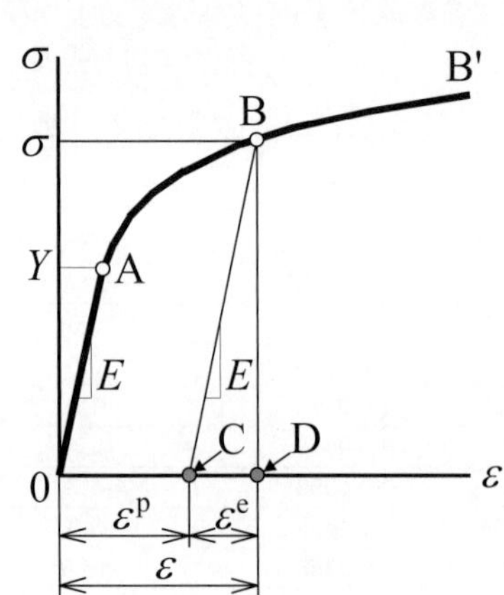

(a) 真応力ー対数ひずみ曲線

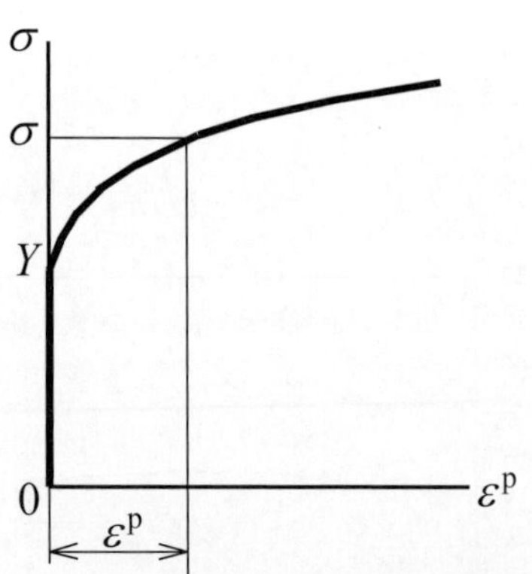

(b) 真応力ー対数塑性ひずみ曲線

図 2.6　(a) 弾性ひずみ成分 ε^e と塑性ひずみ成分 ε^p　(b)真応力-対数塑性ひずみ曲線

【例題2・3】　＊＊＊＊＊＊＊＊＊＊＊＊＊＊＊＊＊＊＊＊＊＊＊＊

長さ50mm，ヤング率 E = 70GPa の棒材に引張荷重を作用させたところ，引張の真応力 σ が280MPa に達したとき，棒材の長さが60mm になった．次に引

張荷重を徐々に減少させた．荷重が0になった時の棒材の長さを求めよ．

【解答】　除荷時に生じた弾性ひずみε^{e}は，

$$\varepsilon^{\mathrm{e}} = \frac{\sigma}{E} = \frac{280\times10^6\ \mathrm{Pa}}{70\times10^9\ \mathrm{Pa}} = 4\times10^{-3}$$

よって，荷重がゼロになった時の棒材の長さは，

$$60\,\mathrm{mm}\times(1-4\times10^{-3}) = 59.76\,\mathrm{mm}$$

＊＊＊＊＊＊＊＊＊＊＊＊＊＊＊＊＊＊＊＊＊＊＊

2・1・4　真応力-対数塑性ひずみ曲線の数式表現 (expression of true stress-strain curve)

図2.7に真応力－対数塑性ひずみ曲線の数式モデルを示す．真応力－対数塑性ひずみ曲線の近似式として，最もよく使われるのは，(a)に示すSwiftのn乗硬化則(Swift's power law)である．

$$\sigma = c(\varepsilon_0 + \varepsilon^{\mathrm{p}})^n \tag{2.10}$$

ここで，指数nは加工硬化指数(work hardening exponent)もしくはn値(n-value)とよばれる．c値が大きいほど塑性流動応力が大きく，n値が大きいほどひずみの増加に伴う塑性流動応力の増加率が大きくなる．通常の金属材料では$0<n<1$である．(b)のように真応力-全ひずみ曲線を直接$\sigma = c\varepsilon^n$で近似することもあるが，低ひずみ範囲での近似の精度は劣る．(c)，(d)では塑性域を直線硬化形としており，(d)は弾性ひずみを無視したモデルである．(e)，(f)は塑性域を非硬化形としたモデルである．特に(f)は剛完全塑性体(rigid-perfectly plastic material)とよばれ，弾性ひずみも加工硬化も無視した単純なモデルであるが，初等解析やすべり線場解析において用いられ，見通しのよい塑性力学解を得るのに役立つ．

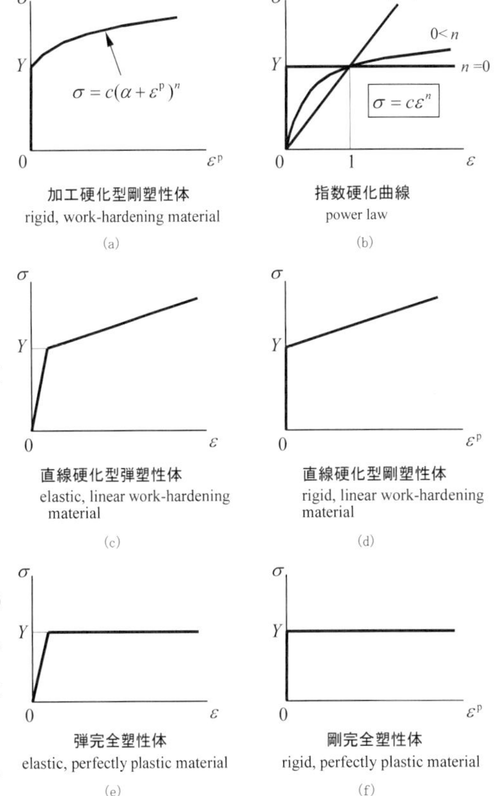

図 2.7　真応力-対数ひずみ曲線の数式モデル

一部の金属材料では，ひずみの増加に伴い応力がある一定値に漸近する材料もある．このような材料の加工硬化式として，Voceの式がしばしば用いられる．

$$\sigma = S_\infty - (S_\infty - Y)\exp(-c\varepsilon^{\mathrm{p}}) \tag{2.11}$$

ここで，Yは降伏応力，S_∞はひずみが十分に大きいときの応力，cは無次元定数である．図2.8にアルミニウム合金管A5154-H112の管軸方向の単軸引張試験から得られた応力-ひずみ曲線を示す．高ひずみ域における曲線の勾配の低減傾向がVoceの式においてよりよく表現されている．

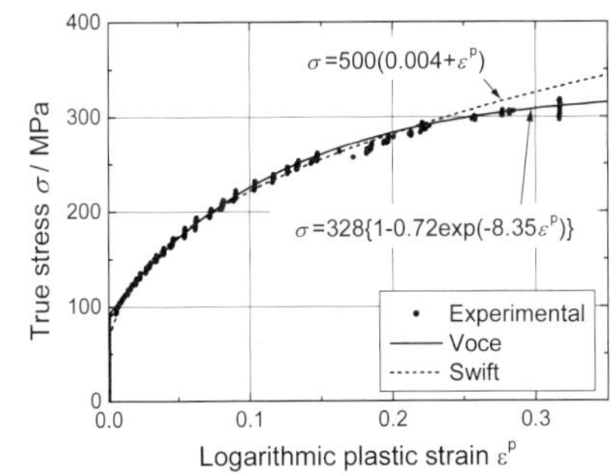

図 2.8　アルミニウム合金管 A5154-H112 の真応力-対数塑性ひずみ曲線

【例題2・4】　＊＊＊＊＊＊＊＊＊＊＊＊＊＊＊＊＊＊＊＊＊＊＊

The work hardening behavior of a certain metal is expressed as $\sigma = 600(0.002+\varepsilon^{\mathrm{p}})^{0.3}$ (MPa). Suppose a tensile specimen of this metal, 10mm diameter and $L = 50$mm gauge length, is subjected to a tensile load of F (N) and then unloaded. After unloading, the gauge length was $l = 65$mm. Assuming that the deformation was uniform and that the Young's modulus of the metal was $E = 200$GPa, answer the following questions.

(a)　Compute the logarithmic plastic strain, ε^{p}, and diameter, d, after unloading.

(b) What was the value of F ?

(c) Suppose the specimen is subjected to the same tensile load of F again. Compute the gauge length, l', after deformation.

【解答】

(a) $\varepsilon^{\mathrm{p}} = \ln\dfrac{l}{L} = \ln\dfrac{65}{50} = 0.262$

$d = 8.77$ mm ($\because\ \pi \times 5^2 \times 50 = \pi \times d^2 / 4 \times 65$)

(b) $\sigma = 600 \times (0.002 + 0.262)^{0.3} = 402$ MPa when $\varepsilon^{\mathrm{p}} = 0.262$.

$\therefore\ F = \sigma \times \pi \times (d^2 / 4) = 24.3$ kN

(c) $l' = l \times \left(1 + \dfrac{\sigma}{E}\right) = 65\,\mathrm{mm} \times \left(1 + \dfrac{402 \times 10^6\,(\mathrm{Pa})}{200 \times 10^9\,(\mathrm{Pa})}\right) = 65.13$ mm

＊＊＊＊＊＊＊＊＊＊＊＊＊＊＊＊＊＊＊＊＊＊＊

2・1・5　対数ひずみの利点と合理性 (advantages of logarithmic strain)

a. 対数ひずみを使うと体積一定条件が簡潔に記述できる

直方体要素の変形前の辺長を A, B, C，変形後の辺長を a, b, c とする．塑性変形による体積変化は無視できるので $ABC = abc$．よって，

$$\ln\frac{a}{A} + \ln\frac{b}{B} + \ln\frac{c}{C} = 0$$

ここで，各辺方向の対数塑性ひずみを $\varepsilon_1^{\mathrm{p}}, \varepsilon_2^{\mathrm{p}}, \varepsilon_3^{\mathrm{p}}$ とすれば次式を得る．

$$\varepsilon_1^{\mathrm{p}} + \varepsilon_2^{\mathrm{p}} + \varepsilon_3^{\mathrm{p}} = 0 \tag{2.12}$$

これが体積一定条件式(condition of volume constancy)である．塑性力学解析においては，垂直ひずみ成分は常に式(2. 12)を満足しなければならない．一方，公称ひずみを用いた体積一定条件式は $(1+\varepsilon_{\mathrm{N1}})(1+\varepsilon_{\mathrm{N2}})(1+\varepsilon_{\mathrm{N3}}) = 1$ であり，各ひずみ成分が1に比べて十分小さいときに限り次式が成り立つ．

$$\varepsilon_{\mathrm{N1}} + \varepsilon_{\mathrm{N2}} + \varepsilon_{\mathrm{N3}} \approx 0 \tag{2.13}$$

【例題2・5】　＊＊＊＊＊＊＊＊＊＊＊＊＊＊＊＊＊＊＊＊＊＊＊＊

面積 S，板厚 T の金属板に均一な塑性変形を加え，変形後の面積が s，板厚が t となった．ここで対数面積ひずみ ε_S を $\varepsilon_S \equiv \ln(s/S)$ と定義するとき，対数板厚ひずみ ε_T $(\equiv \ln(t/T))$ と ε_S との関係式を求めよ．

【解答】　体積一定条件より，$ST = st$．両辺の対数を取れば，$\varepsilon_S + \varepsilon_T = 0$．

＊＊＊＊＊＊＊＊＊＊＊＊＊＊＊＊＊＊＊＊＊＊＊＊

b．対数ひずみには加算性があるが，公称ひずみには加算性がない

図2.4において，第1変形段階の伸び変形における対数ひずみ増分および公称ひずみ増分を各々 $\Delta\varepsilon_1, \Delta\varepsilon_{N1}$，第2変形段階の伸び変形における対数ひずみ増分および公称ひずみ増分を各々 $\Delta\varepsilon_2, \Delta\varepsilon_{N2}$ とする．定義より，

$$\Delta\varepsilon_1 = \ln\frac{l_2}{l_1},\quad \Delta\varepsilon_{N1} = \frac{l_2 - l_1}{l_1},\quad \Delta\varepsilon_2 = \ln\frac{l_3}{l_2},\quad \Delta\varepsilon_{N2} = \frac{l_3 - l_2}{l_2}.$$

次に，1回で l_1 から l_3 まで伸ばしたときの対数ひずみ増分および公称ひずみ増分を各々 $\Delta\varepsilon, \Delta\varepsilon_N$ とすると，定義より，

$$\Delta\varepsilon = \ln\frac{l_3}{l_1},\quad \Delta\varepsilon_N = \frac{l_3 - l_1}{l_1}.$$

$$\therefore\quad \Delta\varepsilon = \Delta\varepsilon_1 + \Delta\varepsilon_2,\quad \Delta\varepsilon_N \neq \Delta\varepsilon_{N1} + \Delta\varepsilon_{N2} \tag{2.14}$$

すなわち，対数ひずみには加算性があるが，公称ひずみには加算性がない．

c．真応力-対数ひずみ曲線は，引張側と圧縮側とで原点に関して対称となるが，公称応力-公称ひずみ曲線は対称にならない

加工硬化にともなう降伏応力の増大は，塑性変形過程において散逸された単位体積当たりの全塑性仕事（total plastic work per unit volume） w^p のみの関数であると仮定する（5・1・6項参照）．いま初期断面積 A，初期長さ L の円柱試験片を，最終長さ l_T まで単軸引張したとき，w^p は次式より求まる．

$$w^p = \frac{1}{AL}\int_L^{l_T}\sigma_T\frac{AL}{l}dl = \int_0^{\varepsilon_T^p}\sigma_T\,d\varepsilon^p \tag{2.15}$$

ここで $\varepsilon_T^p = \ln(l_T / L)$ は対数塑性伸びひずみである．すなわち σ_T を縦軸に，ε^p を横軸に取れば，w^p は，ε_T^p までの σ_T-ε^p 曲線の下の面積を表す．従って，

$$\sigma_T = F\left(w^p\right) = F\left(\int_0^{\varepsilon_T^p}\sigma_T\,d\varepsilon^p\right) \tag{2.16}$$

同様にして，同じ初期寸法の試験片を最終長さ l_C まで単軸圧縮したときの，圧縮応力の絶対値 $|\sigma_C|$ は次式で与えられる．

$$|\sigma_C| = F\left(\int_0^{\varepsilon_C^p}\sigma_C\,d\varepsilon^p\right) \tag{2.17}$$

ここで $\varepsilon_C^p = \ln(l_C / L)$ は対数塑性圧縮ひずみである．以上より，同一の塑性仕事に対して $\sigma_T = |\sigma_C|$ が成立するためには，σ_T-ε_T^p 曲線と $|\sigma_C|$-$|\varepsilon_C^p|$ 曲線は同一の関数関係になければならない．これは真応力-対数塑性ひずみ曲線が引張側と圧縮側で一致することを意味する．

単軸引張／圧縮変形における真応力-対数ひずみ曲線の例と，それらから計算された公称応力-公称ひずみ曲線を図2.9に示す．圧縮変形における公称ひずみは，$\varepsilon_N = l/L - 1 > -1$ と計算されるので，-1 を越えることはない．よって，公称応力-公称ひずみ曲線は原点に関して非対称性となる．

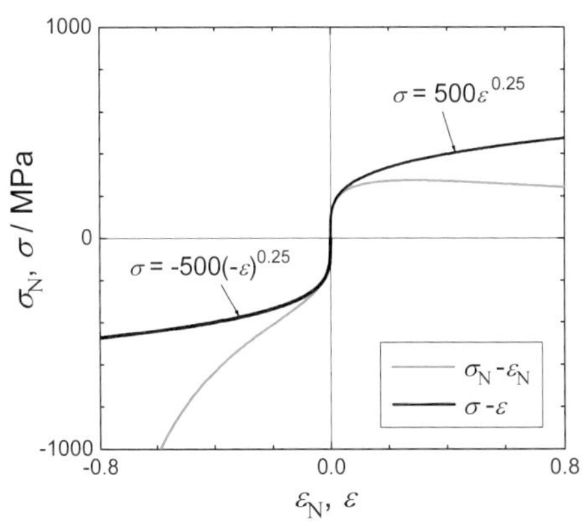

図 2.9　真応力-対数ひずみ曲線の原点対称性

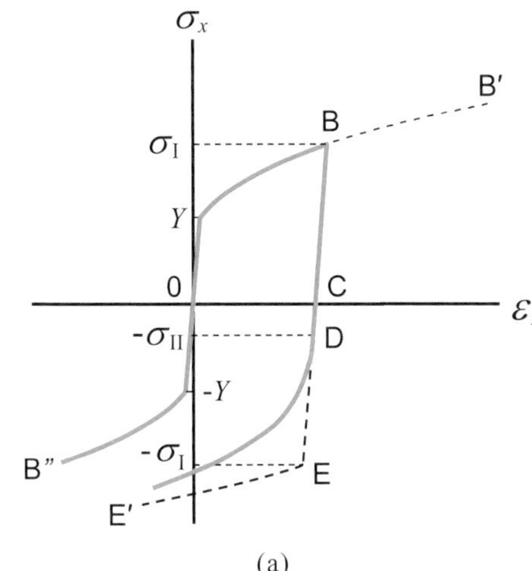

(a)

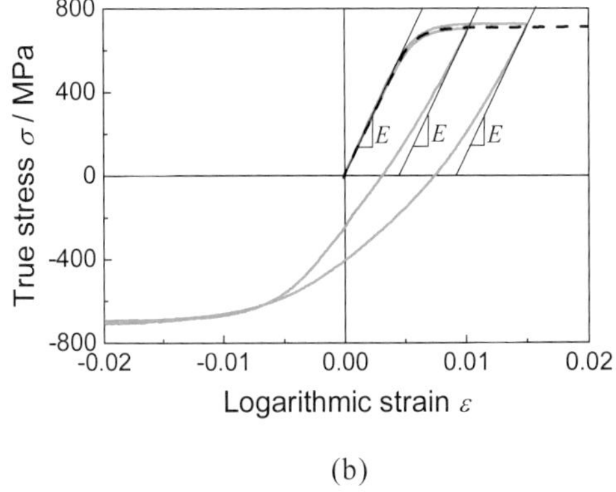

(b)

図 2.10 (a)バウシンガ効果の概念図 (b)りん青銅板の反転負荷試験によるバウシンガ効果の測定例

2・1・6　その他の塑性変形挙動 (other plastic deformation)

a. **バウシンガ効果**　図2.10(a)に示すように，引張の塑性ひずみを材料に加え，塑性流動応力が σ_{I} に達した時点で（点 B），負荷方向を反転する．このとき，初等的な塑性力学解析では，応力ひずみ曲線は CBB'を点 C まわりに180°回転させた CEE'をたどると仮定する．しかし実際には，材料は初期降伏応力 $-Y$ よりはるかに低い応力 $-\sigma_{\mathrm{II}}$ で再降伏する（点 D）．この現象は，発見者 Bauschinger (1886)[(2)] の名前にちなんでバウシンガ効果(Bauschinger effect)と呼ばれている．図2.10(b)に，りん青銅板のバウシンガ効果の測定例を示す．引張変形時のヤング率 E の傾きを有する直線を併記しているが，反転負荷時の応力ひずみ曲線は，反転負荷後の非常に早い時期に塑性変形を開始していることがわかる．

b. **SD 効果**　古典的な塑性力学解析では，一般に引張と圧縮の応力－ひずみ曲線は一致すると仮定する．しかし，材料によっては，塑性流動応力の大きさが圧縮と引張で異なることが実験的に確認されており，この現象を SD 効果(strength differential effect)とよぶ．図2.11に純チタン板の SD 効果の測定結果を示す．チタン，マグネシウムなどの六方晶系金属が塑性変形するときは，結晶面のすべり変形に加えて，双晶変形が起こる．双晶変形を引き起こすのに必要な応力の大きさは圧縮と引張で異なるため，このような SD 効果が発現する．

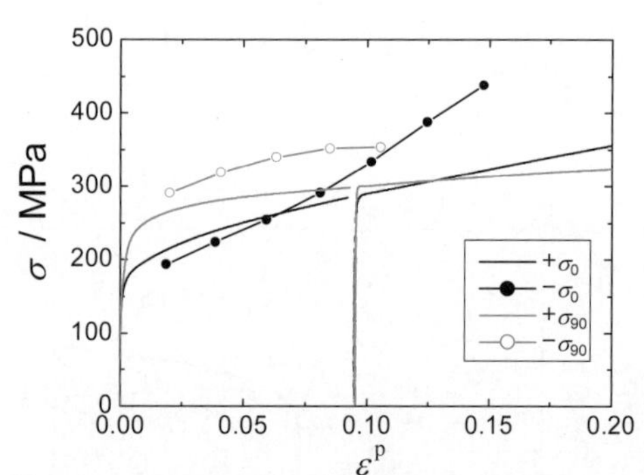

図 2.11　JIS1 種純チタン板の SD 効果　＋：引張；－：圧縮；σ_0 ：圧延方向；σ_{90} ：圧延直角方向

c. **応力緩和とクリープ**　ひずみを一定に保持するとき，時間の経過とともに応力が低下する現象を応力緩和(stress relaxation)，応力を一定に保持するとき，時間の経過とともにひずみが増加する現象をクリープ(creep)とよぶ．どちらも金属の粘性(viscosity)に起因する時間依存の変形現象である．図2.12にステンレス鋼板の応力緩和の測定結果を示す．ステンレス鋼板 SUS304に単軸引張塑性ひずみ $\varepsilon_{\mathrm{T}}^{\mathrm{p}}$ を加えた後，そのひずみを一定に保持したときの応力の時間変化を測定した結果である．プレス加工において，金型内で素板を保持する時間を長くするとスプリングバック量が小さくなることがあるが，これは応力緩和の影響である．

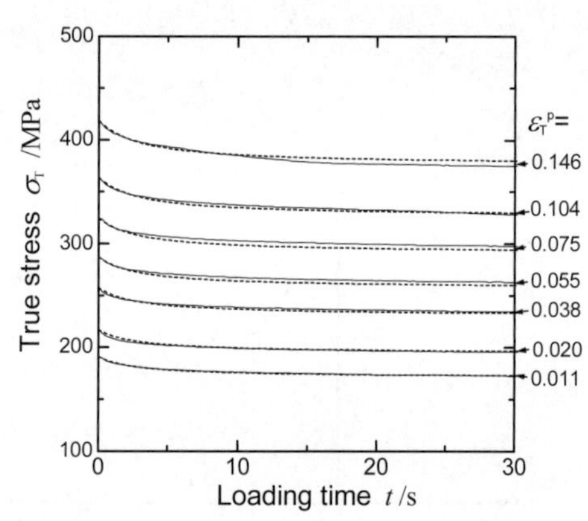

図 2.12　ステンレス鋼板 SUS304 の応力緩和　実線：計算値　破線：最小自乗近似式

$$\sigma_T(t)=\left(\frac{0.294}{t+2.854}+0.897\right)\sigma_T(0)$$

による計算値

d. **異方性**　板材のプレス成形においては，材料の異方性が成形性に影響を及ぼす．板材の異方性を評価するパラメータとして r 値(r-value)がよく用いられる．r 値は，板材の単軸引張試験を行ったときの，試験片の板幅ひずみに対する板厚ひずみの比として定義される．すなわち図2.1の記号を用いて，

$$r \equiv \frac{\varepsilon_{\mathrm{W}}^{\mathrm{p}}}{\varepsilon_{\mathrm{T}}^{\mathrm{p}}}=\frac{\ln(w/W)}{\ln(t/T)}=-\frac{\ln(w/W)}{\ln(l/L)+\ln(w/W)}=-\frac{\varepsilon_{\mathrm{W}}^{\mathrm{p}}}{\varepsilon_{\mathrm{L}}^{\mathrm{p}}+\varepsilon_{\mathrm{W}}^{\mathrm{p}}} \tag{2.18}$$

材料が等方性ならば r 値は1である．

2・1・7　金属の加工硬化特性におよぼす因子 (factors on work hardening property of metals)

a. **ひずみ速度**　ひずみ速度(strain rate)とは単位時間に材料に加えられるひずみをいう．ある瞬間において長さ l の棒の一端を速さ V で引張るとき，ひずみ速度 $\dot{\varepsilon}$ は次式のように計算される．

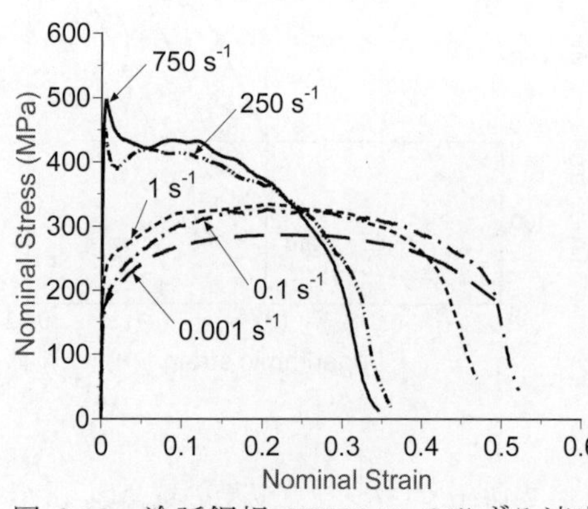

図 2.13　冷延鋼板 SPFC340 のひずみ速度依存性　図中の数値は公称ひずみ速度[(3)]

$$\dot{\varepsilon} \equiv \frac{d\varepsilon}{dt} = \frac{1}{dt}\left(\frac{dl}{l}\right) = \frac{1}{l}\frac{dl}{dt} = \frac{V}{l} \tag{2.19}$$

IF 鋼板を異なるひずみ速度で引張試験したときの応力ひずみ曲線を図2.13(3)に示す．材料の変形抵抗がひずみ速度とともに増大している．

金属材料の変形抵抗がひずみ速度に依存して変化することは古くから知られている．高速変形時における降伏応力 σ_d と準静的試験より測定される降伏応力 σ_s は，式(2.20)の関係にまとめられるとされ，これをCowper-Symonds-Bonderのべき乗則とよぶ．

$$\sigma_d = \sigma_s\left\{1+(\dot{\varepsilon}/D)^{1/p}\right\} \tag{2.20}$$

ここで D, p は材料定数である．

b. 温度　金属の変形抵抗は温度の上昇とともに低下する．一般に，変形抵抗 σ の温度依存性は，ひずみ速度が一定の場合，温度 T の関数として，

$$\sigma = C_1 \exp(-C_2/T) \tag{2.21}$$

と表されることが多い（C_1, C_2 は材料定数）．ただし，炭素鋼のように温度によって析出や変態が起こる場合には，式(2.21)のような簡単な式で表すことはできない．

【例題2・6】　＊＊＊＊＊＊＊＊＊＊＊＊＊＊＊＊＊＊＊＊＊＊＊＊

材料の単軸引張試験において弾性ひずみを無視するとき，最高荷重点において $d\sigma_1/d\varepsilon_1 = \sigma_1$ が成り立つことを証明せよ．さらにこの材料の真応力－対数塑性ひずみ曲線が $\sigma_1 = c(\varepsilon_0+\varepsilon_1)^n$ で与えられるとき，引張強さ σ_N^* と最高荷重点に達したときの対数塑性ひずみ ε_1^* は各々 $\sigma_N^* = cn^n\exp(\varepsilon_0 - n)$ および $\varepsilon_1^* = n-\varepsilon_0$ で与えられることを示せ．

【解答】　引張試験片の変形前の断面積を A，標点間距離を L，引張変形中の任意の時刻における断面積を a，標点間距離を l とする．

$F = \sigma_1 a$ だから，$dF = d\sigma_1 a + \sigma_1 da$．

最高荷重点では $dF = 0$ だから，$d\sigma_1 a + \sigma_1 da = 0$．

材料の体積は一定（$AL = al$）だから，$dal + adl = 0$．

以上より，

$$\frac{d\sigma_1}{\sigma_1} = -\frac{da}{a} = \frac{dl}{l} = d\varepsilon_1 \quad (\because \varepsilon_1 = \ln\frac{l}{L})$$

よって $d\sigma_1/d\varepsilon_1 = \sigma_1$ を得る．これより，O′点を通る傾き σ_1 の直線と $\sigma_1-\varepsilon_1$ 曲線との接点 B^* が，引張強さ σ_N^* に対応する真応力 σ_1^* と対数塑性ひずみ ε_1^* を与える（図2.14参照）．$\sigma_1 = c(\varepsilon_0+\varepsilon_1)^n$ を $d\sigma_1/d\varepsilon_1 = \sigma_1$ に代入すれば $\varepsilon_1^* = n-\varepsilon_0$ を得る．さらに式(2.2),(2.7)より $\sigma_N^* = cn^n\exp(\varepsilon_0-n)$ を得る

＊＊＊＊＊＊＊＊＊＊＊＊＊＊＊＊＊＊＊＊＊＊＊＊

2・2　単結晶の降伏条件 (yield criterion for a single crystal)

多くの金属の結晶構造は，面心立方(face-centered cubic)，体心立方(body-centered cubic)，最密六方(close-packed hexagonal)のいずれかである．金

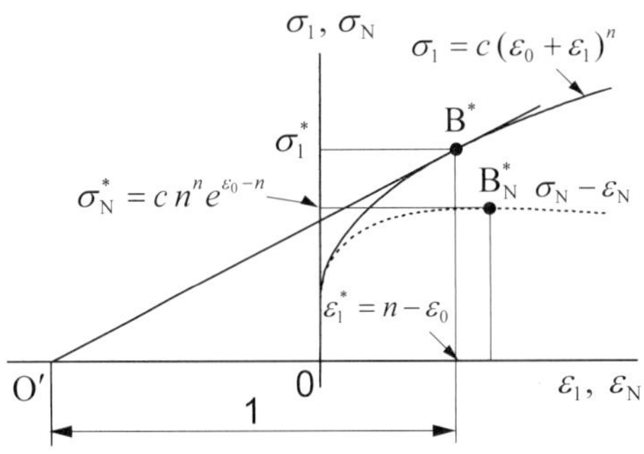

図 2.14　最高荷重点 P′ に対応する真応力－対数塑性ひずみ線上の点 P の作図法

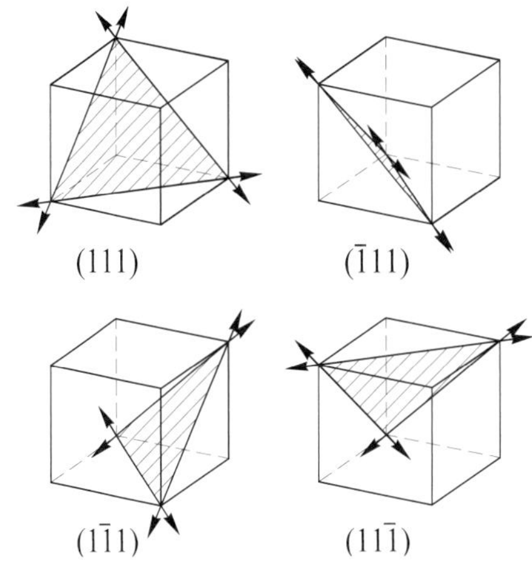

図 2.15　面心立方格子のすべり系

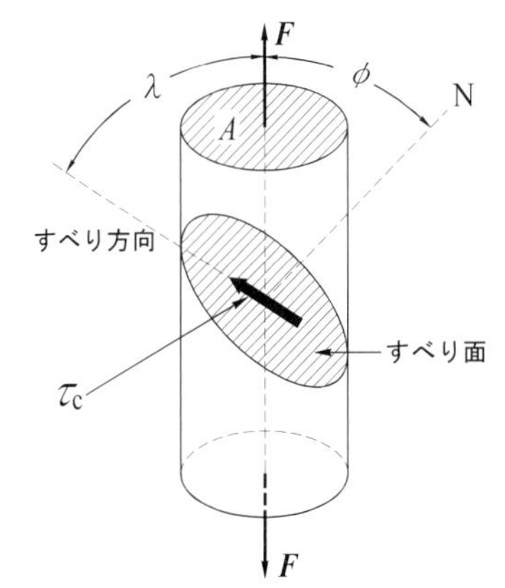

図 2.16　臨界せん断応力 τ_c の計算方法

属の塑性変形は結晶のすべりによって起こる．すべりは結晶学的に定まった特定のすべり面(slip plane)で，特定のすべり方向(slip direction)に起こることが知られている．すべり面は原子が最も密に存在している面あるいはそれに近い面であり，すべり方向は原子がもっとも密に並んでいる方向である．たとえば面心立方格子では，四つの$\{111\}$面のいずれかがすべり面となり，各面上で三つの$\langle 1\bar{1}0\rangle$方向のいずれかにすべる（図2.15）．

単結晶のすべり変形は，すべり面上で，活動したすべり方向への分解せん断応力がある一定値，すなわち臨界せん断応力 (critical resolved shear stress) τ_cに達したときに起こることが知られている．単結晶を引張試験して，すべり変形が開始したときの引張荷重Fからτ_cを求める方法を考えよう．図2.16に示すように，引張軸がすべり面の法線方向Nとなす角をϕ，すべり方向となす角をλ，単結晶試験片の断面積をAとすれば，すべり面の面積は$A/\cos\phi$，すべり面上のすべり方向への荷重Fの分力は$F\cos\lambda$である．この分力が面積$A/\cos\phi$に作用するから，すべり面上の単位面積当たりのせん断力は$(F/A)\cos\phi\cos\lambda$となる．この値が臨界せん断応力τ_cに達したときにすべりが起こるから，次式を得る．

$$\tau_c = (F/A)\cos\phi\cos\lambda \tag{2.22}$$

$\cos\phi\cos\lambda$はシュミット因子(Schmit factor)とよばれている．

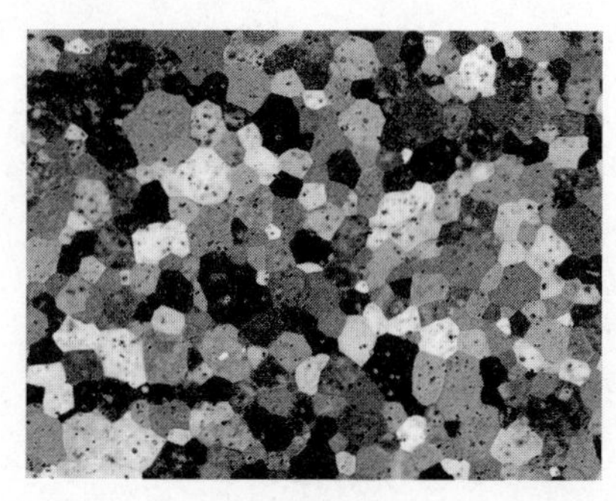

図 2.17　多結晶金属材料の顕微鏡写真（材料：アルミニウム合金板）

2・3　多結晶金属の降伏条件式 (yield criterion for polycrystalline metals)

金属材料は，図2.17に示すように，多くの結晶から構成される多結晶金属(polycrystalline metal)である．本節では，多結晶金属が塑性変形を開始するときに，応力成分が満足すべき条件式（降伏条件式）について考えよう．

2・3・1　応力 (stress)

a. 応力ベクトル　変形する物体内のある材料点Pに着目する（図2.18）．xyz座標系に関する応力成分を$\sigma_{xx}, \sigma_{yy}, \sigma_{zz}, \sigma_{xy}(=\sigma_{yx})$,　$\sigma_{yz}(=\sigma_{zy}), \sigma_{zx}(=\sigma_{xz})$とする（同図(a)）．ここで，点Pを頂点とする微小四面体要素PABCを考え（図2.19），面素ABCに作用する単位面積当りの力のベクトル$\boldsymbol{t}^{(n)} = (t_x^{(n)}, t_y^{(n)}, t_z^{(n)})$を計算しよう（$\boldsymbol{t}^{(n)}$は応力ベクトル(stress vector)とよばれる）．

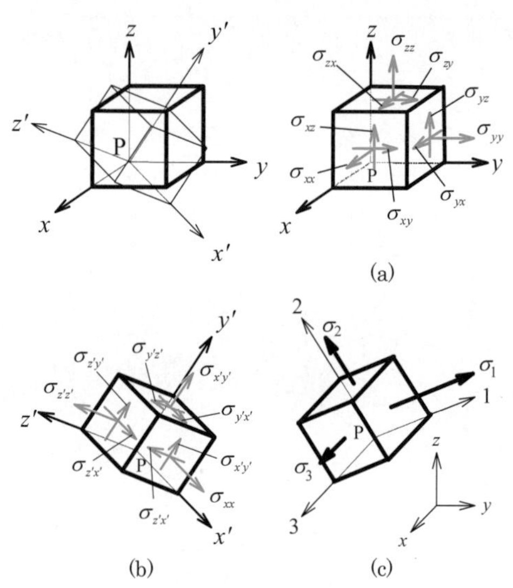

図 2.18　(a) xyz座標系　(b) $x'y'z'$座標系　(c)応力の主軸座標系における応力成分

面素ABCの外向き単位法線ベクトルを$\boldsymbol{n}$，そのx, y, z方向成分（方向余弦）をn_x, n_y, n_zとすると（$n_x^2+n_y^2+n_z^2=1$），PABCに関する釣合い式より，$t_x^{(n)}, t_y^{(n)}, t_z^{(n)}$は次式で計算できる．

$$\begin{aligned} t_x^{(n)} &= n_x\sigma_{xx} + n_y\sigma_{yx} + n_z\sigma_{zx} \\ t_y^{(n)} &= n_x\sigma_{xy} + n_y\sigma_{yy} + n_z\sigma_{zy} \\ t_z^{(n)} &= n_x\sigma_{xz} + n_y\sigma_{yz} + n_z\sigma_{zz} \end{aligned} \tag{2.23}$$

$\boldsymbol{t}^{(n)}$の$\boldsymbol{n}$方向の成分σ_nは，$\boldsymbol{t}^{(n)}$と$\boldsymbol{n}$の内積をとれば次式で計算できる．

$$\begin{aligned} \sigma_n &= \boldsymbol{t}^{(n)} \bullet \boldsymbol{n} = t_x^{(n)}n_x + t_y^{(n)}n_y + t_z^{(n)}n_z \\ &= \sigma_{xx}n_x^2 + \sigma_{yy}n_y^2 + \sigma_{zz}n_z^2 + 2\sigma_{xy}n_xn_y + 2\sigma_{yz}n_yn_z + 2\sigma_{zx}n_zn_x \end{aligned} \tag{2.24}$$

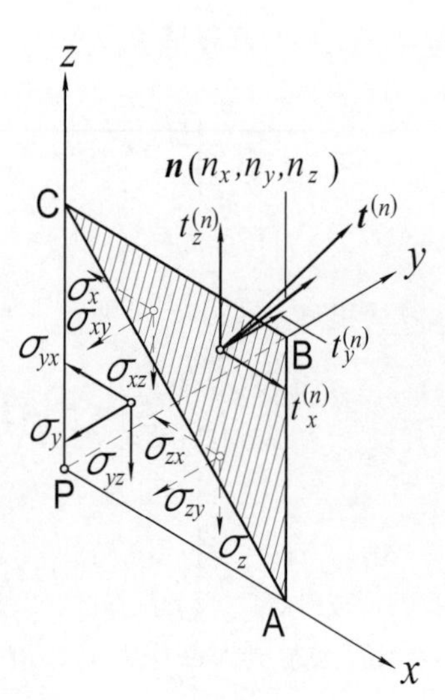

図 2.19　応力成分と応力ベクトル

$\boldsymbol{t}^{(n)}$の面素ABCに平行な成分τ_nは，次式で計算できる．

$$\tau_n{}^2 = \left\{ \left(t_x^{(n)}\right)^2 + \left(t_y^{(n)}\right)^2 + \left(t_z^{(n)}\right)^2 \right\} - \sigma_n{}^2 \tag{2.25}$$

σ_nおよびτ_nは各々$\boldsymbol{t}^{(n)}$の垂直応力成分(normal stress component)およびせん断応力成分(shear stress component)とよばれる．

b. 主応力，応力の不変量　σ_nの極値は，次の3次方程式

$$\begin{vmatrix} \sigma_{xx}-\sigma & \sigma_{xy} & \sigma_{zx} \\ \sigma_{xy} & \sigma_{yy}-\sigma & \sigma_{yz} \\ \sigma_{zx} & \sigma_{yz} & \sigma_{zz}-\sigma \end{vmatrix} = -\sigma^3 + (\sigma_{xx}+\sigma_{yy}+\sigma_{zz})\sigma^2$$
$$-(\sigma_{xx}\sigma_{yy}+\sigma_{yy}\sigma_{zz}+\sigma_{zz}\sigma_{xx}-\sigma_{xy}{}^2-\sigma_{yz}{}^2-\sigma_{zx}{}^2)\sigma$$
$$+(\sigma_{xx}\sigma_{yy}\sigma_{zz}+2\sigma_{xy}\sigma_{yz}\sigma_{zx}-\sigma_{xx}\sigma_{yz}{}^2-\sigma_{yy}\sigma_{zx}{}^2-\sigma_{zz}\sigma_{xy}{}^2)=0 \tag{2.26}$$

の実根$\sigma_1, \sigma_2, \sigma_3$として与えられる．$\sigma_1, \sigma_2, \sigma_3$は主応力(principal stress)とよばれる．また各主応力に対して$\boldsymbol{n}(n_x, n_y, n_z)$が定まり，それらを応力の主軸(principal axis)もしくは主方向(principal direction)とよぶ（図2.18(c)）．

主応力は次の特徴を有する．

① 主応力が作用する面上のせん断応力は0

② 主方向は互いに直交する

$\sigma_1, \sigma_2, \sigma_3$のうち二つが同じ値，たとえば$\sigma_1=\sigma_2=\sigma_{\mathrm{b}}$の場合，$\sigma_3$軸と直交する任意の方向が応力の主軸となり，それらの方向の垂直応力はすべてσ_{b}となる．三つの主応力がすべて同じ値の場合（$\sigma_1=\sigma_2=\sigma_3=\sigma_{\mathrm{p}}$），垂直応力は任意の方向で$\sigma_{\mathrm{p}}$となる．

c. 応力の不変量　xyz座標系とは別の$x'y'z'$座標系を設定し，点Pにおける$x'y'z'$座標系に関する応力成分を$\sigma_{x'x'}, \sigma_{y'y'}, \sigma_{z'z'}, \sigma_{x'y'}(=\sigma_{y'x'}), \sigma_{y'z'}(=\sigma_{z'y'}), \sigma_{z'x'}(=\sigma_{x'z'})$と表す(図2.18(b))．式(2.26)は$x'y'z'$座標系についても成り立ち，その3つの実根も主応力$\sigma_1, \sigma_2, \sigma_3$を与えるはずである．したがって，式(2.26)の各項の係数は両座標系において同じ値をとらなければならない．すなわち，

$$I_1 = \sigma_{xx}+\sigma_{yy}+\sigma_{zz} = \sigma_{x'x'}+\sigma_{y'y'}+\sigma_{z'z'} = \sigma_1+\sigma_2+\sigma_3 \tag{2.27}$$

$$\begin{aligned} I_2 &= \sigma_{xx}\sigma_{yy}+\sigma_{yy}\sigma_{zz}+\sigma_{zz}\sigma_{xx}-\left(\sigma_{xy}^2+\sigma_{yz}^2+\sigma_{zx}^2\right) \\ &= \sigma_{x'x'}\sigma_{y'y'}+\sigma_{y'y'}\sigma_{z'z'}+\sigma_{z'z'}\sigma_{x'x'}-\left(\sigma_{x'y'}^2+\sigma_{y'z'}^2+\sigma_{z'x'}^2\right) \\ &= \sigma_1\sigma_2+\sigma_2\sigma_3+\sigma_3\sigma_1 \end{aligned} \tag{2.28}$$

$$\begin{aligned} I_3 &= \sigma_{xx}\sigma_{yy}\sigma_{zz}+2\sigma_{xy}\sigma_{yz}\sigma_{zx}-\sigma_{xx}\sigma_{yz}^2-\sigma_{yy}\sigma_{zx}^2-\sigma_{zz}\sigma_{xy}^2 \\ &= \sigma_{x'x'}\sigma_{y'y'}\sigma_{z'z'}+2\sigma_{x'y'}\sigma_{y'z'}\sigma_{z'x'}-\sigma_{x'x'}\sigma_{y'z'}^2-\sigma_{y'y'}\sigma_{z'x'}^2-\sigma_{z'z'}\sigma_{x'y'}^2 \\ &= \sigma_1\sigma_2\sigma_3 \end{aligned} \tag{2.29}$$

I_1, I_2, I_3を各々応力の第1，第2，第3不変量(first, second, and third invariants of the stress tensor)とよぶ．

d. 主せん断応力と最大せん断応力　図2.20(a)に示すように，座標軸を応力の主軸と平行にとる．このとき，外向き単位法線ベクトル$\boldsymbol{n}(n_x, n_y, n_z)$を有する面上の垂直応力成分およびせん断応力成分は，次式より計算できる．

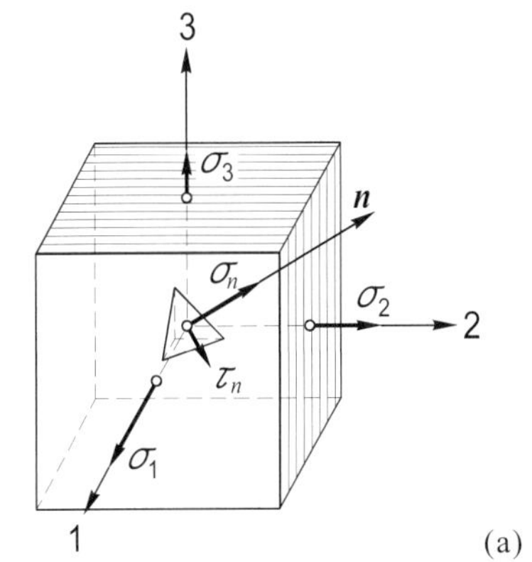

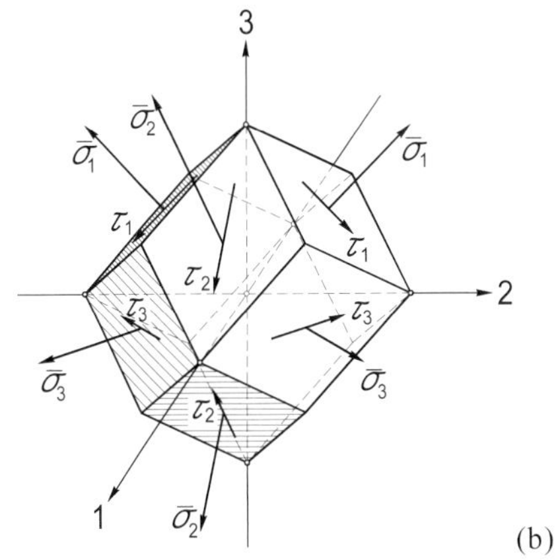

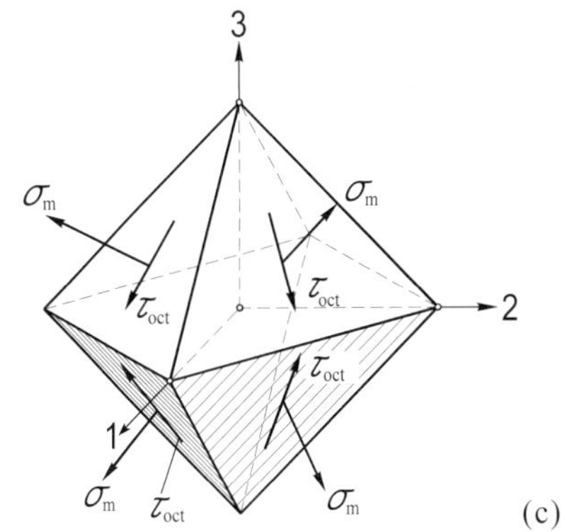

図 2.20　(a)主応力，(b)主せん断応力，(c)八面体せん断応力

$$\sigma_n = \sigma_1 n_1^2 + \sigma_2 n_2^2 + \sigma_3 n_3^2 \tag{2.30}$$

$$\begin{aligned} {\tau_n}^2 &= (\sigma_1 n_1)^2 + (\sigma_2 n_2)^2 + (\sigma_3 n_3)^2 - \sigma_n^2 \\ &= (\sigma_1 - \sigma_2)^2 n_1^2 n_2^2 + (\sigma_2 - \sigma_3)^2 n_2^2 n_3^2 + (\sigma_3 - \sigma_1)^2 n_3^2 n_1^2 \end{aligned} \tag{2.31}$$

一つの主方向（i軸，$i=1,2,3$）と平行で，かつ残る二つの主方向と45°で交わる面上の垂直応力成分とせん断応力成分を各々$\bar{\sigma}_i$，τ_iとすると（図2.20(b)），式(2.30)と式(2.31)より，次式を得る．

$$\bar{\sigma}_1 = \frac{\sigma_2 + \sigma_3}{2},\quad \bar{\sigma}_2 = \frac{\sigma_1 + \sigma_3}{2},\quad \bar{\sigma}_3 = \frac{\sigma_1 + \sigma_2}{2} \tag{2.32}$$

$$\tau_1 = \frac{|\sigma_2 - \sigma_3|}{2},\quad \tau_2 = \frac{|\sigma_1 - \sigma_3|}{2},\quad \tau_3 = \frac{|\sigma_1 - \sigma_2|}{2} \tag{2.33}$$

τ_1, τ_2, τ_3は主せん断応力(principal shear stress)とよばれる．τ_iはi軸に平行な面に作用するせん断応力の中で最大となる．たとえば$\sigma_1 \ge \sigma_2 \ge \sigma_3$とすると，$\tau_1, \tau_2, \tau_3$のなかで$\tau_2$が最大となり，これを最大せん断応力(maximum shear stress) $\tau_{\max}$とよぶ．すなわち，

$$\tau_{\max} = \frac{\sigma_1 - \sigma_3}{2}\quad (\sigma_1 \ge \sigma_2 \ge \sigma_3 \text{のとき}) \tag{2.34}$$

e. 八面体せん断応力　座標軸を応力の主軸と平行にとる．このとき，三つの座標軸と等しい角度で交わる面は正八面体を形成する（図2.20(c)）．この面に作用する垂直応力成分とせん断応力成分を各々σ_{oct}，τ_{oct}とすると，式(2.30)と式(2.31)において$(n_1, n_2, n_3) = (\pm 1/\sqrt{3}, \pm 1/\sqrt{3}, \pm 1/\sqrt{3})$を代入することにより，次式を得る．

$$\sigma_{\mathrm{oct}} = \sigma_{\mathrm{m}} = \frac{\sigma_1 + \sigma_2 + \sigma_3}{3} \tag{2.35}$$

$$\begin{aligned} \tau_{\mathrm{oct}} &= \sqrt{(\sigma_1 n_1)^2 + (\sigma_2 n_2)^2 + (\sigma_3 n_3)^2 - \sigma_{\mathrm{oct}}^2} \\ &= \frac{1}{3}\sqrt{(\sigma_1 - \sigma_2)^2 + (\sigma_2 - \sigma_3)^2 + (\sigma_3 - \sigma_1)^2} \end{aligned} \tag{2.36}$$

τ_{oct}　は八面体せん断応力(octahedral shear stress)とよばれる．

2・3・2　等方性材料の降伏条件式 (yield criterion of isotropic material)

xyz 座標系において，材料内部の微小な材料要素に六つの応力成分$\sigma_{xx}, \sigma_{yy}, \sigma_{zz}, \sigma_{xy}(=\sigma_{yx}), \sigma_{yz}(=\sigma_{yz}), \sigma_{zx}(=\sigma_{zx})$が同時に作用しているとき，その材料要素が降伏するかしないかを判定するための式を降伏条件式(yield criterion)とよぶ．降伏条件式は一般的には次のように表記される．

$$f(\sigma_{xx}, \sigma_{yy}, \sigma_{zz}, \sigma_{xy}, \sigma_{yz}, \sigma_{zx}) = C \tag{2.37}$$

ここでCは材料に固有な値（材料定数）である．$f < C$なら材料は弾性状態にあり，$f = C$に達した瞬間に材料は降伏する．

材料の機械的性質がどの方向にも等しいとき，その材料は等方性(isotropy)であるという．しかし一般の工業用金属材料は，製造時の変形履歴により結晶の方位分布が方向性を持っており（図2.21），機械的性質が方向により異なる．これを異方性(anisotropy)とよぶ．

本節では材料は等方性と仮定する．等方性材料では，降伏条件式は主応力の大きさにのみ依存し，その方向には無関係となるから，降伏条件式は

$$f(\sigma_1, \sigma_2, \sigma_3) = C \tag{2.38}$$

と表現できる．ただし関数 f は $\sigma_1, \sigma_2, \sigma_3$ に関して対称でなければならない．

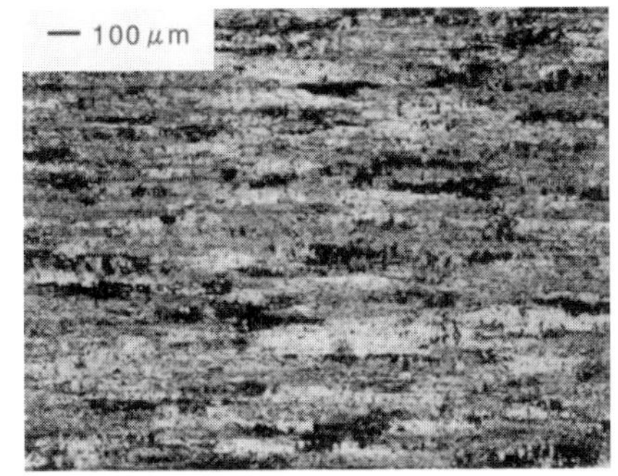

図 2.21 アルミニウム合金 A3004-H19 飲料缶のボディー用材料）の光顕組織 85％冷間圧延材 L-LT 面（圧延面の法線方向から観察 提供　住友軽金属工業(株)）

a. トレスカ（Tresca）の降伏条件式　フランス人技術者トレスカは，膨大な量の実験データから，「金属材料は最大せん断応力 τ_{max} が材料固有の臨界値に達したときに降伏する」との法則を発見するに至った[(4)]．これをトレスカの降伏条件式(Tresca's yield criterion)あるいは最大せん断応力説(maximum shear stress theory)とよぶ．主応力の大きさの順序を $\sigma_1 \geq \sigma_2 \geq \sigma_3$ とすると，式(2.34)より，

$$\tau_{max} = \frac{\sigma_1 - \sigma_3}{2} = C \quad (C\text{は材料定数}) \tag{2.39}$$

C の値は材料試験より決定する．例えば，単軸引張降伏応力が Y のとき，降伏時の応力状態は $\sigma_1 = Y$，$\sigma_2 = \sigma_3 = 0$ であるから，それらを式(2.39)に代入して $C = Y/2$ と決まる．よってトレスカの降伏条件式は次式で与えられる．

$$\sigma_1 - \sigma_3 = Y \tag{2.40}$$

せん断降伏応力 (yield shear stress) k を用いて C を決めることもできる．薄肉円管にねじり変形を加えて，せん断降伏応力 k に達したとき，主応力は母線から45°方向に発生し，その大きさは $\sigma_1 = -\sigma_3 = k$ となる（図2.22）．よって式(2.39)より $C = k$ と決まり次式を得る．

$$\sigma_1 - \sigma_3 = 2k \tag{2.41}$$

すなわち，トレスカの降伏条件式に従う材料では $k = Y/2$ である．

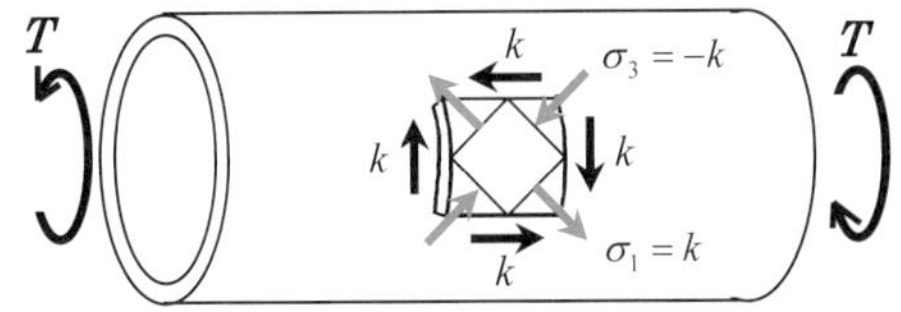

図 2.22　薄肉円管のねじり試験におけるせん断降伏応力と主応力の関係

b. ミーゼス（von Mises）の降伏条件式　ミーゼスは，「主せん断応力 τ_1, τ_2, τ_3 の自乗和がある臨界値に達したときに降伏する」との説を提唱した[(5)]．すなわち，

$$\tau_1^2 + \tau_2^2 + \tau_3^2 = \frac{1}{4}\left\{(\sigma_1 - \sigma_2)^2 + (\sigma_2 - \sigma_3)^2 + (\sigma_3 - \sigma_1)^2\right\} = C \tag{2.42}$$

C の値は材料試験より決定する．例えば，単軸引張降伏応力が Y と測定されたとすると，$\sigma_1 = Y$，$\sigma_2 = \sigma_3 = 0$ を代入して $C = Y^2/2$ と決まる．ゆえに，

$$(\sigma_1 - \sigma_2)^2 + (\sigma_2 - \sigma_3)^2 + (\sigma_3 - \sigma_1)^2 = 2Y^2 \tag{2.43}$$

これが主応力で表記されたミーゼスの降伏条件式(von Mises' yield criterion)である．

せん断降伏応力 k を用いてミーゼスの降伏条件式を表記してみよう．式(2.42)を導いたときと同様に，$\sigma_1 = -\sigma_3 = k$，$\sigma_2 = 0$ を式(2.42)に代入すると $C = 3k^2/2$ と決まる．よって次式を得る．

$$(\sigma_1 - \sigma_2)^2 + (\sigma_2 - \sigma_3)^2 + (\sigma_3 - \sigma_1)^2 = 6k^2 \tag{2.44}$$

すなわち，ミーゼスの降伏条件式に従う材料では $k = Y/\sqrt{3} \approx 0.577Y$ である．

式(2.43)は，xyz 座標系に関する六つの応力成分を用いて，より一般的に表記できる．すなわち，応力の不変量 I_1, I_2（式(2.27),(2.28)）を用いて，

$$\begin{aligned} 2\left(I_1^2 - 3I_2\right) &= (\sigma_1 - \sigma_2)^2 + (\sigma_2 - \sigma_3)^2 + (\sigma_3 - \sigma_1)^2 \\ &= (\sigma_{xx} - \sigma_{yy})^2 + (\sigma_{yy} - \sigma_{zz})^2 + (\sigma_{zz} - \sigma_{xx})^2 + 6(\sigma_{xy}^2 + \sigma_{yz}^2 + \sigma_{zx}^2) \\ &= 2Y^2 = 6k^2 \end{aligned} \tag{2.45}$$

その後，ミーゼスの降伏条件式は，「物体の形状変化に関与する単位体積当たりの弾性ひずみエネルギー（せん断弾性ひずみエネルギー）が材料固有の臨界値に達したときに降伏が始まる」と物理的に解釈できることがヘンキーにより示された[(6)]．このため，本条件式はせん断ひずみエネルギ説(shear strain energy theory)ともよばれる．ヘンキーの解釈は，フーバーによりすでに提唱されていたが[(7)]，フーバーの論文はポーランド語で書かれたため，長い間認知されなかった．このような歴史的背景のため，本条件式をフーバー－ミーゼス－ヘンキーの降伏条件式とよぶこともある．

ナダイは，式(2.36)に基づいて次式を示した[(8)]．

$$\tau_{\mathrm{oct}} = \frac{\sqrt{2}}{3} Y \approx 0.471Y \tag{2.46}$$

式(2.46)は，「八面体せん断応力 τ_{oct} が材料固有の臨界値に達したときに降伏が始まる」とも解釈できるので，八面体せん断応力説(octahedral shear stress theory)ともよばれる．

【例題2・7】　＊＊＊＊＊＊＊＊＊＊＊＊＊＊＊＊＊＊＊＊＊＊＊＊

What is the yield stress in uniaxial compression of a metal having a tensile yield stress Y according to the Tresca's and von Mises' yield criteria?

【解答】　Substituting $\sigma_1 = \sigma_2 = 0$ and $\sigma_3\,(<0)$ into Eqs. (2.40) or (2.43), we obtain $\sigma_3 = -Y$. Therefore, the yield stress in uniaxial compression of the metal is $-Y$ for both yield criteria.

＊＊＊＊＊＊＊＊＊＊＊＊＊＊＊＊＊＊＊＊＊＊＊＊

トレスカとミーゼスの降伏条件式の特徴および得失を以下にまとめる．

①トレスカの降伏条件式に従えば中間主応力の影響はないが，ミーゼスの降伏条件式に従えば中間主応力の影響がある．

②単軸引張降伏応力 Y とせん断降伏応力 k の比は，ミーゼス降伏条件式に従う場合は $\sqrt{3}:1$，トレスカの降伏条件式に従う場合は 2:1 である．

③トレスカの降伏条件式を適用する場合にはあらかじめ主応力の大小関係

が明確である必要があるが，ミーゼスの降伏条件式ではその必要はない．

④トレスカの降伏条件式は1次式であるので，塑性力学解析における取り扱いが容易であるが，ミーゼスの降伏条件式は2次式であるので，解析上の取り扱いがやや複雑になる．

【例題2・8】　＊＊＊＊＊＊＊＊＊＊＊＊＊＊＊＊＊＊＊＊＊＊＊

垂直応力のみが作用する材料要素を考える．この材料の降伏応力 Y が100MPa，三つの垂直応力のうち二つが20MPa および –60 MPa であるとき，トレスカおよびミーゼスの降伏条件式が成り立つと仮定して，この材料要素を降伏させるのに必要なもう一つの垂直応力 σ の値を求めよ．

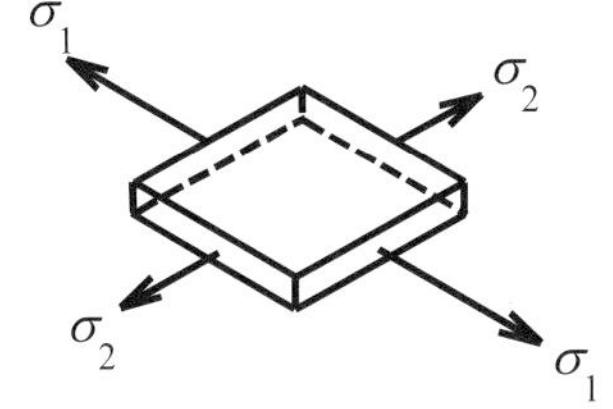

平面応力状態（$\sigma_3 = 0$）

【解答】　トレスカの降伏条件式に従う場合：

$\sigma > 20 > -60$ MPa の場合，$\sigma = 40$MPa

$20 > \sigma > -60$ MPa の場合，材料は降伏しない

$20 > -60 > \sigma$ MPa の場合，$\sigma = -80$ MPa

ミーゼスの降伏条件式に従う場合：

$$(\sigma - 20)^2 + (20 - (-60))^2 + (-60 - \sigma)^2 = 2 \times 100^2$$

$$\therefore \quad \sigma^2 + 40\sigma - 4800 = 0$$

$$\sigma = 52, \quad -92 \quad \text{MPa}$$

＊＊＊＊＊＊＊＊＊＊＊＊＊＊＊＊＊＊＊＊＊＊＊

2・3・3　トレスカおよびミーゼスの降伏条件式の図形表示 (representation of Tresca and von Mises yield criterion)

$\sigma_3 = 0$ なる平面応力問題において，トレスカおよびミーゼスの降伏条件式が σ_1-σ_2 座標面（2次元主応力空間）でどのような図形で表現できるか考えてみよう．

σ_1 と σ_2 の符号および大小の区別により，σ_1-σ_2 座標面を六つの領域 I～VI にわけると (図2.23)，トレスカの降伏条件式は，各領域毎に次式で与えられる．

$$\begin{aligned}
&\text{I}: \ \sigma_1 > \sigma_2 > 0 \Rightarrow \sigma_1 = Y \\
&\text{II}: \ \sigma_1 > 0 > \sigma_2 \Rightarrow \sigma_1 - \sigma_2 = Y \\
&\text{III}: \ 0 > \sigma_1 > \sigma_2 \Rightarrow \sigma_2 = -Y \\
&\text{IV}: \ 0 > \sigma_2 > \sigma_1 \Rightarrow \sigma_1 = -Y \\
&\text{V}: \ \sigma_2 > 0 > \sigma_1 \Rightarrow \sigma_2 - \sigma_1 = Y \\
&\text{VI}: \ \sigma_2 > \sigma_1 > 0 \Rightarrow \sigma_2 = Y
\end{aligned} \tag{2.47}$$

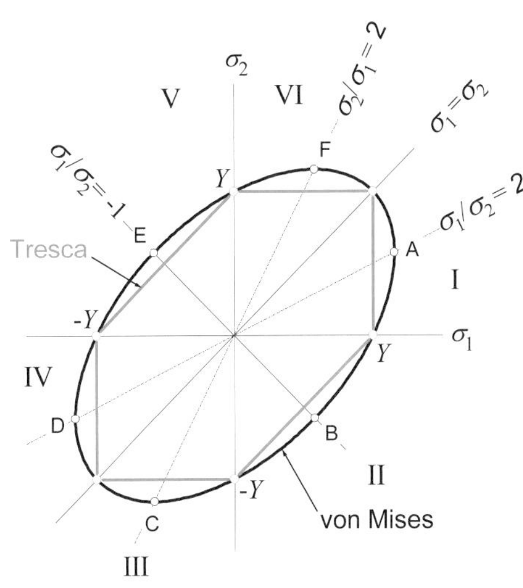

図 2.23　平面応力問題におけるトレスカおよびミーゼスの降伏曲線

$\sigma_3 = 0$ のとき，ミーゼスの降伏条件式は次式で与えられる．

$$\sigma_1^2 - \sigma_1\sigma_2 + \sigma_2^2 = Y^2 \tag{2.48}$$

式(2.47)および式(2.48)を σ_1-σ_2 座標面に図形表現した結果を図2.23に示す．これらを降伏曲線(yield locus)とよぶ．ミーゼスの降伏曲面は，長軸が座標軸と45度傾いた楕円となり，トレスカの降伏曲面はミーゼスの降伏曲面に内接する六角形で表せる．両降伏条件式は，単軸引張／圧縮，等2軸引張／圧縮では一致するが，応

力比 $\sigma_1/\sigma_2=2$，$1/2$，-1 では約15%の差がある．

次に，$\sigma_1\sigma_2\sigma_3$ 座標系（3次元主応力空間）において，トレスカおよびミーゼスの降伏条件式がどのような空間図形で表現できるか考えてみよう．図2.24において，点Sの座標は任意の材料点の応力状態 $(\sigma_1,\sigma_2,\sigma_3)$ を表す．ここで，三つの座標軸と等しい傾き角を有する直線をON，ベクトル $\overline{\mathrm{OS}}$ をON上へ投影してできるベクトルを $\overline{\mathrm{OP}}$ とすると，

$$\overrightarrow{\mathrm{PS}}=\overrightarrow{\mathrm{OS}}-\overrightarrow{\mathrm{OP}}=(\sigma_1,\sigma_2,\sigma_3)-\frac{1}{\sqrt{3}}(\sigma_1+\sigma_2+\sigma_3)\left(\frac{1}{\sqrt{3}},\frac{1}{\sqrt{3}},\frac{1}{\sqrt{3}}\right)$$

$$\therefore\quad \overline{\mathrm{PS}}^2=\overline{\mathrm{OS}}^2-\overline{\mathrm{OP}}^2=\sigma_1^2+\sigma_2^2+\sigma_3^2-\frac{1}{3}(\sigma_1+\sigma_2+\sigma_3)^2$$

$$=\frac{1}{3}\left\{(\sigma_1-\sigma_2)^2+(\sigma_2-\sigma_3)^2+(\sigma_3-\sigma_1)^2\right\} \tag{2.49}$$

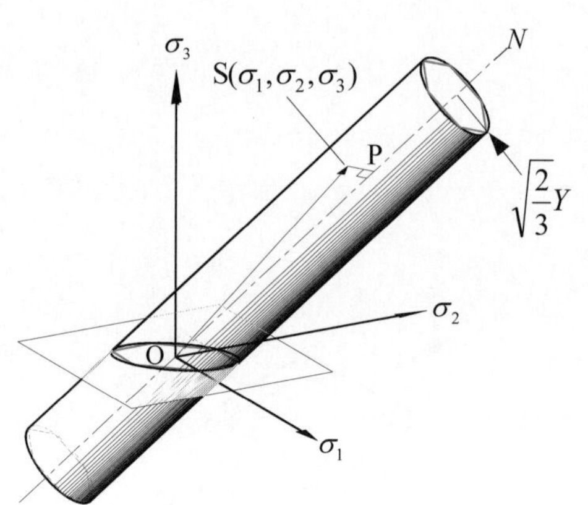

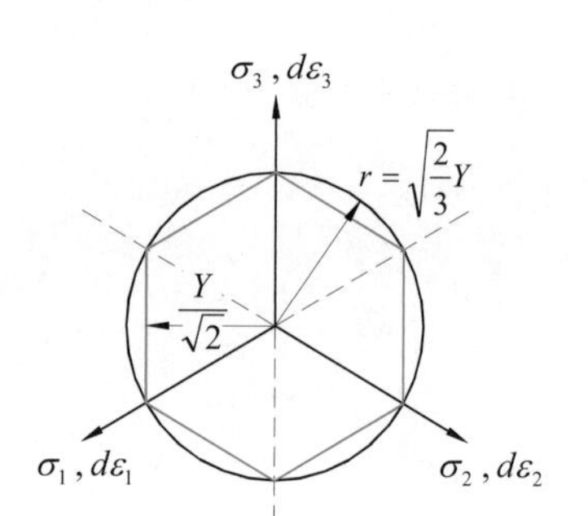

図 2.24　次元主応力空間におけるトレスカおよびミーゼスの降伏曲面

式(2.43)と式(2.49)とより，材料がミーゼスの降伏条件式に従う場合には，材料が降伏を開始するときの応力点Sの集合は $\overline{\mathrm{PS}}=\sqrt{2/3}Y$ なる円筒面となる．これが3次元の主応力空間におけるミーゼスの降伏曲面(yield surface)である．トレスカの降伏曲面は，ミーゼスの降伏曲面に内接する正六角柱で表現される．図2.23の降伏曲面は，図2.24の降伏曲面と $\sigma_3=0$ の座標面との交線にほかならない．

図2.24から，**①降伏に関与するのは等方的な応力状態（点P）からの応力の偏差量（半径 $\overline{\mathrm{PS}}$）である**，**②等方的な応力（$\overline{\mathrm{OP}}$）は降伏に関与しない**，ことがわかる．そこで次の応力成分に着目する．

$$\overrightarrow{\mathrm{OP}}=(\sigma_{\mathrm{m}},\sigma_{\mathrm{m}},\sigma_{\mathrm{m}});\ \sigma_{\mathrm{m}}\equiv\frac{1}{3}(\sigma_1+\sigma_2+\sigma_3) \tag{2.50}$$

$$\overrightarrow{\mathrm{PS}}=(\sigma_1-\sigma_{\mathrm{m}},\sigma_2-\sigma_{\mathrm{m}},\sigma_3-\sigma_{\mathrm{m}})\equiv(\sigma_1',\sigma_2',\sigma_3') \tag{2.51}$$

σ_{m} は静水応力(hydrostatic stress)成分，$\sigma_1', \sigma_2', \sigma_3'$ は偏差応力(deviatoric stress)成分とよばれる．材料の降伏に関与するのは偏差応力成分である．

【例題2・9】　＊＊＊＊＊＊＊＊＊＊＊＊＊＊＊＊＊＊＊＊＊＊＊＊

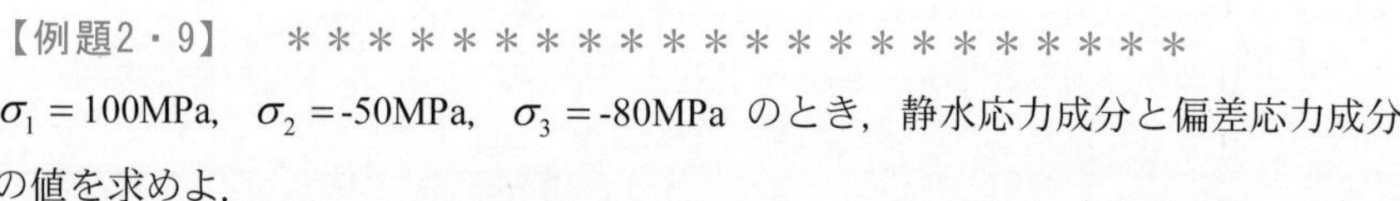

$\sigma_1=100\mathrm{MPa}$，$\sigma_2=-50\mathrm{MPa}$，$\sigma_3=-80\mathrm{MPa}$ のとき，静水応力成分と偏差応力成分の値を求めよ．

【解答】　$\sigma_{\mathrm{m}}=-10\mathrm{MPa}$，$\sigma_1'=110\mathrm{MPa}$，$\sigma_2'=-40\mathrm{MPa}$，$\sigma_3'=-70\mathrm{MPa}$

＊＊＊＊＊＊＊＊＊＊＊＊＊＊＊＊＊＊＊＊＊＊＊＊

【例題 2・10】　＊＊＊＊＊＊＊＊＊＊＊＊＊＊＊＊＊＊＊＊＊＊＊＊

一辺の長さ100mm，板厚5mm，単軸降伏応力100MPaの等方性の正方形金属板がある．この金属板がミーゼスの降伏条件式に従うものとして次の問に答えよ．ただし座標系として，x 軸と y 軸を二辺と平行方向に，z 軸を板面の法線方向に取り，$\sigma_z=0$ とせよ．

(1) $\sigma_x = 50\,\mathrm{MPa}$ の垂直応力が作用している．$\sigma_{xy} = 0$ のとき，この金属板を降伏させるのに必要な y 軸方向の引張荷重 F_y を求めよ．

(2) $\sigma_x = 0$，$\sigma_{xy} = 50\mathrm{MPa}$ のとき，この金属板を降伏させるのに必要な引張荷重 F_y を求めよ．

【解答】　(1) $F_y = 57.6\,\mathrm{kN}$（$\sigma_y = 115\,\mathrm{MPa}$）．(2) $F_y = 25\,\mathrm{kN}$（$\sigma_y = 50\,\mathrm{MPa}$）

＊＊＊＊＊＊＊＊＊＊＊＊＊＊＊＊＊＊＊＊＊＊＊

【例題 2・11】　＊＊＊＊＊＊＊＊＊＊＊＊＊＊＊＊＊＊＊＊＊＊＊

薄肉円管に軸方向引張荷重 F とトルク T を負荷すると，管壁には垂直応力 σ とせん断応力 τ が作用する（図 2.25(a)）．このとき $\tau-\sigma$ 座標系においてトレスカおよびミーゼスの降伏曲面を描きなさい．

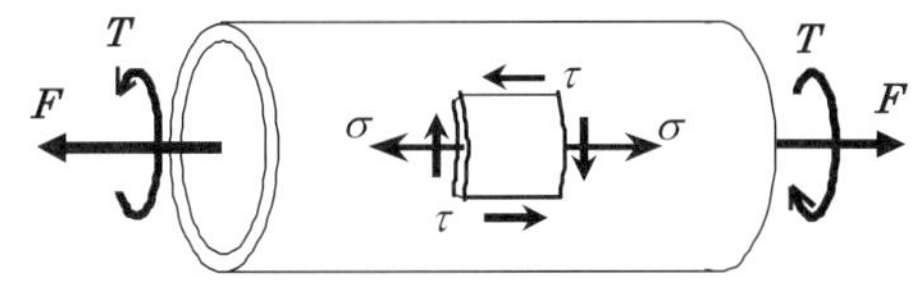

(a)

(b)

図 2.25 (a)薄肉円管の引張－ねじり試験における応力状態．(b) $\tau-\sigma$ 応力空間におけるトレスカおよびミーゼスの降伏曲線と実験値との比較[9]

【解答】　モールの応力円より，図2.25(a)の応力状態における主応力は次式より計算できる．

$$\left.\begin{matrix}\sigma_1\\ \sigma_2\end{matrix}\right\} = \frac{\sigma}{2} \pm \sqrt{\left(\frac{\sigma}{2}\right)^2 + \tau^2}$$

これらを式(2.40)および式(2.43)に代入して整理すると次式を得る．

$$\text{トレスカ：}\left(\frac{\sigma}{Y}\right)^2 + \left(\frac{\tau}{Y/2}\right)^2 = 1$$

$$\text{ミーゼス：}\left(\frac{\sigma}{Y}\right)^2 + \left(\frac{\tau}{Y/\sqrt{3}}\right)^2 = 1$$

$\tau-\sigma$ 座標系におけるトレスカおよびミーゼスの降伏曲面を図 2.25(b)に示す．ミーゼスの降伏曲面は，鋼，銅，アルミに対する実験値と概ね一致していることがわかる．

＊＊＊＊＊＊＊＊＊＊＊＊＊＊＊＊＊＊＊＊＊＊＊

第2章の参考文献

(1) Hecker, S.S., Experimental studies of yield phenomena in biaxially loaded metals. In: J.A. Stricklin, K.H. Saczalski (Eds.), Constitutive Equations in Viscoplasticity, Computational and Engineering Aspects, (1976), ASME, New York, 1-33.

(2) Bauschinger, J., Mitteilungen aus dem mechanisch-technischen Laboratorium der k. polytechnischen Schule München, Hefte 7-14 (1877-1886); Heft 13, 1-115.

(3) Kuroda, M., Uenishi, A., Yoshida, H. and Igarashi, A., Int. J. Solids and Struct., 43-14/15 (2006), 4465-4483.

(4) Tresca, H., Mémoir sur l’écoulement des corps solides soumis à de fortes pressions. (Extrait par l’auteur.), Comptes Rendus Acad. Sci. Paris 59 (1864), 754-758.

(5) Von Mises, R., Mechanik der festen Körper im plastich-deformablen Zustant, Göttinger Nachrichten Math.-Phys. Klasse, (1913), 582-592.

(6) Hencky, H., Z. angew. Math. Mechanik, 4 (1924), 323-334.

(7) Huber, M. T., Czasopismo Techniczne, 22 (1904), 38-81.

(8) Nadai, A., J. Appl. Phys., 8 (1937), 205-213, Theory of Flow and Fracture of Solids, Vol.I (1950), 175-228, McGraw-Hill, New York.

(9) Taylor, G.I. and Quinney, H., Phil. Trans. Roy. Soc. London, Series A, 230 (1931), 323-362.

第 3 章 金属材料の塑性変形 Plastic Deformation of Metals

3・1 金属材料の結晶構造と組織 (crystal structure in metallic materials)

3・1・1 金属組織の生成 (generation of metallographic structure)

塑性加工で用いられる金属材料の組織は液体状態（材料学では液相(liquid phase)という）から凝固する段階で生成する．高温状態での液相は原子あるいは分子が自由運動しているが，温度低下（冷却）にともない，自由運動が拘束され，原子濃度の高い小集団ができる．これをエンブリオ(embryo)あるいはクラスタ(cluster)という．小集団のエンブリオが球形（半径 r）となって成長すると，液相が固相に置換する自由エネルギーの変化は，界面での単位面積当たりの表面張力をγとすると，r^2 に比例して増加し，体積自由エネルギーは r^3 に比例して減少する．したがって，エンブリオと液相の界面には，(3.1)式のような自由エネルギーの差ΔFが生じる．

$$\Delta F = 4\pi r^2 \cdot \gamma - \frac{4}{3}\pi r^3 \cdot \Delta F_v \tag{3.1}$$

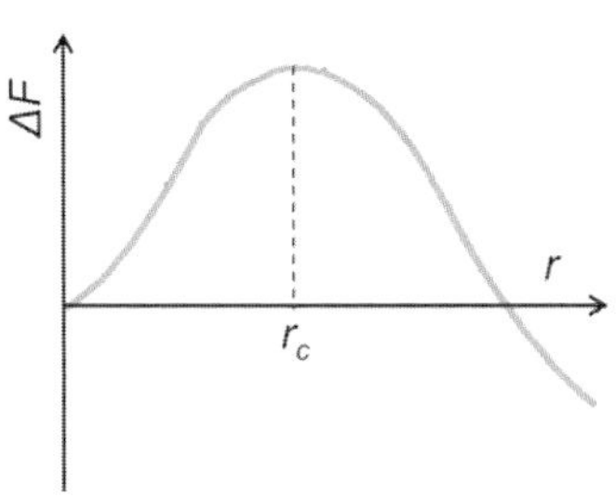

図 3.1 核成長にともなう自由エネルギーの変化

ここで，ΔF_vはエンブリオと液相間の単位体積当たりの体積エネルギー差である．(3.1)式は図 3.1 に示すような関係となり，$r<r_c$のとき，ΔFは大きく，$r>r_c$であれば小さくなる．すなわち，エンブリオの半径 r が r_cよりも小さければ，極めて不安定であり，ふたたび液相へ戻り，r_cより大きくなれば，エンブリオは成長する．エンブリオは生成する温度（凝固開始点）よりやや低い温度（過冷度）になると，臨界半径 r_cに達し，規則的な原子配列する結晶化(crystallization)ための核(nucleation)となる．このように核生成速度 Kz と結晶化して成長する速度 Kg は過冷度に関係し，過冷度が大きいと Kz は大きく，過冷度が小さければ Kg の方が大きくなる．

液相状態から温度が低下し，核生成し成長して，すべてが結晶化すると固相となる．そして，図 3.2 に示すように，1 個の核から成長して 1 個の結晶粒(crystal grain)となり，それぞれの結晶粒の間に結晶粒界(grain boundary)を形成する．したがって，結晶粒の大きさ（結晶粒径）は液相からの冷却速度によって異なり，冷却速度が早いと核生成速度(Kz)が増し，成長速度(Kg)が抑制されて微細な結晶粒となり，冷却速度が遅ければ，粗大な結晶粒となる．

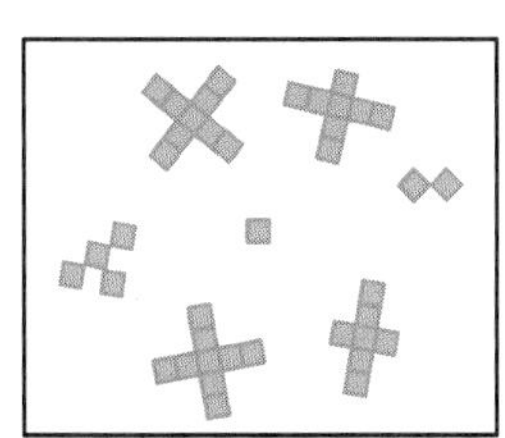
(a)核生成

(b)結晶成長

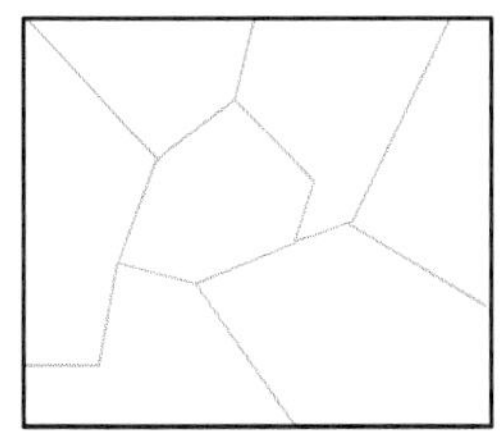
(c)結晶粒形成

図 3.2 核成長と成長による結晶粒の形成

【例題 3・1】 ＊＊＊＊＊＊＊＊＊＊＊＊＊＊＊＊＊＊＊＊＊＊＊＊

単結晶とはどのような組織の結晶か説明しなさい．また，単結晶材料の作製法について調べなさい．

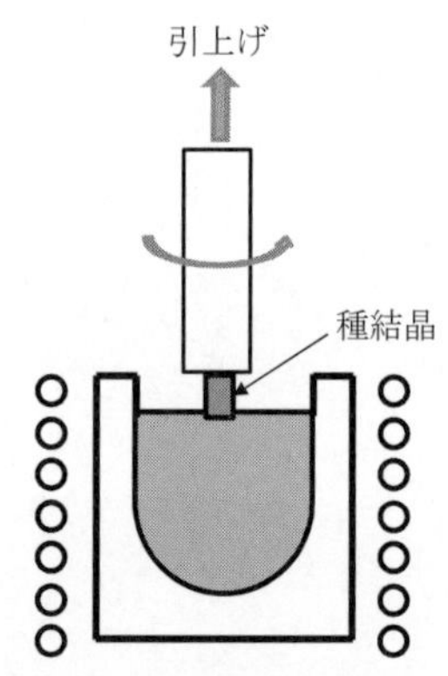

図 3.3 ツォクラルスキー法による単結晶の作製

【解答】　極度に遅い冷却速度であれば，1 個の核生成し，成長のみが生じて 1 個の結晶粒から成る組織の単結晶材料が得られる．図 3.3 は単結晶の製造法のひとつであるツォクラルスキー法(Czochralski method)の概略を示す．核となる結晶を溶融液面に接触させ，結晶成長の速度（凝固速度）に相当する速度で引き上げる方法である．一方，極めて早い凝固速度であれば，結晶粒形成がなされず，液相状態のまま固相となるので非晶質金属(amorphous metal)が得られる．

＊＊＊＊＊＊＊＊＊＊＊＊＊＊＊＊＊＊＊＊＊＊＊＊

3・1・2　凝固組織 (solidification structure)

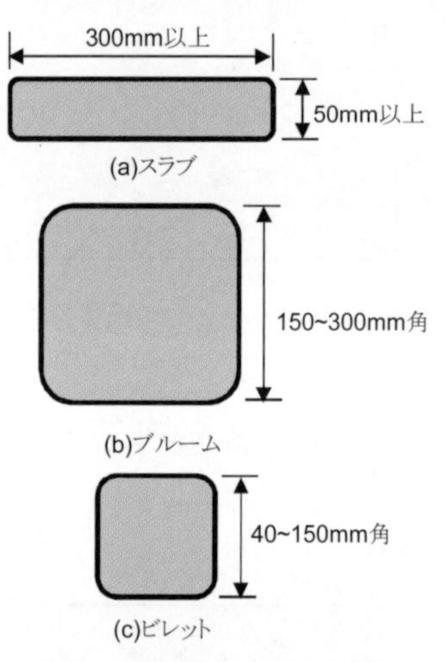

図 3.4 塑性加工用素材

塑性加工の素材材は，図 3.4 に示すような，押出し用のビレット(billet)や圧延用の長方形断面をもつスラブ(slab)，あるいは正方形断面のブルーム(bloom)など原料金属を溶解し，所定の形状の鋳型に注湯して凝固する造塊法(ingot making)あるいは鋳造法(casting)で製造される．図 3.5 に示すように，鋳型内に注湯された溶融金属は鋳型壁から熱放出して冷却されるので，壁部に接触する表面部では急冷され，微細な結晶粒のチル層(chilled layer)を形成する．そして熱流方向とは逆方向に温度勾配となって，凝固が進行するので，結晶成長は柱状晶(columnar crystal)となる．冷却速度の遅い大型鋳物では，柱状晶が枝状にもなって成長するので樹枝状組織(dendrite structure)を形成する．最終段階で凝固する中心部は温度勾配が小さく，方向性のない等軸晶(equiaxed crystal)となる．

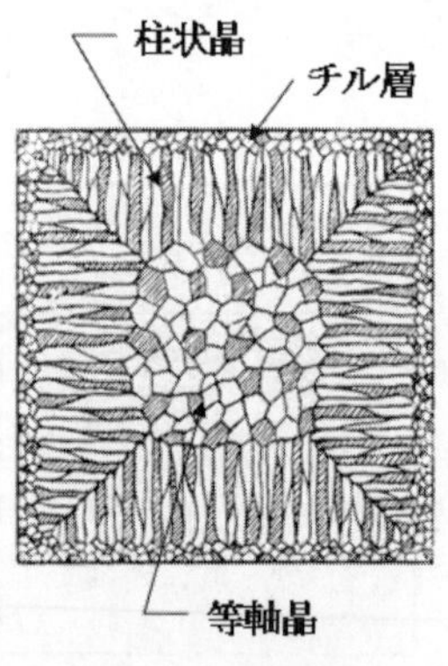

図 3.5 凝固組織

鉄鋼材料の素材である鋼塊(steel ingot)は，高炉と転炉で処理された銑鉄を，さらに，電気炉または 2 次精錬によって成分調整され，造塊後，分塊圧延(rolling of blooms, slabs and billets)されてビレット，スラブ，ブルームなどの形状につくられる．また，精錬で脱酸処理しないで凝固するリムド鋼(rimmed steel)には，凝固終期の上部に多くのガス孔が発生するのに対し，Si や Mn 等で脱酸処理するキルド鋼(killed steel)には凝固位置による偏析(segregation)が発生する．最も効率的で欠陥の少ない造塊法は，銑鉄を直接水冷金型で凝固しつつ圧延する連続鋳造法(continuous cast steel process)が用いられている．

3・1・3　金属の結晶構造 (crystal structure of metals)

結晶化する原子は，ポテンシャルエネルギーが最小となるところ，言い換えれば，最も安定した位置に金属結合して配列する．すなわち，結晶構造とは，原子が規則的に対称性をもって集合した状態で 1 個の結晶粒(crystal grain)をつくる．規則性・対称性とは，特定な方向に一定の原子間隔で三次元的に配列することであるから，配列方向に座標軸をとり，原子間隔の周期を a, b, c とすると(図 3.6),

$$r = n_1 a + n_2 b + n_3 c \tag{3.2}$$

のように，ベクトル $\boldsymbol{r}$ で表せる．ここで，n_1, n_2, n_3 は整数で，このような原子配列からなる結晶構造を空間格子(space lattice)といい，空間格子を形づくる最小の格子を単位格子(unit lattice)または単位胞(unit cell)ともいう．

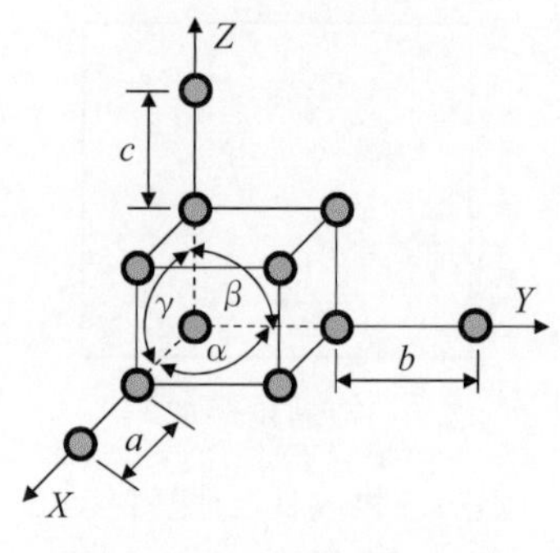

図 3.6 格子定数の定義

単位格子は軸角 α, β, γ と原子間隔 a, b, c で定まるから，これらの 6 個

の因子が格子定数(lattice parameter あるいは lattice constant)である．そして，格子定数により，表 3.1 に示すような種々の結晶構造が定義されている．ここで，ブラベー格子(Bravais lattice)とは，格子の中心に原子が位置する体心，各格子面中心に位置する面心，対照面に位置する底心など，原子の配置状態で分類した結晶構造であり，六方晶の I(体心)と F(面心)は $\gamma=120^o$ とした正方晶と同形であるので，ブラベー格子の結晶構造は 14 種類となる．

(3.2)式のようなベクトルで表す結晶構造は，n_1，n_2，n_3 がいずれも整数であることから，原子の配列している結晶面，結晶方位を整数で表示することができ，これをミラー指数(Miller indices)という．ミラー指数は，図 3.7 のように，結晶面を(hkl)，結晶方位を$[hkl]$の括弧の記号を用いて表示する．同じ h,k,l の指数であれば，$[hkl]$は(hkl)の法線方向となる．また，h,k,l の順序は座標軸の取り方によって異なるので，例えば，図 3.7 における立方晶の 1 面は(100)=(010)=(001)のように等価な結晶面でとなる．このような場合，結晶面を$\{hkl\}$，結晶方位を$\langle hkl\rangle$のように表示する．

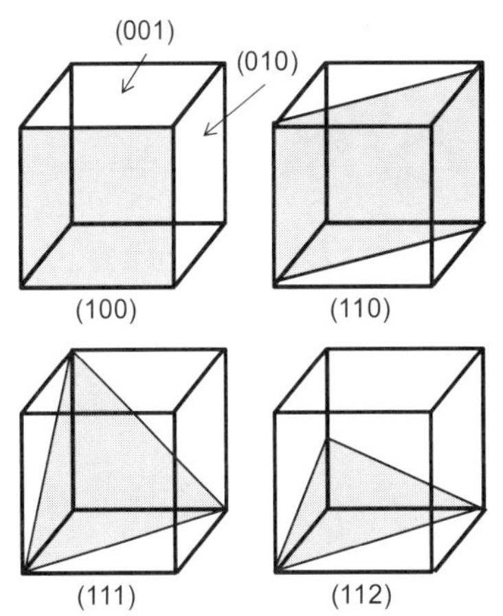

(a) 結晶面のミラー指数

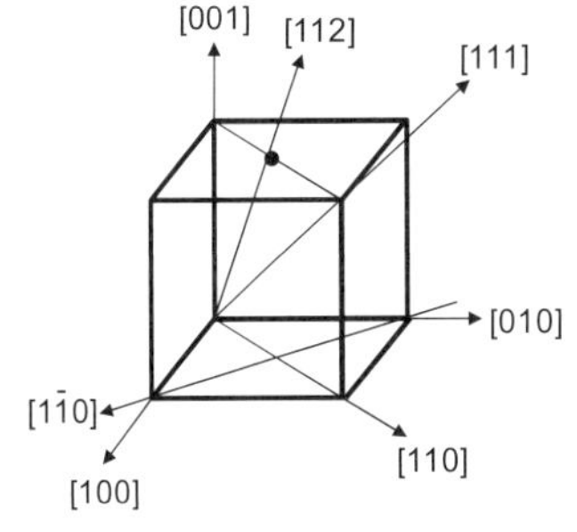

(b) 結晶方位のミラー指数

図 3.7 立方格子におけるミラー指数の表記例

表 3.1　単位格子の分類とブラベー格子

結晶系	単位格子の格子定数	ブラベー格子
立方晶(cubic)	$a=b=c,\ \alpha=\beta=\gamma=90^o$	P(単純), I(体心), F(面心)
正方晶(tetragonal)	$a=b\neq c,\ \alpha=\beta=\gamma=90^o$	P(単純), I(体心)
斜方晶(orthorhombic)	$a\neq b\neq c,\ \alpha=\beta=\gamma=90^o$	P(単純), C(底心), I(体心), F(面心)
単斜晶(monoclinic)	$a\neq b\neq c,\ \alpha=\beta=90^o\neq\gamma$	P(単純), C(底心)
三斜晶(triclinic)	$a\neq b\neq c,\ \alpha\neq\beta\neq\gamma$	P(単純)
菱面体晶(rhombohedral)	$a=b=c,\ \alpha=\beta=90^o\neq\gamma$	R(単純菱面体)
六方晶(hexagonal)	$a=b\neq c,\ \alpha=\beta=90^o,\ \gamma=120^o$	P(単純), I(体心), F(面心)

実際の金属結晶には原子が規則正しく配置していない場所，すなわち，原子配列の乱れた格子欠陥(lattice defect)が存在する．格子欠陥は位置すべきところに原子が存在しない，あるいは，あるべきところでない位置に存在する点欠陥(point defect)や，原子配列の乱れが線状に連続している線欠陥(line defect)，結晶面に乱れが生じている積層欠陥(stacking fault)がある．特に，線欠陥は転位(dislocation)とも称され，3・2・3 項で述べるように，すべり変形の基本概念となっている．

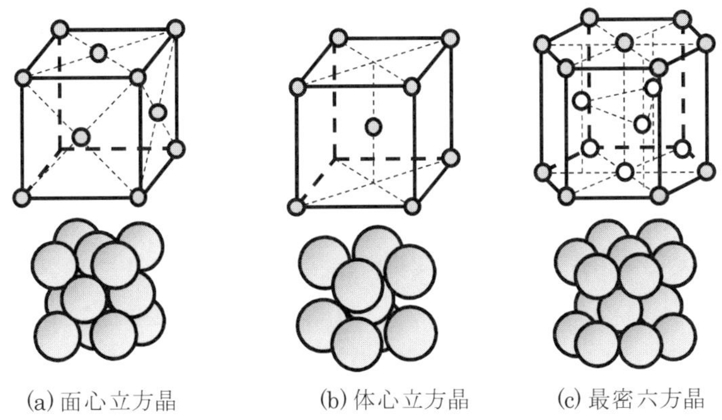
(a) 面心立方晶　(b) 体心立方晶　(c) 最密六方晶

図 3.8 代表的な金属結晶構造と原子の並び方

工業材料として用いられる多くの金属材料は，図 3.8 に示すような面心立方晶(face-centered cubic)，体心立方晶(body-centered cubic)，最密六方晶(hexagonal close-packed)がほとんどであり，それぞれ bcc 構造，fcc 構造，hcp 構造と略称している．そして，金属材料の組織は粒状の結晶粒から構成され，個々の結晶粒は，その主成分である金属元素の固有の結晶構造をもち，多結晶組織(poly crystal structure)を形成している．2 種以上の金属元素から成る合金の場合も，主要となる金属元素と同じ結晶構造をもつか，あるいは全く異なった構造となることがある．例えば，純銅の結晶構造は fcc 構造であり，黄銅(Cu-Zn 合金)では，亜鉛量が 35mass%Zn 以下の場合，純銅と同じ fcc 構造の α 相の単相組織であるのに対し，40mass%Zn の黄銅では bcc 構造をもつ β 相が形成され，(α+β)相の二相組織となる(図 3.9)．

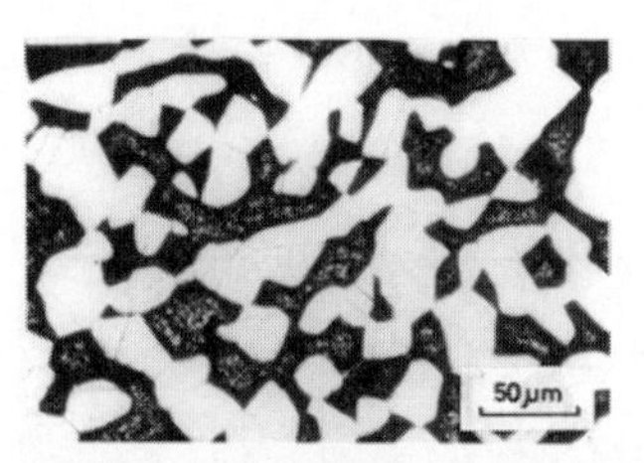

図 3.9 二相黄銅(Cu-40%Zn 合金)の光学顕微鏡組織（白色相が α 相，黒色相が β 相）

3・2　金属結晶における塑性変形の基本概念 (fundamental concept for plastic deformation in a metallic crystal)

3・2・1　金属結晶のすべり変形 (slip deformation of a metallic crystal)

金属の塑性変形はマクロ的現象であるが，金属組織学的には個々の結晶粒の変形によるものである．特定の結晶構造をもつ結晶粒は外力によってせん断力を受けると，原子移動が生じる．原子配列が変わることなく，原子間隔が変化しても原子間引力以下であれば，外力の除去後，元の位置に戻る．すなわち弾性変形である．図 3.10 に示すように，外力によりすべり(slip)あるいは双晶(twin) のような鏡面対称の原子配列の変化が生じると，外力が除去されても変位は戻ることなく，塑性変形する．その他，原子配列の一部が回転対称となっているキンク(kink)のような変形機構もあるが，塑性加工のような大変形ではほとんどがすべり変形(slip deformation)である．

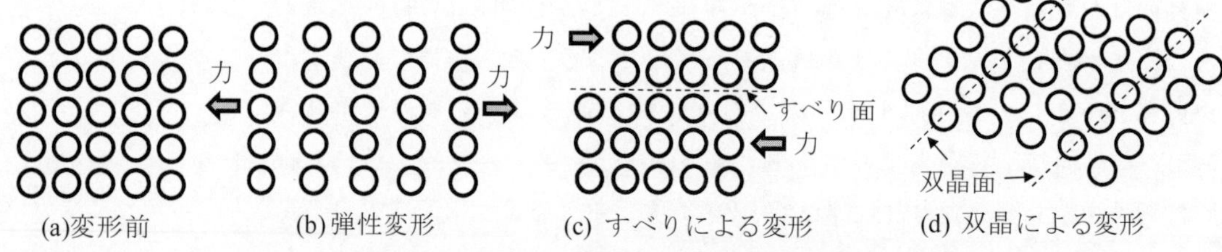

図 3.10 結晶格子に力が加えられた時の変形の様子

第 2 章で一部述べたように，結晶の塑性変形がすべりによるものであれば，すべりは結晶面が 1 原子間隔分ずれることで生じる．言い換えれば，結晶の“ずれ”は，最も原子の緻密に配置している結晶面，結晶方位に生じやすい．この結晶面がすべり面(slip plane)であり，移動する方向がすべり方向(slip direction)である．したがって，金属材料は，特定の結晶構造をもつ多結晶組織であるから，個々の結晶粒内のすべり面，すべり方向にすべりが生じて塑性変形する．図 3.11 は代表的な金属結晶である体心立方晶，面心立方晶，最密六方晶のすべり面，すべり方向を示す．また，すべり面，すべり方向はいずれも等価な面と方向をもつから，すべり変形の可能性は結晶面と結晶方位の積で，これをすべり系(slip system)という．表 3.2 は主な金属の結晶構造とすべり面，すべり方向とすべり系の数を示す．個々の結晶粒が，それぞれのすべり面上ですべり変形すると，結晶面が回転しながら方向を変えるとともに，結晶粒形状も変形し(図 3.12)，多結晶金属は大きな塑性変形となる．第 2 章の図 2.21 に示した光顕組織は，多結晶アルミニウム合金が一方向に大きくすべり変形した状態である．

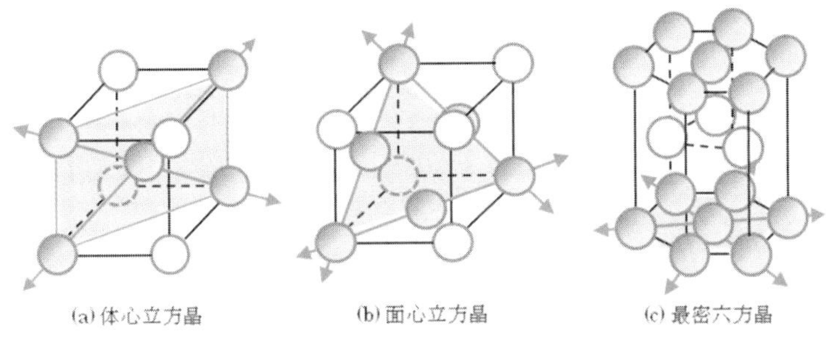

図 3.11 金属結晶のすべり面とすべり方向

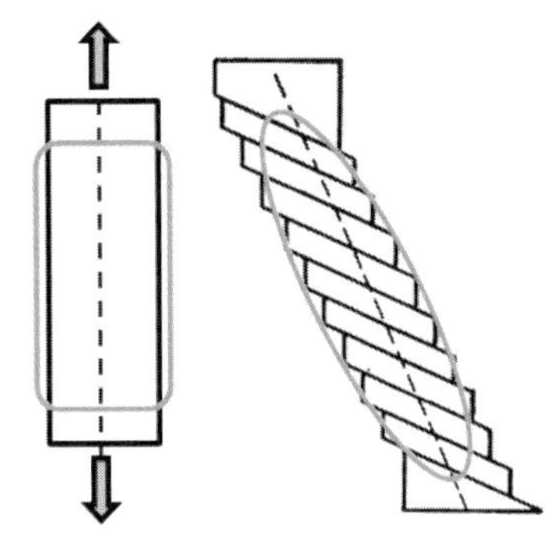

図 3.12 すべり変形にともなう結晶粒形状と結晶方位の変化
光学顕微鏡で結晶粒内にすべり線となって観察できる

表 3.2 主な金属の結晶構造とすべり系

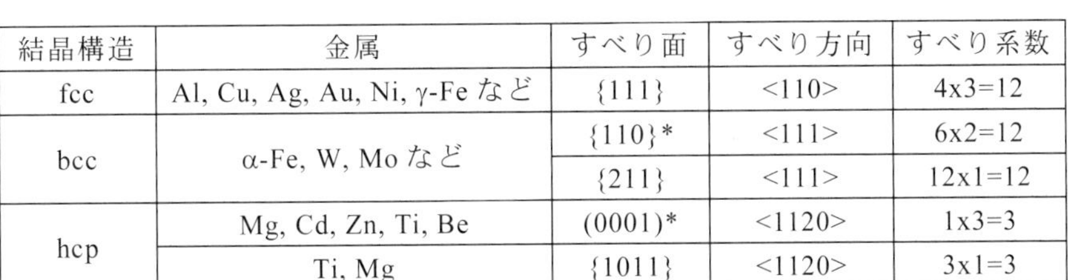

結晶構造	金属	すべり面	すべり方向	すべり系数
fcc	Al, Cu, Ag, Au, Ni, γ-Fe など	{111}	<110>	4x3=12
bcc	α-Fe, W, Mo など	{110}*	<111>	6x2=12
		{211}	<111>	12x1=12
hcp	Mg, Cd, Zn, Ti, Be	(0001)*	<1120>	1x3=3
	Ti, Mg	{1011}	<1120>	3x1=3

*主すべり面

金属結晶のすべり変形が生じる降伏応力を調べるには，外力が一軸方向に単純に作用する単結晶の引張試験が適する．第 2 章で述べたように，単結晶の降伏条件はシュミットの式；$\tau_c = \sigma_y(\cos\phi\cos\lambda)$ が適用され，すべり変形に要するせん断応力は，すべり面上ですべり方向へ作用するための臨界せん断応力 τ_c に相当し，引張変形での降伏応力となる．

【例題 3・2】 ＊＊＊＊＊＊＊＊＊＊＊＊＊＊＊＊＊＊＊＊＊＊＊＊＊

マグネシウム単結晶(hcp 構造)について，種々の方向に外力を加える引張試験を行い，降伏応力 σ_y を計測し，表 3.3 のような結果を得た．マグネシウムの臨界せん断応力 τ_c を求めなさい．

表 3.3 マグネシウム単結晶の引張試験結果

φ (deg.)	λ (deg.)	σ_y(N/mm^2)
60	85	9
40	80	3
55	70	2
65	45	1.5
50	50	1
45	45	0.8

【解答】 引張試験で得られる降伏応力はすべり面上ですべり始める時のせん断応力の引張軸方向成分に相当する．シュミット因子と降伏応力の関係をまとめると図 3.13 のような結果になる．ここで，(cos φ cos λ)=0.1 の場合 σ_y=4.0 N / mm^2，(cos φ cos λ)=0.2 の場合は σ_y=2.0 N/mm^2 となるので，マグネシウムの臨界せん断応力は τ_c=0.4N/mm^2（一定）となる．

＊＊＊＊＊＊＊＊＊＊＊＊＊＊＊＊＊＊＊＊＊＊＊＊

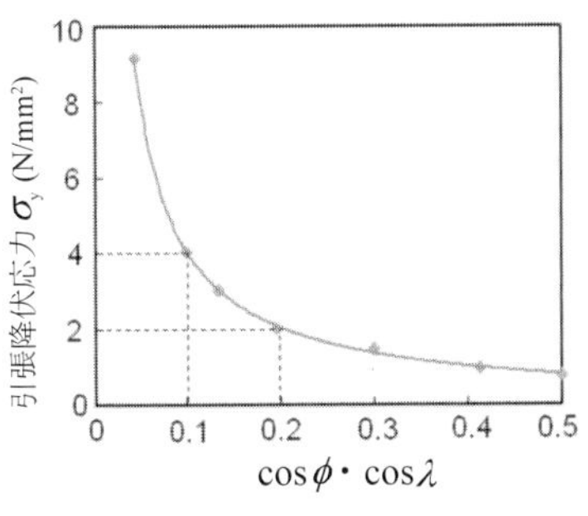

図 3.13 σ_y と cos φ cos λ の関係

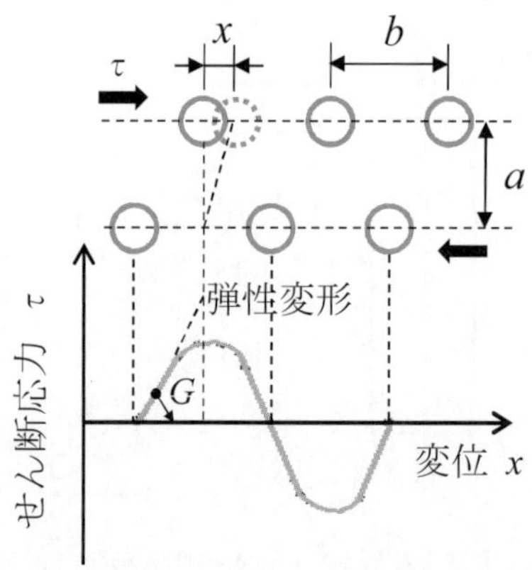

図 3.14 原子の移動にともなうせん断応力の変化(正弦関数に近似)

3・2・2　完全結晶における理想強度 (ideal strength in a perfect crystal)

結晶に全く欠陥なく，原子が規則正しく配列した完全結晶(perfect crystal)のすべり変形を考える．すべり変形は，図 3.14 に示すように，せん断応力 τ が作用して，原子が x 方向に移動することであるから，変位 x が x=0 から x=b まで移動してすべり変形が完成する．移動の際に，x=b/4 のところで 1 つのポテンシャルエネルギーの極大値があり，x=b/2 まで移動すれば，ポテンシャルエネルギーは不安定であるけれども最小値とる．すなわち，すべりを起こすせん断応力は x=0 と x=b/2 で τ=0 である．また，x=b/4 で$+\tau_{max}$ および x=3b/4 で$-\tau_{max}$ の極大値となる．したがって，τ は x の正弦関数と仮定でき，

$$\tau = k\sin\left(\frac{2\pi x}{b}\right) \tag{3.3}$$

のように表すことができる．ここで，k は定数とする．

変位は極めて小さいとき(x≒0)，弾性変形であり，x=b/4 と x=3b/4 での極大値$\pm\tau_{max}$ がすべりを起こすための臨界せん断応力 τ_c となり，

$$\tau_c = \frac{G}{2\pi} \approx \frac{G}{6} \tag{3.4}$$

として求められる．（練習問題【3･1】参照）

表 3.4 主な金属の臨界せん断応力の計算値と実験値の比較[1]

金属	せん断弾性係数:G	臨界せん断応力(N/mm^2)		理論値/実測値
	(G N/m^2)	理論値(G /6):τ_{c0}	実測値:τ_{c1}	τ_{c0}/τ_{c1}
マグネシウム	17.4	2,900	0.4	7,300
アルミニウム	26.7	4,450	0.8	5,600
金	27.7	4,620	0.9	5,100
銀	28.8	4,800	0.37	13,000
亜鉛	37.2	6,200	0.18	34,400
銅	45.5	7,580	0.5	15,200
ニッケル	77.0	13,830	0.5	25,700
鉄	83.1	13,850	16	870
モリブデン	120.0	20,000	72	280

完全結晶のすべり変形では，剛性率の約 1/6 のせん断応力を要するが，この値は仮定に基づく理想強度である．表 3.4 は各種金属について，(3.4)式より求めた臨界せん断応力 τ_{c0} と単結晶を引張試験し，シュミットの式から得られた実験値 τ_{c1} を比較して示す．両値には数 1000～数 10000 倍の差があり，大きな矛盾がある．

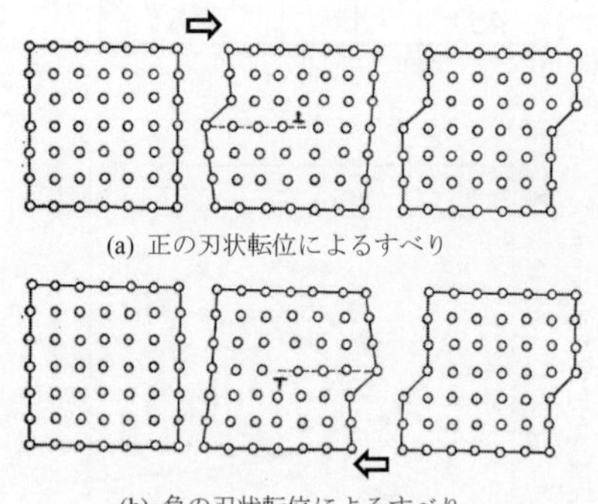

(a) 正の刃状転位によるすべり
(b) 負の刃状転位によるすべり

図 3.15 テイラーの考えた転位の移動によるすべり機構[1]

3・2・3　塑性変形における転位の役割 (rule of dislocation in a plastic deformation)

臨界せん断応力の計算値と実測値の矛盾を解明するには，1934 年に G.I.Taylor によって提案された転位論を理解する必要がある．転位(dislocation)とは，3･1･3 項で述べたように，格子内に生じている線欠陥である．図 3.15 に示すように，せん断応力を受けて，結晶内の転位が順次移動することで，すべりが生じることが容易に理解できる．このような転位が 1 原

子間移動の際には，途中で 1 つのポテンシャル・エネルギーの山を越えることで移動でき，極めて小さなせん断応力ですべりが生じる．R.E.Peierls(1940)と F.R.N.Nabarro(1947)は，転位が移動するときのポテンシャル・エネルギー場を正弦関数と仮定して，単純立方格子の場合のせん断応力を(3.5)式のように求めた．

$$\tau_c = \frac{2G}{1-\nu}\exp\left[-2\pi/(1-\nu)\right] \tag{3.5}$$

この応力をパイエルスーナバロ力(Peierls-Nabarro force)といい，G は剛性率，ν はポアソン比である．ν=1/3 として(3.5)式のせん断応力を求めると，τ_c≒ 2.5×10^{-4}G となり，(3.4)式より求めた臨界せん断応力より，かなり小さい値で実測値に近い．このことから，すべり変形は転位の運動であることが証明された．

転位の形態は，図 3.16 に示すように，転位線がせん断応力方向に垂直な刃状転位(edge dislocation)と平行に並ぶらせん転位(screw dislocation)が考えられ，図 3・17 のように，両者が組み合わさる混合転位(mixed dislocation)がある．転位の向きについては，図 3.16(a)の刃状転位は正の刃状転位とし，┻のような記号で表記する．らせん転位の場合は，右巻きと左巻きがある．

混合転位のように，転位線は自由に折れ曲がって進み，ゴム紐のように伸びたり縮むことができる．また，転位は方向と大きさをもつから，ベクトル量で示され，1 つの欠陥(転位)を埋める(完全結晶にする)ためのベクトル量と定義され，バーガース・ベクトル(Burgers vector)***b*** と称されている．

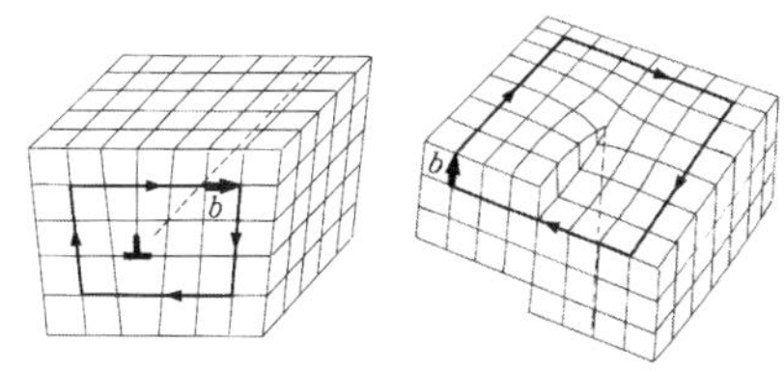

(a) 刃状転位(正)　(b) らせん転位(右巻き)

図 3.16 刃状転位とらせん転位[2]
(***b*** はバーガースベクトル)

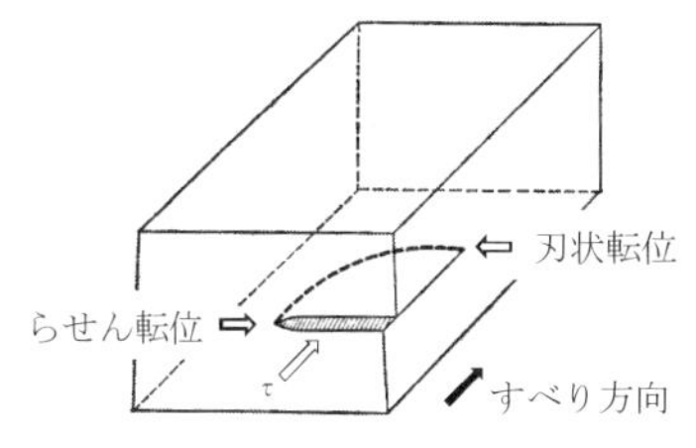

図 3.17 混合転位

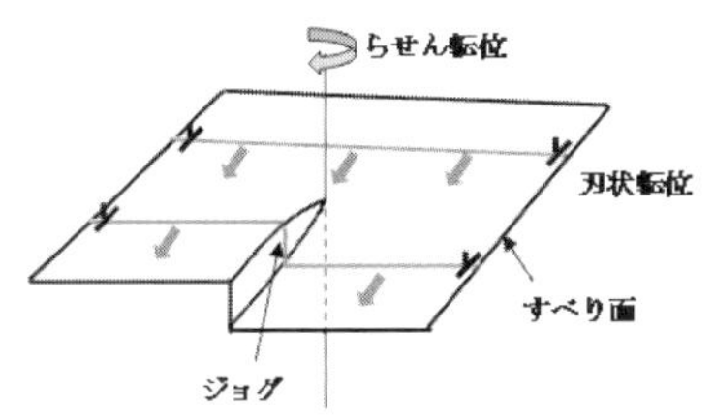

図 3.18 らせん転位と刃状転位の交叉によるジョグの形成

3・2・4　塑性変形にともなう転位の挙動 (behavior of dislocation in a plastic deformation)

(1) ジョグの形成

転位は結晶中に多数存在し，単位体積当たりの転位長さ(単位は m^{-2})を転位密度(dislocation density)として表現する．転位はすべり面上で移動するが，図 3.18 に示すように，らせん転位のあるすべり面上を刃状転位が交叉すると，すべり面に垂直な転位となって，運動が抑止される．このような転位をジョグ(jog)といい，向きの異なる刃状転位やらせん転位が互いに交叉することでジョグが形成する．

(2) 格子欠陥と転位の相互作用

結晶中には熱的平衡状態のために多くの空孔が存在する．転位がこの空孔と交わると，図 3.19 に示すように，転位は 1 原子間隔だけ上昇し，正の刃状転位であれば 1 つ上のすべり面に移ることになる．この過程で転位は空孔の助けをかりて全長に渡って行われるから，次々と上昇運動(climbing motion)する．即ち，転位は移動しやすい方向へ折れ曲がって運動できる．

素地の原子に対し体積の大きい溶質原子が存在すると周辺は圧縮応力場となる．刃状転位は上部が圧縮応力，下部は引張応力となっているので，溶質原子は引張応力によって転位のところに引き込まれる(図 3.20)．したがって転位のまわりの応力場は拡大し，転位は一層移動しにくくなる．換言すれば，材料の塑性変形能は転位の易動性に支配され，移動しやすい状態では変形し

(a) 空孔の消滅と転位の上昇運動

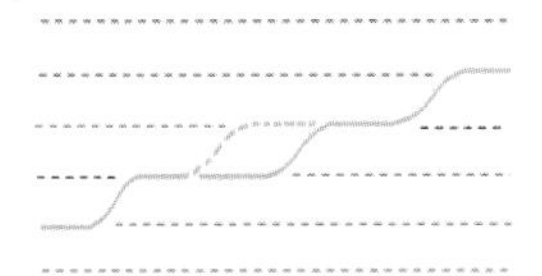
(b) 他のすべり面への移動による転位線の湾曲

図 3.19 転位の上昇運動と転位線の折れ曲がり

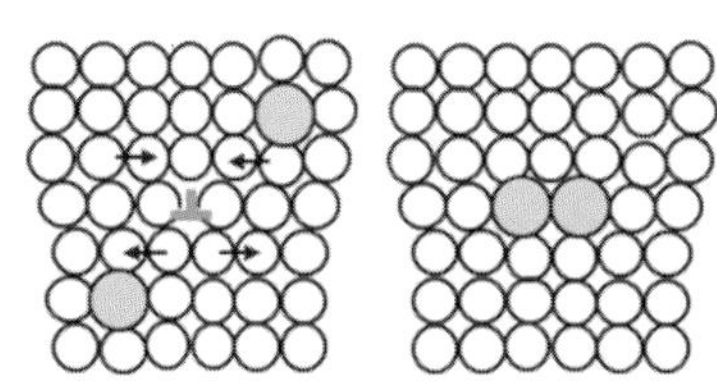
図 3.20 刃状転位と溶質原子の相互作用

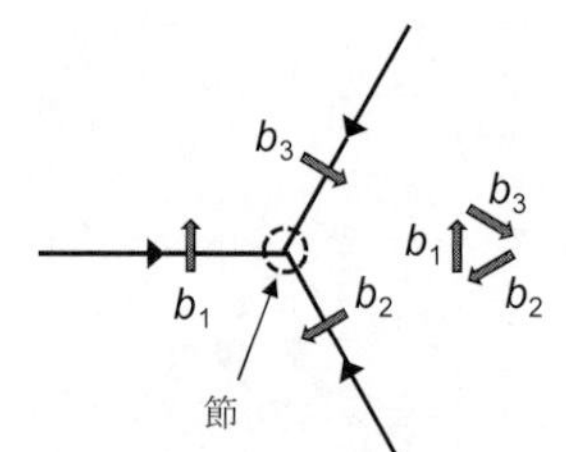

図 3.21 節の形成

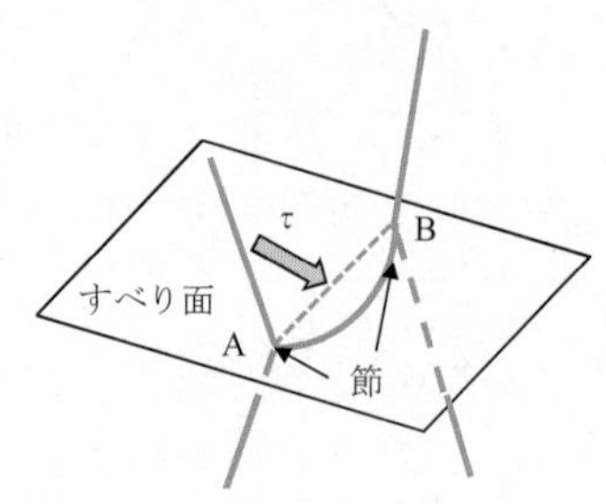

図 3.22 節による F-R 源の形成

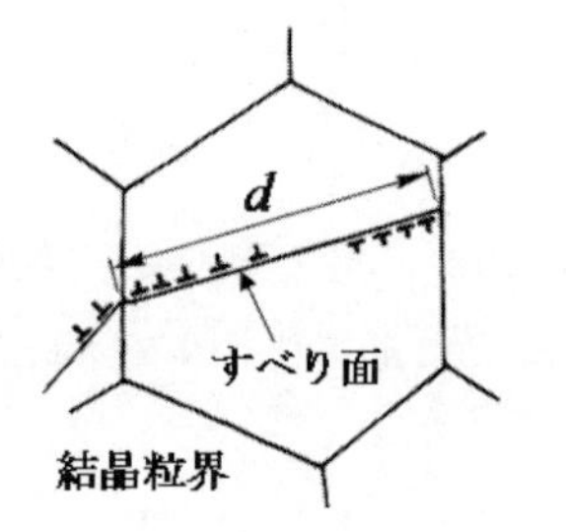

図 3.23 結晶粒界での転位の堆積とすべりの伝播

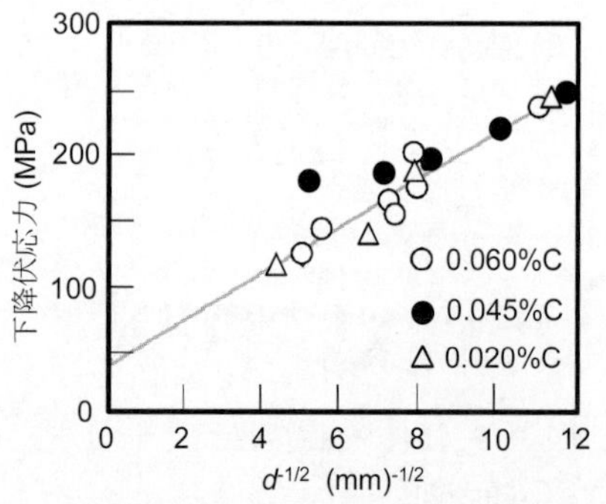

図 3.24 炭素鋼における下降伏応力と結晶粒径の関係[4]

やすく，溶質原子をもつ合金では，転位の運動は困難となるので，一般に，合金は純金属よりも強度が高い．

(3) 転位の増殖機構

1 本の転位線はすべての部分で等しいバーガース・ベクトルとなっている．したがって, 転位線は分岐したり結合したりする. 今, 3 本の転位線が $\boldsymbol{b}_1=\boldsymbol{b}_2+\boldsymbol{b}_3$ であれば $\boldsymbol{b}_1$ の転位は $\boldsymbol{b}_2$ と $\boldsymbol{b}_3$ に分岐し，$\boldsymbol{b}_1+\boldsymbol{b}_2+\boldsymbol{b}_3=0$ であれば結合する(図 3.21)．このような分岐点あるいは結合点を転位の節(node)という．

図 3.22 に示すように，すべり面上に 2 つの節 A と B が形成し，せん断応力が働くと転位線 AB は折れ曲がって進む．そして拡大しつつ交わると正負のベクトルが一体化し，1 本の環状の転位線となる．このような転位環(dislocation loop)はせん断応力を加え続けることで，水面に小石を落とした時の環のように増加し続ける．これをフランク－リード増殖機構(Frank-Read multiplication mechanism)といい，増殖の源となる節 A-B をフランク－リード源または F-R 源(Frank-Read source)と称されている．したがって，塑性変形を続けると転位密度が増加することになる．

(4) 転位の堆積

多結晶金属が塑性変形すると，転位は結晶粒界のところで運動が止められる．同一すべり面上を増殖した転位が次々に移動してくると，異符号の転位は消滅するが，同符号の転位は堆積(pile-up)したり，もつれ(tangling)が生じ結晶粒界付近の転位密度が急増する(図 3.23)．転位の運動の障害物となる結晶粒界の総表面積は結晶粒径に依存するので，多結晶金属における降伏応力 σ_y と結晶粒径 d との関係は(3.6)式が成り立つ．

$$\sigma_y = \sigma_0 + k_y d^{-1/2} \tag{3.6}$$

これをホールーペッチの式(Hall-Petch relation)という．ここで，σ_0 と k_y は定数であり，σ_0 は転位が結晶粒内を運動する際の変形抵抗に相当し，k_y は転位が結晶粒界を横切るときに受ける変形抵抗に依存する値である．図 3.24 に種々の炭素量の鋼における下降伏応力と結晶粒径の関係を示す．微細な結晶粒($d^{-1/2}$ が大きい)ほど下降伏応力が高くなる．換言すれば，微細結晶粒の金属材料ほど高強度となる．

転位の運動の障害物は結晶粒界の他に，アルミニウム合金などで見られる析出物も同様な作用を成し，時効処理によって析出物を生成させて材料強化する方法が析出硬化(precipitation hardening)あるいは時効硬化(age hardening)である．

3・3　塑性加工材の組織と特性 (structure and properties in plastic-worked materials)

3・3・1　加工硬化 (work hardening)

第 2 章で，応力-ひずみ曲線において塑性変形域ではひずみにともない応力が増加するひずみ硬化(strain hardening)について述べた．すなわち，金属材料を塑性加工するとき，加工度が高まるにしたがって加工力が増大する加工硬化(work hardening)現象が生じる．これは塑性変形が進行すると，転位は増殖され，節のような不動転位(sessile dislocation)が生成する．また，転位間で相互作用して，転位線が互いにもつれ，移動しにくくなる．

一般に，せん断応力(τ)と転位密度(ρ)との間には，単結晶，多結晶にかかわらず，次式は成り立つ．

$$\tau = \tau_0 + k_0 G b \sqrt{\rho} \tag{3.7}$$

この関係をベイリーハーシュの関係(Bailey-Hirsch's relation)といい，τ_0 と k_0 は定数で，$\tau_0 \fallingdotseq 0.3 \sim 0.6$ の値である．したがって，加工度が高まるにしたがって，ひずみ（転位）が導入されると転位密度が増加し，変形のためのせん断応力，すなわち加工力が増加する．

しかしながら，高ひずみとなって転位密度が増加すると，節やもつれ部から転位がはずされ，あるいは消滅して転位が再配列し，結晶粒内に転位の高密度と低密度部のところが発生する．転位が集中している高密度部は，その両側の低密度部が僅かに傾斜した結晶方位となるので，このようなところを小傾角粒界(small angle grain boundary)といい，低転位密度部は結晶粒内に新たに形成した結晶粒のような構造となるので，これを亜結晶粒または副結晶粒(sub grain)という(図 3.25)．このような現象が生じると，ひずみの増加は必ずしも転位密度の増加とはならず，高ひずみになるにしたがって加工硬化度は減少する場合がある．即ち，第 2 章で述べた Voce の式（式 2.11）のように，ひずみの増加にともない加工硬化係数 n 値は低下することになる．

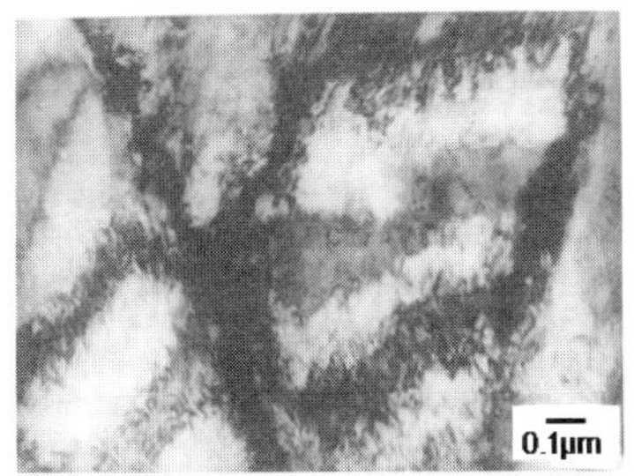

図 3.25 80%冷間圧延した α 黄銅（Cu-30mass%Zn 合金）の転位のもつれと亜結晶粒の形成[2]

3・3・2　残留応力 (residual stress)

塑性変形し徐荷後に，まだ弾性応力域であった部分は元の形状に戻るが，塑性変形の生じた部分の内部応力は 0 に戻ることなく，残留応力(residual stress)として残存する．たとえば，図 3.26(a)のような応力-ひずみ関係をもつ棒を曲げ変形すると，徐荷後，たわみ量 B-B'に相当する内部応力が存在する．曲げ変形での応力分布は，一端が引張応力で他端が圧縮応力となり，中立面では応力が 0 である(図 3.26(b))．除荷すると，応力の一部は弾性的に回復し，スプリングバック(spring back)するが，残りの応力差分が残留応力成分として内部に存在する(図 3.26(c))．

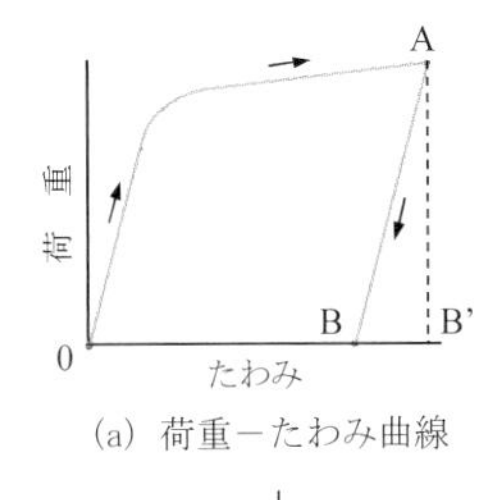

(a) 荷重－たわみ曲線

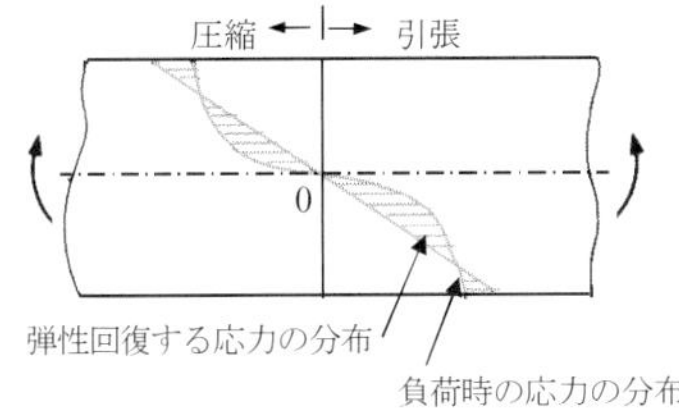

(b) 曲げ変形による応力分布

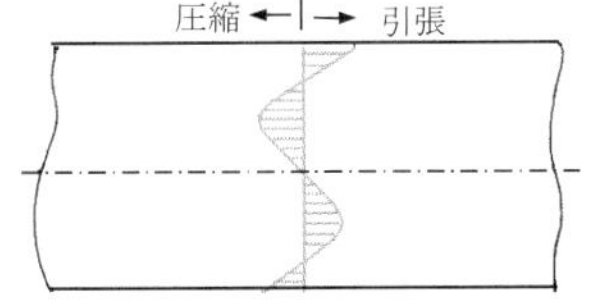

(c) 除荷後の残留応力の分布

図 3.26 曲げ加工における残留応力の発生

実際に塑性加工で成形される製品は複雑な形状で，製品の部位によって加工力の大きさや作用方向，変形度が異なり，弾性変形域のところで一部回復しても，内部応力がつりあっているところには残留応力が分布する．

引抜き加工で比較的単純な円形断面の丸棒を成形する場合でも，材料に引張力が加えられると，円錐形のダイス内を通過する際にダイス壁面から圧縮力が作用する．したがって，引抜加工後の残留応力は軸方向，切線方向，円周方向でそれぞれ引張残留応力と圧縮残留応力の分布(図 3.27)が生じ，これらの応力の総和が 0 となって，一定の形状を保つ．引抜棒の一部を削除すると，応力のつりあいが失われ，解除された残留応力分の変形が起こる．したがって，解除後の変形量から残留応力の大きさを測定できる．

【例題 3・3】 

冷間圧延加工によって成形された板材にはどのような残留応力が生じる

か？　また，残留応力除去のために圧延加工の最終段階で，スキンパス圧延(skin pass rolling)と称される軽加工度の圧延を施すのはなぜか？

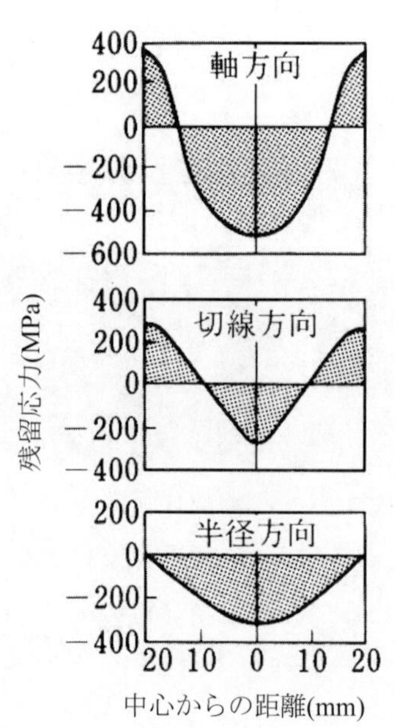

図 3.27 断面減少率 14%の冷間引抜き加工した棒鋼の残留応力分布(G.Sachs らの実験)(5)

【解答】　圧延加工では，ロール圧下による圧縮力やロール接触摩擦による引張力とせん断力によって塑性変形領域が異なってくる．

通常，図 3.28 に示すように，圧下率が大きいと，塑性変形領域は中心部まで拡大し，材料流動がロール出口側へ先進するが，ロール接触部近傍での圧縮変形で，先進が拘束されるため，表面側は引張，中心部では圧縮の残留応力となる．

スキンパス圧延のように，圧下率が極めて小さいと表面付近のみ塑性変形する．したがって，中心部の未変形部が表面部の伸び変形を抑制するので表面部は圧縮，中心部が引張残留応力となり(図 3.29)，高圧下率の圧延で生じた残留応力を打ち消すことができる．

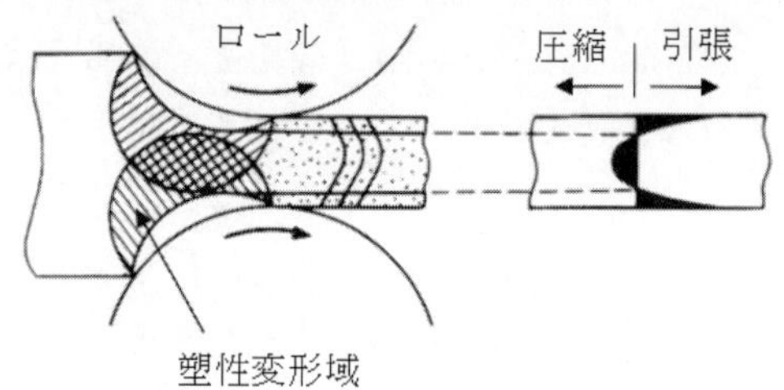

図 3.28 圧延における塑性変形領域と残留応力分布(5)

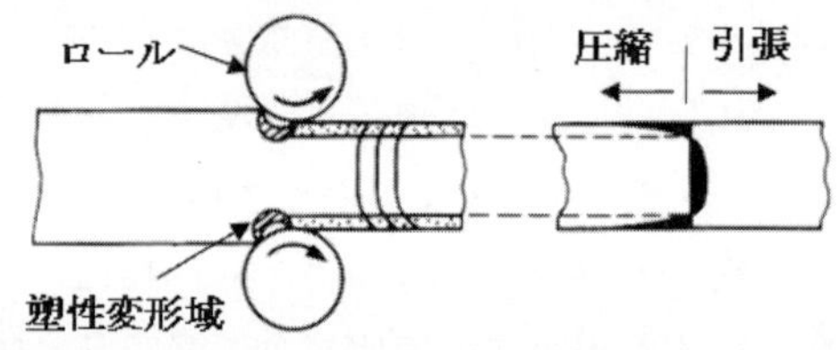

図 3.29 小圧下率あるいは小径ロールを用いた圧延における塑性変形領域と残留応力分布(5)

＊＊＊＊＊＊＊＊＊＊＊＊＊＊＊＊＊＊＊＊＊＊＊＊

複雑形状の塑性加工製品では，マクロ的な残留応力であるが，加工品内部では組織の不均一から生じるミクロ的残留応力がある．たとえば，0.81%C の共析鋼は軟質の α 相（フェライトと称する）と硬質な Fe_3C 相（セメンタイトと称する）の二相から構成している．この鋼を数%引張変形すると，周囲の拘束の小さい表面から変形し始め，α 相は塑性変形するが，Fe_3C 相は弾性変形域の応力状態にとどまる．したがって，除荷後では，表面層では圧縮の，内部側では引張のミクロ的な残留応力が発生する．

3・3・3　集合組織 (texture)

多結晶組織の金属材料は結晶粒の集合体であり，その結晶方位は無秩序に配向しているので，機械的性質や物理的性質等は結晶方位に支配されず，等方性であるとして取り扱っている．しかし，個々の結晶粒がその結晶構造に基づくすべり系をもち，引張変形では図 3.12 に示したように，あるいは圧縮変形でも結晶方位は回転する(図 3.30)．特に，圧延，鍛造，引抜き，押出しなどの塑性加工では，その変形様式や作用応力が方向性をもっている．このような特定方向に大きな変形度で塑性加工された金属材料は，ランダムに配向していた結晶粒が，結晶構造のすべり系に基づき回転して，特定方向に集中した優先方位(preferred orientation)をもつ変形集合組織(deformation texture)を形成する．特に，引抜きや押出しで加工した線や棒は，変形軸のまわりが回転対称となる変形であり，結晶方位が加工方向に軸対称な配向をもつ．このような集合組織を繊維組織(fibrous structure)ともいう．表 3.5 は主な金属・合金の引抜きおよび押出し加工による繊維組織を示す．

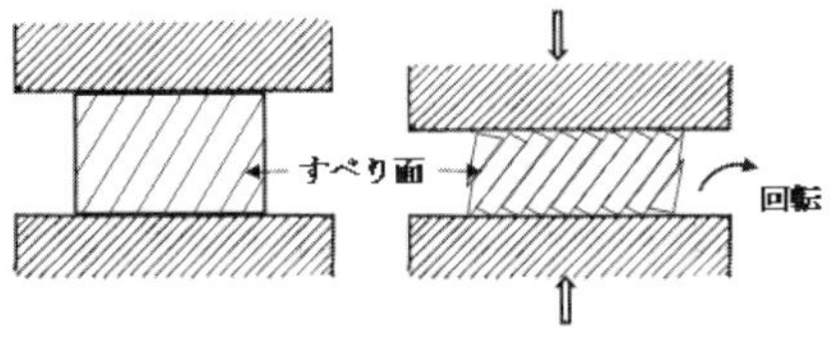

図 3.30 圧縮変形における結晶方位の回転

表 3.5 主な金属・合金の繊維組織

結晶構造	金属・合金	引抜き方向(最強方位)	押出し方向(最強方位)
fcc	Al Cu Ni	[111]	[110]
	α黄銅 Al青銅	[111]	[110]
	Ni青銅 18-8Cr-Ni鋼		
bcc	W V	[110]	[111]
	α-Fe β黄銅	[110]	
hcp	Mr Zn Zr	[0001]	[0001]

圧延による変形は厚さ方向が減少し，長さ方向が増加して，板幅方向にはほとんど変形しないことが特徴的である．したがって，圧延板の集合組織は三次元の優先方位をもち，光顕は第 2 章の図 2.21 のようになる．その結晶方位の統計的分布状態を円座標で表示した極点図(pole figure)で表される．

極点図は，圧延板の集合組織の測定を X 線回折して作成される．X 線回折法には透過法と反射法があり，図 3.31 に示すように，圧延板を圧延方向(RD)，板幅方向(TD) に対し α，および板面の法線方向軸(ND)に対し β の角度で回転させ，入射 X 線が 2θ の角度で回折される結晶面$\{hkl\}$の X 線強度を計測する．そして，回折強度を，図 3.32 に示すような角度の取り方を定義して，回折強度比の等値分布曲線を描き，集合組織を定量的に表示する．

図 3.33 はカーボニール鉄を種々の圧下率で冷間圧延した板の{110}極点図を示す．板面法線(ND)方向から圧延方向(RD)に約 30° 傾いた方向に{110}面の集合組織が形成する．そして高圧下率になると圧延方向にもこの結晶面の集積密度が高まり，顕著な集合組織を示すようになる．

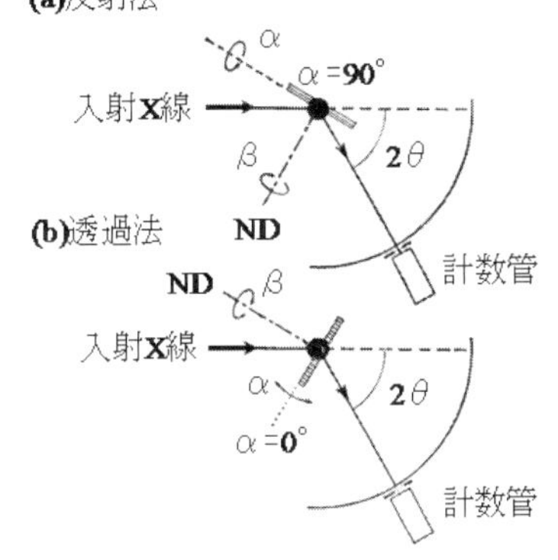

図 3.31 X 線ディフラクトメータの測定系

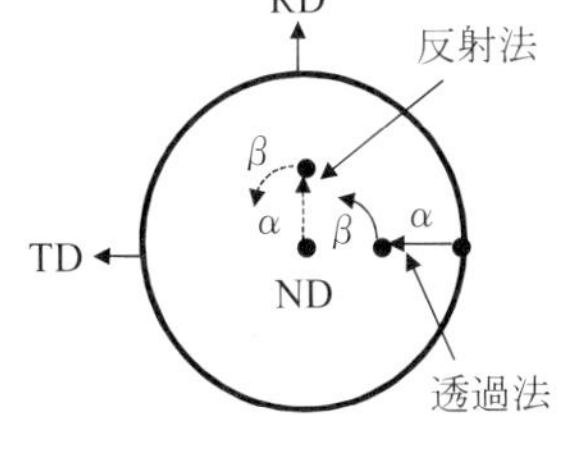

図 3.32 極点図の表示法

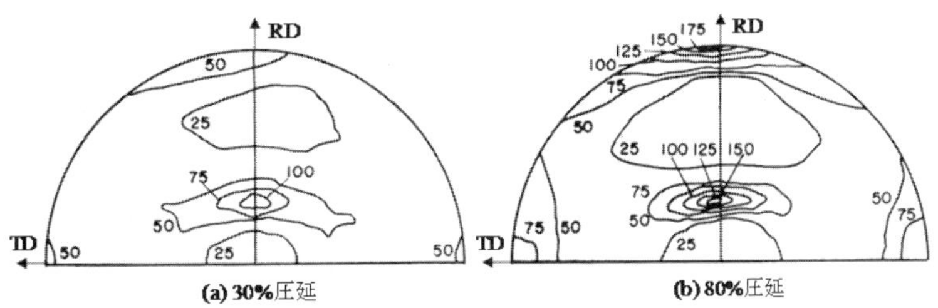

図 3.33 冷間圧延したカーボニール鉄の板厚中心層の{110}極点図(6)

集合組織は，加工度がある程度大きくなったところで最終安定方位となり，それ以上加工度が増しても集合組織はあまり変化しない．したがって，機械的性質や物理的性質も集合組織に起因した異方性(anisotropy)を持つことになる．一旦形成した変形集合組織は，3・5 節で述べるような，加工後の熱処理における相変態にも影響を及ぼし，焼なましした材料では再結晶集合組織(recrystallization texture)を形成する．

変形集合組織の形成は金属結晶のすべり系に起因するが，組成や加工温度・加工度などの加工条件によっても変化し，強い集合組織を示す塑性加工材では機械的性質の異方性をもつことになる．図 3.34 は純銅および α 黄銅（いずれも fcc 構造）を 90%冷間圧延した板の圧延方向からの角度による 0.2%耐力の変化を示す．また，このような異方性をもつ圧延板を用いて深絞り加工し，円筒容器を成形すると，図 3.35 に示すような，高さの異なる耳(ear)が発生する．これは，第 2 章で述べたランクフォード値(r 値)に関係し，円板の絞り加工で半径方向の引張ひずみと円周方向の圧縮ひずみがすべり面の集合組織により，異方性を示すことに起因する．

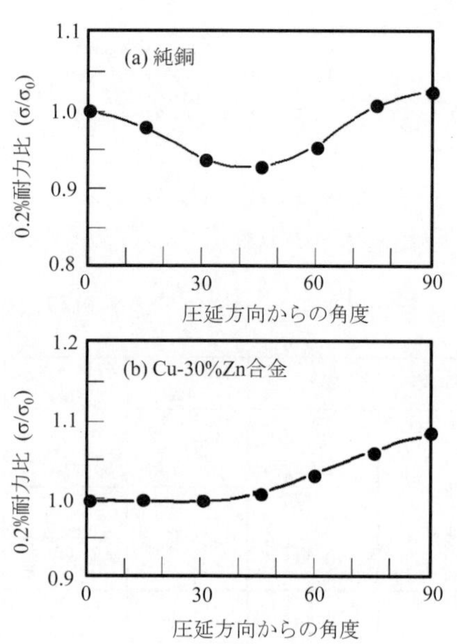

図 3.34 90%冷間圧延板における圧延方向からの角度にともなう 0.2%耐力比の変化(6)

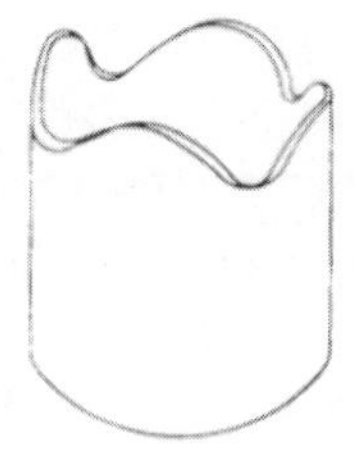

図 3.35 深絞り容器の耳

3・4　塑性加工における成形限界 (forming limit in the plastic working)

塑性加工によって，どのような形状まで成形できるか，あるいはどの程度の加工度まで成形できるか，その限界を決める要因は，加工する機械・工具側の能力と加工される側の材料特性の両者にある．また，両者の性能も加工する際の潤滑や温度管理などの加工条件によっても異なってくる．さらに，成形がなされたとしても，形状・寸法精度や表面状態，製品の強度・剛性などが製品要求を満たさない不良品発生など，両者の性能に制限される成形限界となる．

材料側の要因として，成形限界の判断基準には，材料の強度と延性があり，変形過程で発生する破壊（割れ）と座屈の二つの現象が成形限界を支配する重要な要因である．

3・4・1　破壊による成形限界 (forming limit by the fracture)

破壊現象は延性破壊と脆性破壊に二分されるが，塑性加工する金属材料で成形限界を支配するのは，ほとんどが延性破壊である．延性破壊は，すべり変形の最終段階で，先ず，微視的欠陥（特に転位）が集中したところにき裂が発生し，そこに応力集中してき裂が成長して破壊に至る．一旦，き裂が発生すると，それ以上の加工は不可能となるので，塑性加工ではき裂発生前の加工度を成形限界としている．図 3.36 は，種々の加工法において，き裂発生によって破壊に至る成形限界の典型例を示す．

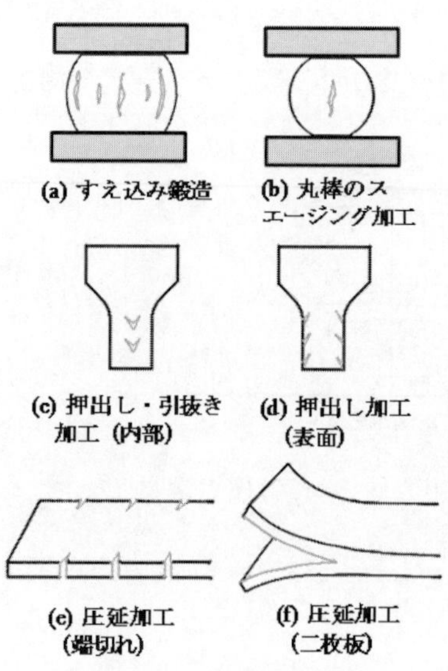

図 3.36 各種加工におけるき裂割れの発生(7)

すべり変形して破壊に至るまでには，種々の形態が見られる．図 3.37 は，引張変形したときの延性破壊の様子を模式的に示す．(a)は引張方向に対し 45° 方向にせん断応力が作用し，1 箇所ですべり変形が生じた場合である．(b)は，すべり変形したところが加工硬化すると，すべりにくくなるので，すべりが対角線状のかたちで対称的に生じた場合で，外観的にはくびれ(necking)となる．このようなすべり部の移動が連続して最終に至ると，(c)のような形態となるが，粗大結晶粒で極めて高延性の純金属のような材料に限られる．通常の金属材料では，(d)～(f)のようにくびれが生じ，内部で(d)き裂が成長して空洞となり，空洞間で伸びが生じて破断，(e)空洞が合体して破断，

(f)表層部で(a)のようなすべりが生じて，カップアンドコーン(cup and cone)を形成して破断する．

第2章で述べたように，単軸引張試験での公称応力－公称ひずみ曲線において，最大公称応力までを一様のびとするが，さらに引張力が増加すると，局部のびとなって，局部的な断面減少のくびれが発生する．各種塑性加工の中で引張応力成分が作用する部分ではくびれ発生によって破断に至る．図3・38にその典型例を示す．このような加工法ではくびれ発生時点で成形限界となる．薄板の深絞り加工では，製品の底部に引張応力が集中するため，その部分を工具で拘束することにより，成形限界を高める工夫がなされている．

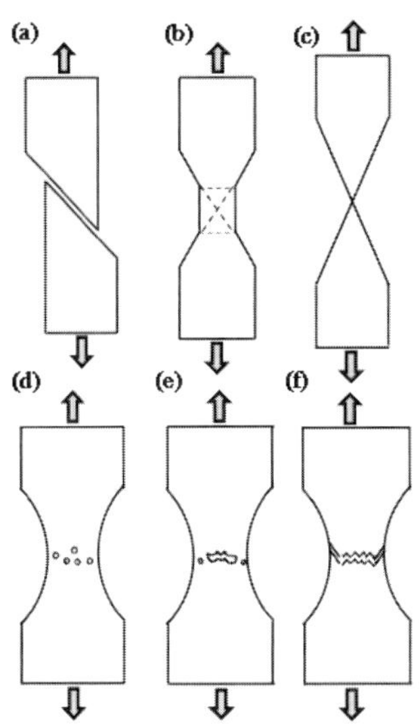

図 3.37 引張変形における種々の延性破壊の形態

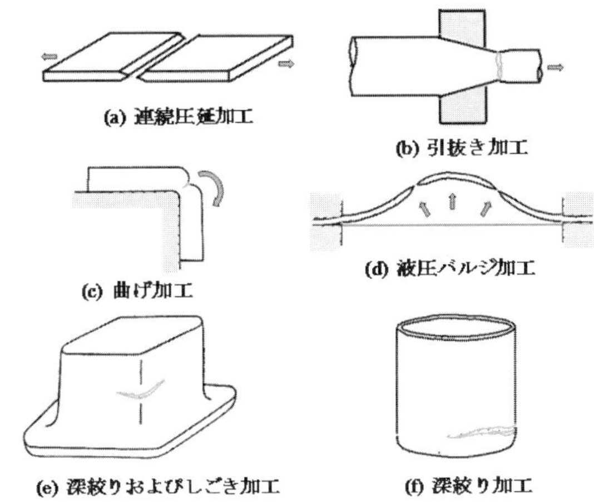

図 3.38 くびれ発生による成形限界の典型例[7]

くびれ発生は材料の加工硬化と関連する（第2章，真応力と対数ひずみの項参照）．したがって，このような塑性加工では加工硬化度（n 値）の大きい材料ほど成形限界が高いと評価され，しばしば n 値で成形限界を判断することがある．たとえば，板の張出し成形性はエリクセン試験(Erichsen cupping test)(JIS Z 2247)で評価するが，箔のような極めて薄い板厚材料では，エリクセン試験でのくびれ発生の判断が困難なため，n 値で評価している．

3・4・2　座屈による成形限界 (forming limit by the buckling)

単軸圧縮変形で，圧縮方向の高さ h が素材径 d の約2倍以上になると，図3.39のような座屈(buckling)が発生し，さらに圧縮力が加わると折れ込み(overlap)のような変形となる．板材や管材の曲げ加工で，圧縮変形側に座屈が生じ，また，深絞り加工での縮みフランジ部においても，圧縮応力が作用するので，しわ(wrinkle)と呼ばれる座屈現象が起こる．一旦，座屈が発生すると，それ以上の圧縮変形が不可能となるので，これらの塑性加工では，座屈の発生時点が成形限界である．

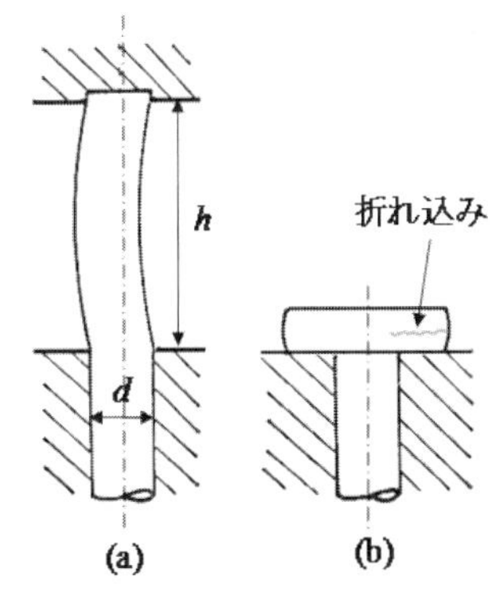

図 3.39 円柱の据え込みによる座屈

両端が回転自由な h/d の大きい棒材の圧縮変形では，オイラーの座屈条件により，弾性変形域でも座屈が発生する．今，圧縮応力 σ で変形するとき，座屈発生は(3.8)式のようになる．

$$\sigma = E\pi^2 \frac{I}{h^2 A} \tag{3.8}$$

ここで，A は素材の断面積，E は縦弾性係数，I は断面二次モーメントである．

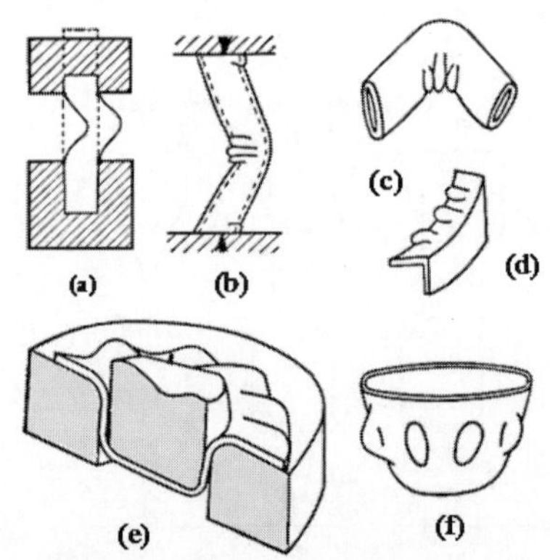

(a) 棒材の据え込み　(b) 管材の圧縮　(c) 管材の曲げ　(d) 形材の曲げ　(e) 薄板の深絞り（フランジしわ）　(f) 深絞り容器（ボディしわ）

図 3.40 各種塑性加工で生じるしわの典型例[(7)]

縦弾性係数 E は，単軸変形での応力－ひずみ曲線における弾性域の直線の傾き($d\sigma/d\varepsilon$)であるから，塑性変形では，変形抵抗曲線の傾き $d\bar{\sigma}/d\bar{\varepsilon}$ に相当し，近似的に適用できるとすれば，(3.8) 式は

$$\sigma = \frac{d\bar{\sigma}}{d\bar{\varepsilon}}\pi^2\frac{I}{h^2A} \tag{3.9}$$

となる．ここで，変形抵抗曲線を第 2 章で述べた塑性変形での n 乗硬化式，$\sigma = c\varepsilon_p{}^n$ として適用すれば，座屈発生時のひずみ $\bar{\varepsilon}$ は

$$\bar{\varepsilon} = n\pi^2\frac{I}{l^2A} \tag{3.10}$$

として示すことができる．即ち，座屈発生のひずみは加工硬化係数(n 値)が大きい材料ほど大きいので，座屈による成形限界が高い．図 3.40 に，各種塑性加工で生じるしわの典型例を示す．

塑性変形での座屈は側面を拘束することで防止できる．したがって，管の曲げ加工では管形状の型曲げやロール成形の方法が用いられ，深絞り加工では座屈防止のしわ抑え工具が使われている．

3・5　塑性加工材の熱処理と熱間加工 (heat treatment for plastic-worked materials and hot working)

金属材料の組織は熱力学的に非平衡状態となっているが，常に平衡状態へ近づこうとする潜在的な性格をもっている．この構造変化は原子移動の拡散(diffusion)に基づく現象で相変態(phase transformation)と称し，相成分，温度，時間に依存して組織変化する．熱処理(heat treatment)は加熱温度，保持時間，冷却速度を操作することによって組織制御し，目的の材料特性を得るために行う処理である．熱処理方法として，高温に十分な時間保持したのち，比較的遅い速度で冷却する焼きなまし(annealing)や焼きならし(normalizing)，急速に冷却する焼入れ(quenching)，比較的低い温度に長時間保持の時効処理(aging)，中間温度まで加熱する焼きもどし(tempering)等，組織制御の目的に適した処理がなされる．特に，塑性加工された金属材料では，蓄積された大きな内部ひずみが駆動力となり，加熱温度と保持時間に依存した回復と再結晶現象が生じる．

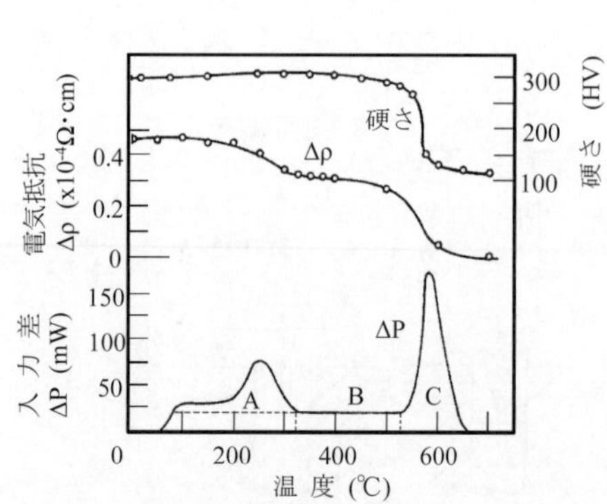

図 3.41 ねじり変形した純ニッケルの加熱温度にともなう入力差（蓄積エネルギーの開放速度），電気抵抗，硬さの変化．A は回復域，B は回復+再結晶域，C は再結晶域）[(8)]

3・5・1　回復 (recovery)

冷間加工した金属材料は，高い蓄積エネルギー(stored energy)状態であるため，残留応力が大きく，加工硬化して高強度であるが，延性に乏しい．高温に一定時間加熱後，徐冷する焼なまし処理（焼鈍ともいう）では，この蓄積エネルギーは開放され，残留応力は除去されて，硬さはほとんど低下することなく，延性は改善される(図 3.41)．このような目的で行われる熱処理がひずみ除去焼なましで，組織上で見られる回復(recovery)現象である．加熱温度がさらに高くなると，内部ひずみを持たない新しい結晶が生成し，次項で述べる再結晶(recrystallization)が起こる．回復と再結晶は，機械的性質や電気・磁気特性等の変化では明瞭に区別することができるが，組織変化は連続して，あるいは同時に生成する場合があり，両現象の境界を区別することは難しい．

塑性加工材には転位や点欠陥，面欠陥などが存在するが，高温に加熱する焼なまし過程で，これらの欠陥部で原子の再配列が生じる．3・3・1 項で述べたように高密度な転位のからみあいで形成した副結晶粒界は，互いに接近した副結晶と合体し，しだいに消滅しながら成長する(図 3･42)．このような合体した副結晶粒界は転位が整理・統合されて同符号の転位が残ると小さな結晶方位差をもつ小傾角粒界となって回復現象が進行する．

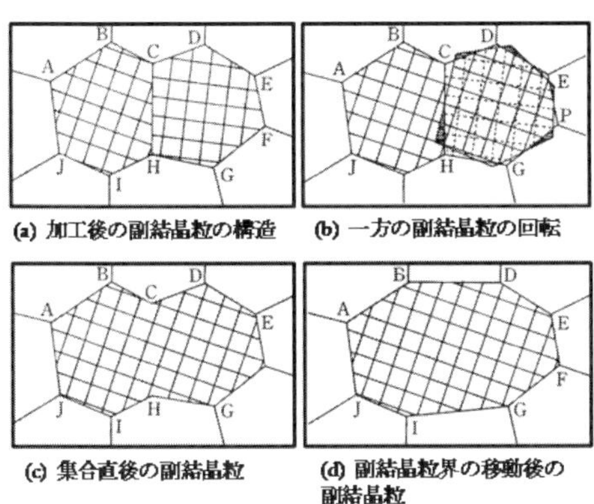

(a) 加工後の副結晶粒の構造
(b) 一方の副結晶粒の回転
(c) 集合直後の副結晶粒
(d) 副結晶粒界の移動後の副結晶粒

図 3.42 回復過程における副結晶粒の挙動[8]

回復過程では，硬さなどの機械的性質はほとんど変わらないか，あるいは僅かに低下する．しかし，α 黄銅(Cu-Zn 合金で Zn=35%以下)では，回復温度での焼なましで硬さが上昇する特異現象が起こる．これは低温焼なまし硬化とも呼ばれ,回復過程での転位の移動が Zn 原子と相互作用することであり，回復温度での保持時間に依存し,一種のひずみ時効(strain aging)とされている．

3・5・2　再結晶 (recrystallization)

再結晶は，核の発生とその成長によるものであるから，3・1・1 項で述べた凝固組織の生成に類似し,核生成速度 N およびその成長速度 G で表される．すなわち，N は単位時間に再結晶していない領域の単位体積当たりの核生成数(dN/dt)であり，G はその結晶粒径 D の線成長速度である．ただし，再結晶過程では，凝固や回復とは異なり，一定温度下においても，核生成，成長が開始するまでに潜伏期間 τ を必要とし，成長しつつある結晶粒径 D は τ の関数

$$D = G(t-\tau) \tag{3.11}$$

として表される．そして，N は時間に依存する因子であるから，

$$N = a \cdot \exp(bt) \tag{3.12}$$

のように，指数関数となる．ここで，a と b は，実験結果より，常に $exp(bt) \gg a$ であることが確認されている．

Anderson と Mehl(1949)は，N は時間に対する指数関数，G は一定で，再結晶粒は円板状に成長する二次元の再結晶と仮定し,再結晶の割合(再結晶率) X を次式のように示した．

$$X = 1-\exp\left[\frac{2\pi G^2 a}{b^3}\left(e^{bt}-\frac{b^2t^2}{2}-bt-1\right)\right] \tag{3.13}$$

図 3.43 は純アルミニウムについて，5.1%の引張変形を与え，350℃で焼きなまししたときの再結晶率(X)の保持時間にともなう変化を示す．実験結果と計算結果がよく一致している．

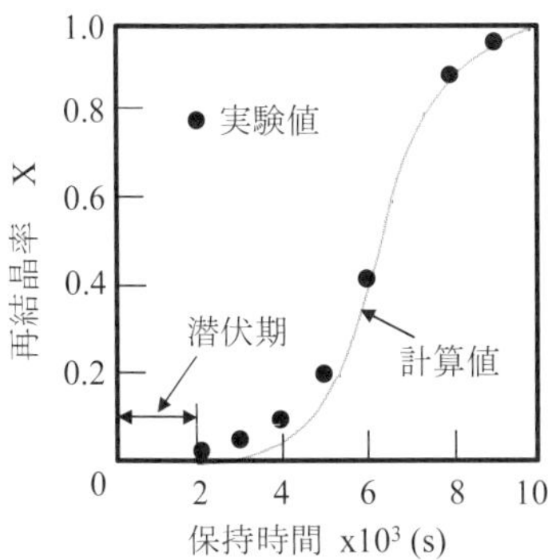

図 3.43 5.1%加工した純アルミニウムの焼きなまし(350℃)における再結晶率[8]

実際の塑性加工では，加工硬化により成形限界に達すると，中間焼きなまし(process annealing)処理が施され，加工が繰り返される．その際の再結晶には種々の影響因子を考慮する必要がある．再結晶における N や G は，いずれも加工により導入された蓄積エネルギーが駆動力となるので，加工方法（変形様式）や加工度，あるいは 3・3・3 項で述べた集合組織にも影響される．また，加工後の結晶粒径も影響し，焼きなまし時に微細な結晶粒径ほど，再結晶が促進される．図 3.44 は純アルミニウムにおける焼きなまし温度と変形度による再結晶粒径の関係を示す．焼きなまし温度が高いほど G が大きいので結晶粒径は大きくなり，変形率が増すほど N が大きく，結晶粒径は微細と

なる．しかし，結晶成長が最も促進される臨界変形率があり，再結晶が生じるには，ある程度の蓄積エネルギーが導入できる加工が必要となる．

図 3.44 に見られるように，高変形で高焼きなまし温度では結晶粒径が急激に成長する．これは 2 次再結晶とも呼ばれ，上記のような再結晶（これを 1 次再結晶とする）が完成したところ，言い換えれば，再結晶粒同士が接触したところで，1 つの結晶粒が他の結晶粒を吸収しながら異常成長し，粗大結晶粒となる．

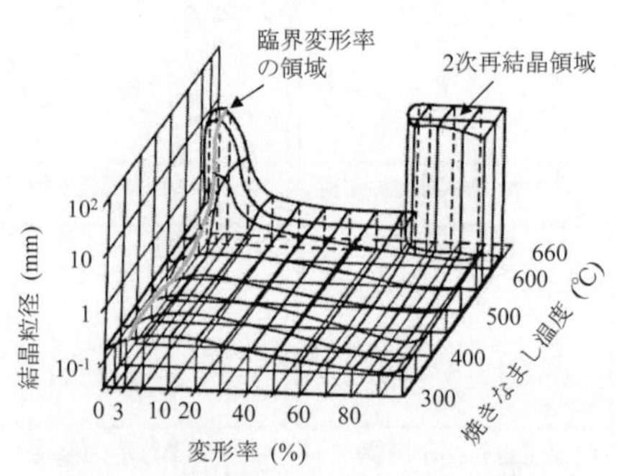

図 3.44 純アルミニウムの焼きなましにおける温度，変形率と結晶粒径の関係[7]

3・5・3　熱間加工と加工熱処理 (hot working and thermo-mechanical treatment)

金属材料を塑性加工する際に，材料の加工性を評価するには加工力も考慮する必要がある．一般に，加工力は材料の変形抵抗(flow stress)として真応力を適用するが，加工硬化も考慮しなければならないので，変形中の変形抵抗の平均値の方が適する(図 3.45)．平均変形抵抗(mean flow stress),k_{fm} は

$$k_{fm} = \int_0^{\varepsilon} k_f d\varepsilon / \varepsilon \tag{3.14}$$

として求められ，変形中 k_{fm}=一定とするので，加工力の計算に簡便である．さらに，変形抵抗は材料の成分や組織だけでなく，温度やひずみ速度など，外部条件にも影響される．

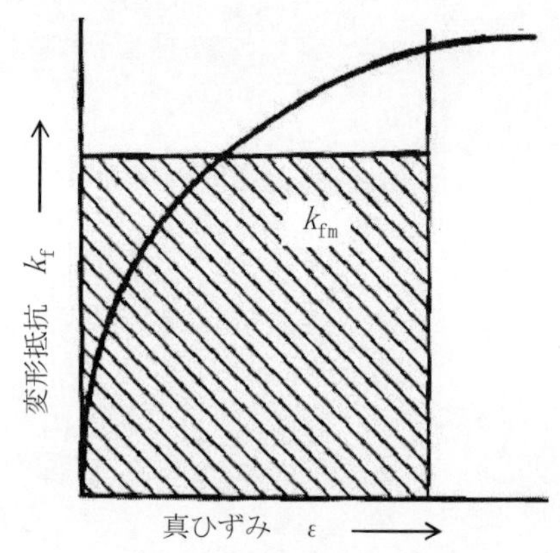

図 3.45 平均変形抵抗 k_{fm} の概念

通常，金属材料は高温になるにしたがって変形抵抗は低下する．これは，ひずみが導入されても転位の運動が容易となるためである．そして変形中にひずみは回復し，さらに温度が上昇すると再結晶が同時進行する．これを動的再結晶(dynamic recrystallization)という．動的再結晶すると，ひずみのない新しい結晶となるため，加工硬化せず，大変形量の加工が可能となる．このような温度での加工を熱間加工(hot working)という．したがって，熱間加工であれば，冷間加工が困難な材料でも小さな加工力で成形できる．図 3.46 に示すように，炭素鋼では，400～600℃で動的再結晶するので，引張強さは著しく低下し，伸び率は急増する．大形の鉄鋼材料製品では 700～800℃に加熱し，変形抵抗の低い温度域で熱間鍛造(hot forging)や熱間圧延(hot rolling)が行われる．

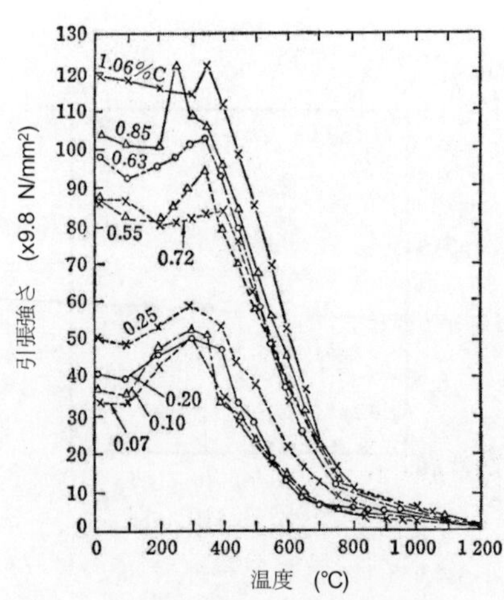

図 3.46 種々の C 量の炭素鋼における引張強さと温度の関係[7]

冷間加工(cold working)とは，材料を加熱することなく，室温で行う加工の通称であり，加工硬化のため大変形が困難となるので中間焼きなましが必要となる．また，冷間加工用工具は高強度で耐摩耗性も必要とする．ただし，鉛や錫のような低再結晶温度の材料の場合は，工具との摩擦熱で再結晶するから，室温でも熱間加工の範疇に入る．

熱間加工は材料組織の調質を目的として行うことがある．3・1・2 項で述べたように，ビレットやインドットの組織は不均一で，空洞も分散している．また，凝固過程で生じた場所による成分の偏り（偏析(segregation)という）もある．熱間加工すると，空洞を圧接して消滅させ，材料全体を再結晶組織にして均一組織にすることや拡散を促進して偏析を解消することができる．

加工熱処理(thermo-mechanical treatment)は，熱処理による相変態と変形を組み合わせた加工法で，熱間加工とは異なった目的で行われる．鋼のような共析変態する金属材料は高温(A_3 点以上)に加熱し，安定オーステナイト域から急冷するとマルテンサイト変態する．また，共析温度(A_1 点)以下で等温処理するとベーナイト変態する．これらの変態は，図 3.47 に示すような T-T-T 曲線(Temperature-Time-Transformation curve)で表され，図中に示すように，マルテンサイト変態開始(Ms 点)以上の温度（組織は準安定オーステナイト）で加工するオースフォーム(ausforming)や準安定オーステナイト域で加工しつつパーライトやベーナイト変態させるアイソフォーム(isoforming)などの加工熱処理法がある．これらの加工熱処理よって，通常の熱処理よりも強靭な鋼が得られる．

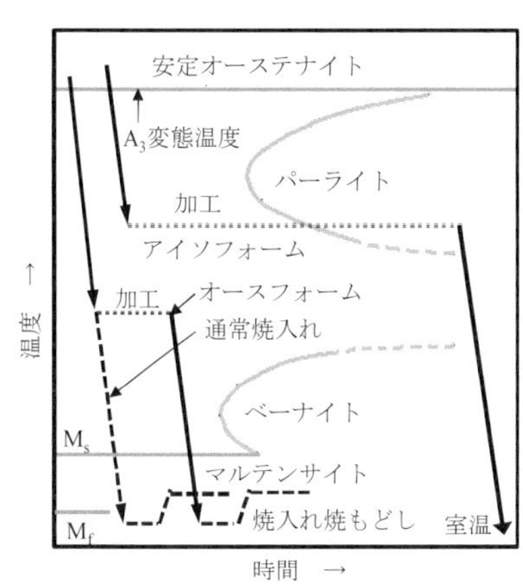

図 3.47 T-T-T 曲線と各種加工熱処理法[9]

冷間加工と熱間加工の中間温度（回復温度）で加工する温間加工(warm working)も加工熱処理の一種である．この温度域での加工は転位の運動が活発で，溶質原子との相互作用（コットレル効果(Cottrell effect)という）により強靭化される．ただし，図 3.46 に見られるように，炭素鋼の場合は 300℃付近での回復温度域で加工すると，強度は上昇するが，伸びや絞りなどの延性が著しく低下することがある．このような現象を青熱ぜい性(blue brittleness)といい，ひずみ速度に強く依存することから，転位の運動と炭素原子の相互作用によるひずみ時効(strain aging)とされている．炭素鋼の温間加工の際には加工速度を考慮する必要がある．

＝＝＝＝　練習問題　＝＝＝＝＝＝＝＝＝＝＝＝＝＝＝＝＝＝＝＝＝＝＝＝＝＝

【3・1】　すべりを起こすせん断応力 τ は，原子の変位 x の正弦関数と仮定した(3.3)式から求められる臨界せん断応力の計算値が，$\tau_c \fallingdotseq G/6$，となる(3.4)式を導け．

【3・2】　From the plot of yield strength versus (grain diameter)$^{-1/2}$ for the steel, figure 3.24, determine values for the constants σ_0 and k_y in equiation 3.6.

【3・3】　純銅の冷間圧延板は，図 3・34(a)に示すような異方性をもつ．この板を深絞りした場合，どのような耳が発生するか？

【3・4】　微細な結晶粒を得るための加工と熱処理条件を示せ．

【3・5】　Explain the difference of advantages on the cold working and hot working.

【解答】

3・1　変位は極めて小さいとき($x \fallingdotseq 0$)，　(3.3)式は

$$\tau = k \cdot \left(\frac{2\pi x}{b} \right) \tag{3.15}$$

となる．また，$x \fallingdotseq 0$ のときは弾性変形であるから，フックの法則が成り立ち，剛性率 G とすると，$\tau = G(x/a)$である．これを(3.3)式に代入し，定数 k を求めると，$k = (G/2\pi) \cdot (b/a)$

(3.15)式に代入して

$$\tau = \frac{b}{a} \cdot \frac{G}{2\pi} \sin\left(\frac{2\pi x}{b}\right) \tag{3.16}$$

そして，$x=\pm b/4$ のとき τ が極大値となる．即ち，$\sin(\pi/2)=1$ がすべりを起こすための臨界せん断応力 τ_c となるので，

$$\tau_c = \frac{b}{a} \cdot \frac{G}{2\pi} \tag{3.17}$$

ここで，$a \fallingdotseq b$ であるから，

$$\tau_c = \frac{G}{2\pi} \approx \frac{G}{6} \tag{3.4}$$

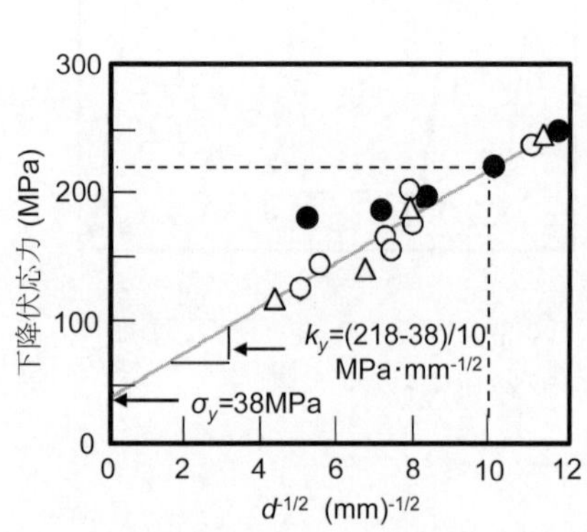

図 3.48 図 3.24 における直線式

3・2　Liner equation shown in figure 3.24 is $\sigma_y = 38 + 18d^{-1/2}$. Thus, σ_y=38MPa, k_y=18MPa・mm$^{1/2}$. (see figure 3.48)

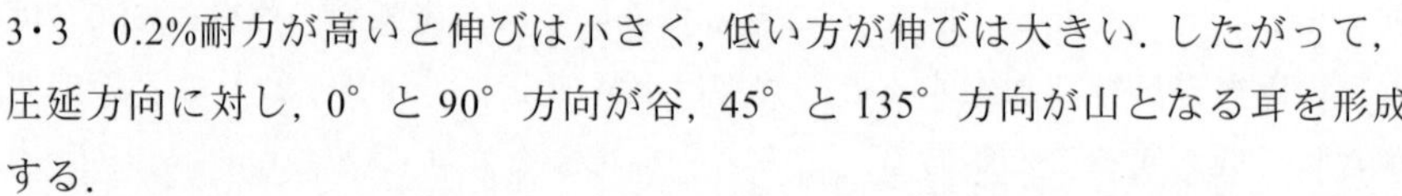

3・3　0.2%耐力が高いと伸びは小さく，低い方が伸びは大きい．したがって，圧延方向に対し，0°と 90°方向が谷，45°と 135°方向が山となる耳を形成する．

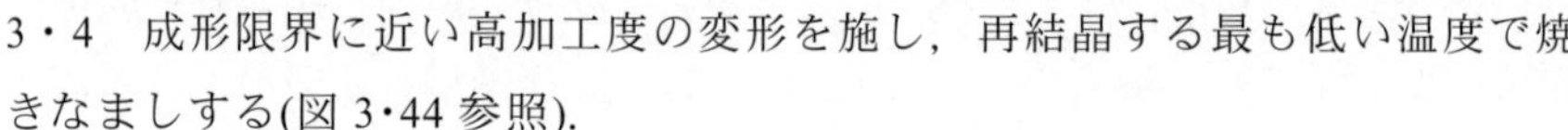

3・4　成形限界に近い高加工度の変形を施し，再結晶する最も低い温度で焼きなましする(図 3・44 参照).

3・5　See, clause 3・5・3 (page 42).

第 3 章の参考文献

(1) 幸田成康，改訂金属物理学序論，(1972)，コロナ社．

(2) 湯浅栄二，新版機械材料の基礎，(2005)，日新出版．

(3) B. Chalmers （岡本平，鈴木章共訳），金属の凝固，(1971)，丸善．

(4) W.J.McGregor Tegart （高村仁一，三浦精，岸洋子共訳），金属の力学的性質，(1975)，丸善．

(5) 須藤一，残留応力とゆがみ，(1988)，内田老鶴圃．

(6) 長嶋晋一，集合組織，(1984)，丸善．

(7) 日本金属学会編，金属便覧改訂 3 版，(1971)，丸善．

(8) J. G. Byrne（小原嗣朗訳），回復および再結晶，(1968)，丸善．

(9) 田村今男，鉄鋼材料強度学－強靭化と加工熱処理－，(1970)，日刊工業新聞社．

第 4 章

各種の塑性加工

Metal Forming Processes

4・1　圧延加工 (rolling)

鍛造加工，板金加工などの素材となる薄板材，厚板材，棒線材，管材，形材などは圧延加工によって製造される．圧延加工(rolling)とは図 4.1 に示すとおり，一対の回転するロールを利用して素材を連続的に加工する塑性加工法である．圧延加工におけるロール(roll)は，素材に塑性変形を与えるための金型としての役割のみならず，素材を圧延機(rolling mill)に供給する役割を担っている．押出し加工，引抜き加工，鍛造加工，プレス成形加工など他の塑性加工法では，素材を塑性加工機械に供給するためのフィーダやトランスファ装置が別に備わっている．この機能が金型であるロールによって分担されているのが圧延加工の特徴であって，大量の製品を高速に，精度良く製造することに適している．圧延加工は，金属素材の製造において欠くことができない塑性加工法である．

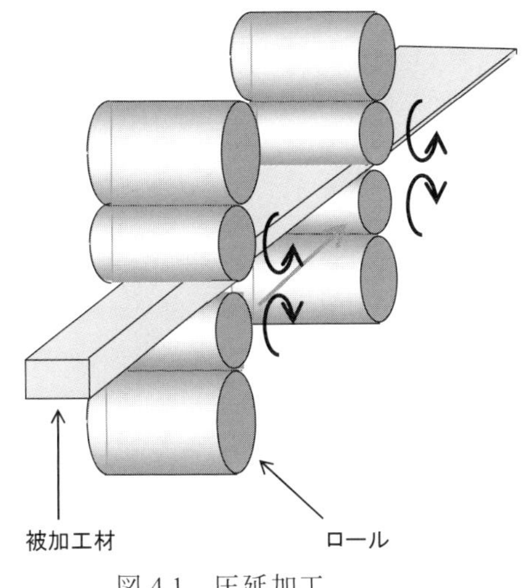

図 4.1　圧延加工

4・1・1　圧延加工の分類 (classification of rolling)

図 4.2 に，圧延加工法の分類と，製品の種類，用途を示す．圧延加工によって製造される製品はすべて長尺製品(long product)であるが，寸法形状は多岐にわたっている．最も多いのは，厚板，薄板などの板製品である．造船用鋼板，ラインパイプや大型構造物用の厚鋼板（一般に厚さ 6mm 以上）は，熱間厚板圧延(hot plate rolling)によって製造されている．より薄い板製品は，熱間薄板圧延(hot strip rolling)もしくは冷間薄板圧延(cold strip rolling)によって製造される．これらの薄板製品の用途は多岐にわたるが，代表的なものとしては，自動車用鋼板，一般構造用鋼板，家庭電化製品用鋼板などが挙げられる．板製品以外の圧延は，孔形圧延(shape rolling)等の製品形状に合わせたロールを配置した圧延機によって製造される．棒線材圧延(bar rolling, wire rod rolling)では，円形断面製品が製造され，製品は鍛造加工用の素材として利用されたり，ばね，ワイヤーロープ，鉄筋，ボルトなどの素材となる．より複雑な断面形状を持つ長尺製品も製品形状に合わせたロールを配置した圧延機によって製造されている．たとえば，建設現場でよく見かける H 形鋼，I 形鋼，鋼矢板や，鉄道用レールなどの形材は，代表的な孔形圧延製品である．他に，油井管，石油輸送管などに利用されている継ぎ目無し管(seamless pipe)の多くも圧延製品である．

圧延時の素材の温度として，室温で行う冷間圧延法と，高温の素材の再結晶温度以上で行う熱間圧延法とがある．圧延材を高温にすると，あるいは表面に潤滑剤をかけると，材料の変形が容易になり，圧延に必要な負荷が下がる．これら操業条件に応じて，加熱設備や，冷却液や潤滑液を圧延材にかける設備が必要になる．

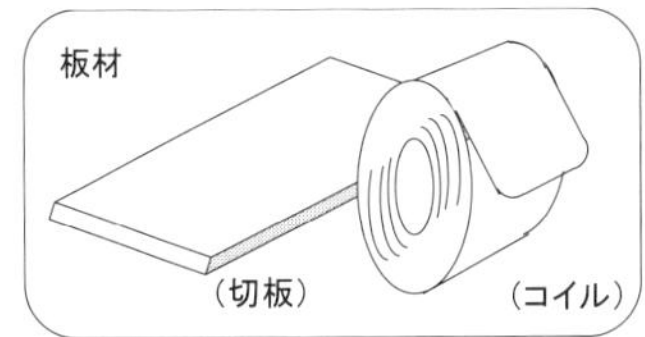

圧延方式：板圧延
（厚板圧延、熱間薄板圧延、冷間薄板圧延）

製品の用途：
厚板／造船用鋼板、ラインパイプ用鋼板、など
薄板／自動車用鋼板、家電用鋼板、など

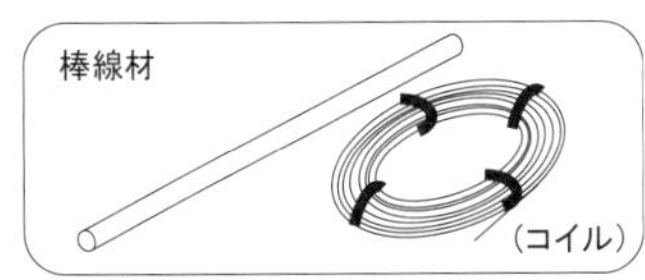

圧延方式：孔形圧延（棒線材圧延）

製品の用途：
鍛造加工用素材、ワイヤーロープ、鉄筋、ボルト用素材、など

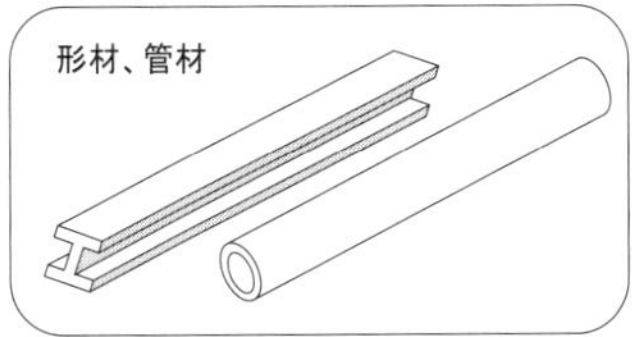

圧延方式：孔形圧延（形材圧延、管材圧延）

製品の用途：
形材／建設構造用素材、軌条（レール）、など
管材／油井管、石油輸送管、など

図 4.2　圧延加工法の分類と製品

4・1・2　圧延機 (rolling mill)

圧延加工においては，種々の圧延機が用途にあわせて利用されている．板については板圧延機が，板以外の形状に対しては孔形圧延機等の製品形状に合わせたロールを配置した圧延機が使われる．

図 4.3 は板圧延機の構造である．上下一対の圧延ロールはロールスタンド(roll stand)の中に格納されている．ロールスタンドにはロールハウジング，ロール昇降装置，軸受け，圧延材誘導装置などが収められている．ロールハウジングは，ロール軸受け，ならびにロール間隔を適切に保つためのロール昇降装置が収められている構造物である．素材を圧延加工している際に発生する圧延荷重は，上下ロールを介してロールハウジングに作用するので，ロールハウジングはこの力に耐える十分な剛性が必要である．ロール昇降装置は，圧下スクリューを介して，上下ロールの間隙（圧下量）を調整する装置である．大学の実験室にある小型の圧延機では，スクリューを手で回し圧下量を手動で調整することもあるが，工業生産に利用されている圧延機では，電気モータでスクリューを回す電動圧下，もしくは油圧シリンダを利用した油圧圧下が利用されており，圧下量はプロセス計算機からの制御信号によって自動的に制御されている．

上下のロールは電動機(motor)によって駆動されるが，電動機とロールとの間には減速機，ピニオンスタンド，カップリング，スピンドル，などの部品がある．減速機は直流もしくは交流電動機の回転を減速する機械である．減速機の後のピニオンスタンドでは，電動機から伝えられる動力が 2 本のロールに分配され，さらに上下ロールの回転方向がたがいに反対方向に変換される．ピニオンスタンドを出た駆動力は，カップリング，スピンドルを経て上下ロールに伝えられる．

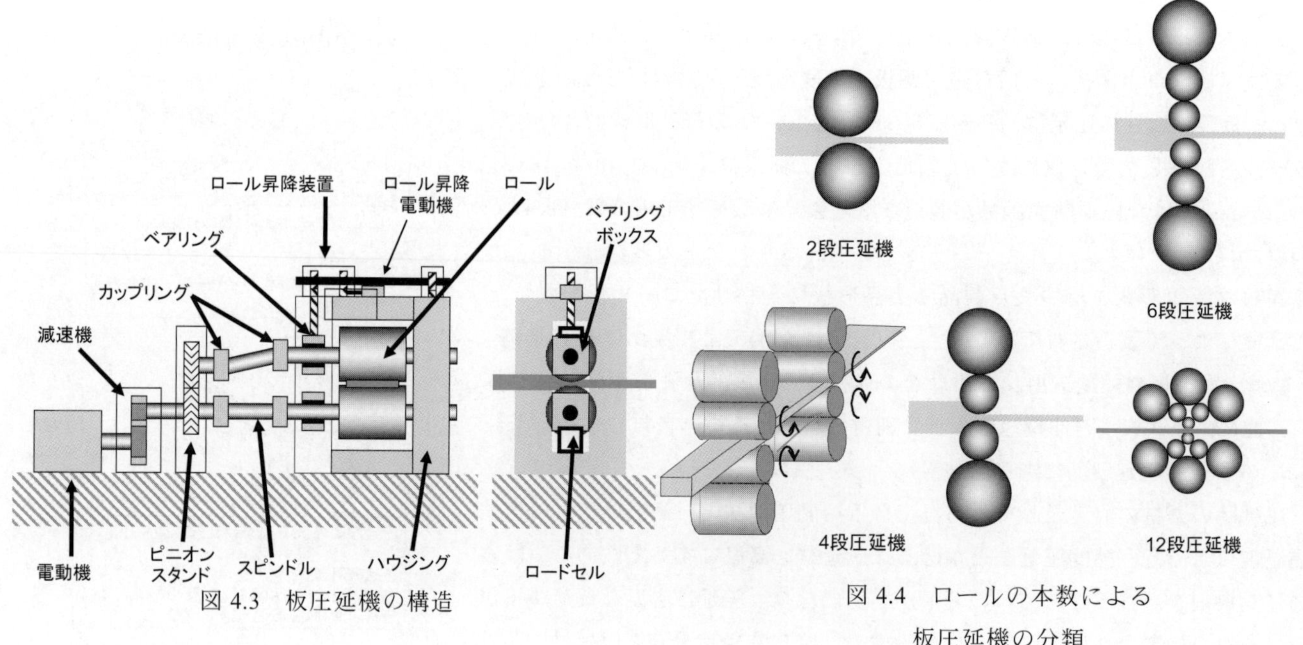

図 4.3　板圧延機の構造

図 4.4　ロールの本数による
板圧延機の分類

図 4.4 はロールの本数による板圧延機の分類を示す．上下一対のロールを持つ圧延機を 2 段圧延機(2-Hi mill)と呼ぶ．素材に塑性変形を与えるロールをワークロール(work roll)と呼ぶ．2 段圧延機とは，ワークロールのみをロールとする圧延機のことである．ワークロールには素材から圧延反力が作用するので，その結果図 4.5 に示したとおりワークロール，バックアップロール，ロールハウジングには弾性たわみ変形が発生する．このたわみ変形の大きさは，単純支持はりに分布荷重が作用する場合のたわみ理論によって与えられ，圧延圧力の 1 乗に比例して大きくなり，ワークロール（素材）の幅の 3 乗に比例して大きくなり，ワークロールの半径の 4 乗に比例して小さくなる．ワークロールのたわみは，製品の幅方向に見た寸法精度を悪化させるので，できるだけ小さいたわみがワークロールに発生するようにしたい．そのためには，ワークロールの幅を少なく，ワークロールの半径を大きくすれば良いが，いずれも製品の幅，ロールハウジングの大きさから見た制限がある．図 4.4 に示した 4 段圧延機(4-Hi mill)は，製品の寸法精度を悪化させるワークロールたわみを小さくすることを目的として，ワークロール半径を大きくするかわりにバックアップロール(back-up roll)を設けた圧延機であって，板製品の様にワークロールに孔形(caliber)を設ける必要がない場合の圧延に，広く利用されている．さらにロール本数を増やした 6 段圧延機(6-Hi Mill)では，バックアップロール－中間ロール(intermediate roll)－ワークロールからなるロール系の曲げ剛性がさらに上昇するので，製品の寸法精度の維持がさらに容易になる．先に述べたとおり，ワークロールのたわみは圧延圧力に比例し，素材の降伏強度が大きくなると製品の寸法精度が悪化する．そのため 6 段圧延機は，素材の降伏強度が高い，熱間薄板圧延の後段スタンドや，冷間薄板圧延において利用されている．さらに素材の降伏強度が高い，ステンレスや銅の冷間圧延には，極小径ワークロールを利用した 12 段圧延機が利用される場合もある．ロール本数を増やして見かけのロール系の剛性を増やすことと，ワークロールの半径を小さくすることで圧延荷重を減少させることを両立したこの圧延機は，多段クラスタ圧延機(cluster mill)と呼ばれている．

板以外の棒線材あるいは形材圧延のための，製品形状に合わせたロール配置を持つ圧延機として，ロールに孔形を付けて複数パス圧延する方式の圧延機と，圧延品形状に合わせて 3 本以上の複数ロールを配置し，ロール位置を圧延材形状に合わせて調整する構造の圧延機とがある．孔形ロール圧延機の例として，H 形鋼熱間圧延用のロールの例を図 4.6 に示す．素材から製品まで次第に狭い孔形に素材を通して行く．例えば図 4.6 の例では，左から右の順に孔型によって圧延することで製品を得る．製品寸法や圧延スケジュールは孔型寸法によって決まってしまうので，製品寸法が代われば孔型ロールは別形状の孔型ロールに交換することが多い．つまり孔型圧延では製品ごとに異なる多数の孔型を必要とする．

複数種類の製品を少数のロールで製造することを目的とした，位置調整ロール配置の圧延機の例として，ユニバーサルミル(universal mill)と呼ばれる H 形鋼熱間圧延用のロール配置を図 4.7 に示す．各々のロールはそれぞれロール位置調整の機構を備えている．素材から製品に向けて次第に，ロール位置を調整して圧延する．具体的には，ロールとロールの間隙を次第に狭めるこ

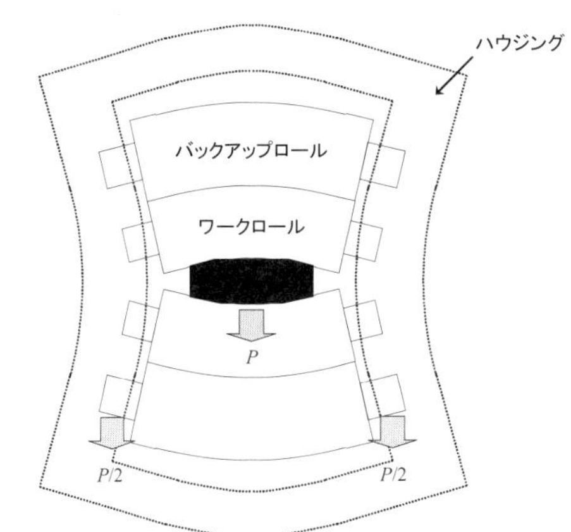

図 4.5　ロールのたわみ

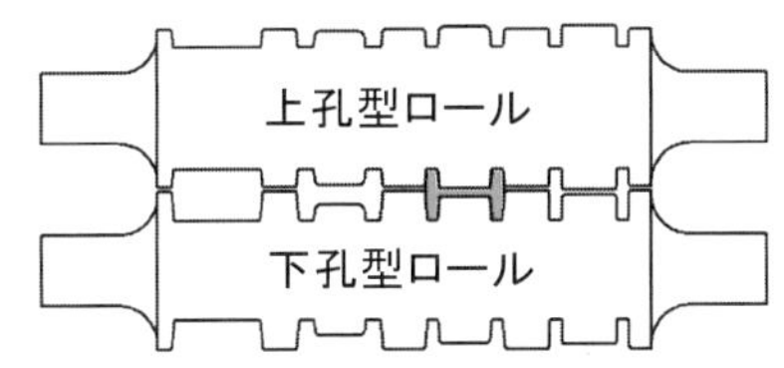

図 4.6　孔型ロール

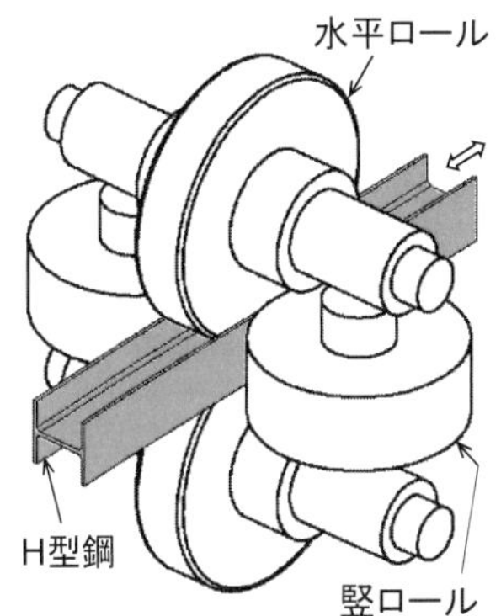

図 4.7　ユニバーサルミル

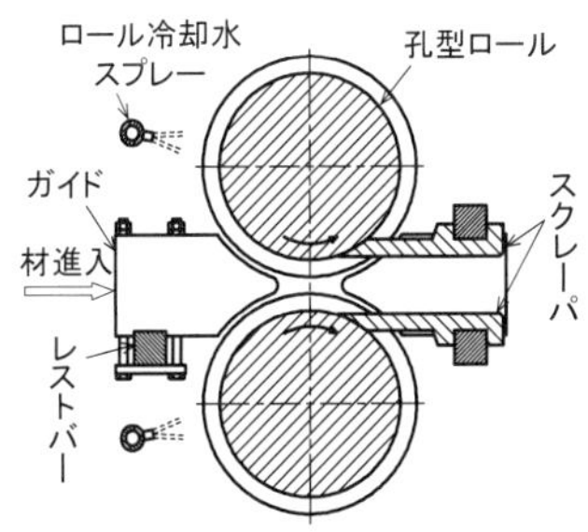

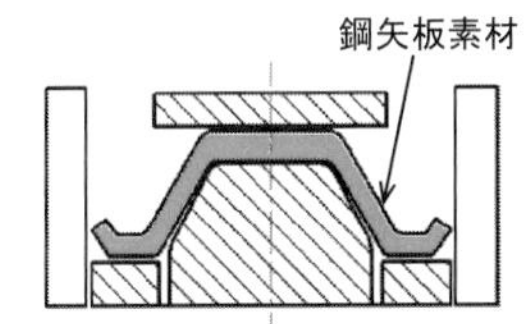

図 4.8　圧延材誘導装置

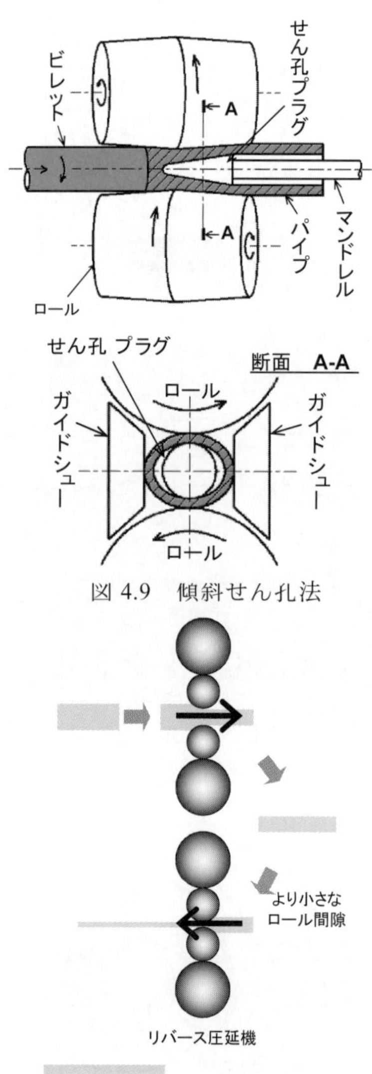

図 4.9　傾斜せん孔法

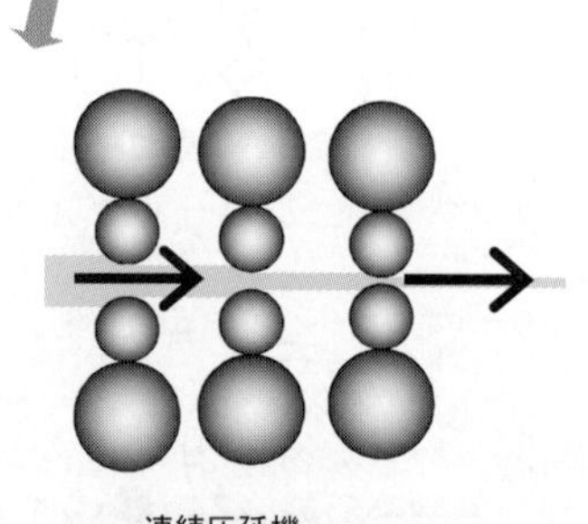

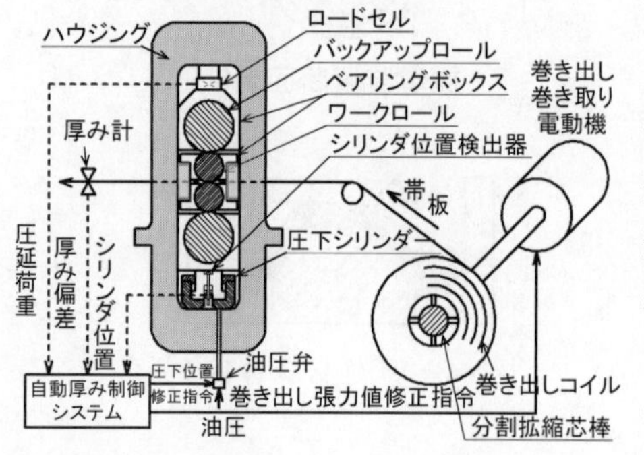

図 4.10　圧延作業の実施手順から見た圧延機の分類

図 4.11　冷間リバース圧延機

とで，薄肉フランジとウェブを持つ製品を製造する．H形鋼の製品寸法が変わっても，ある程度の範囲ではロールを交換することなく，ロールの位置調整のみで圧延できる．圧延材の端面，あるいは垂直面のみを圧下する竪ロールのみを装備する竪圧延機(vertical mill)を水平圧下の水平圧延機(horizontal mill)と交互に配置することも行われる．

圧延機は，素材をロール入口，出口にて圧延機ワークロールの入口に誘導するための圧延材誘導装置をワークロールの前後に備えるが，棒線材あるいは形材圧延の場合は複雑な断面形状の圧延材をより精度高くロール入口および出口にて誘導する必要がある．図 4.8 に形材および鋼矢板の場合の圧延材誘導装置の例を示す．圧延材誘導装置とともに冷却液や潤滑液を噴射するスプレー装置も圧延機内に装備される場合が多い．

円形断面の管材圧延は，孔形ロール圧延機を使う場合もあるが，管材内部に芯金(mandrel)を使用する場合が多い．図 4.9 に芯金の先端に穿孔プラグ(piercing plug)を備えて素材ビレット(billet)に穿孔圧延を行う圧延機のロール配置例を示す．上，下ロールに交差角を与えて配置して素材ビレットに送りを与えつつ，穿孔プラグで穴をあけていく．

図 4.10 は，圧延作業の実施手順より見た圧延機の分類である．連続圧延機(continuous rolling mill)は，素材の進む方向に並べられた複数の圧延機によって素材を一方向に連続的に圧延する圧延機であって，薄板材の熱間仕上げ圧延，薄板材の冷間圧延，棒線材圧延，などにおいて広く利用されている．この圧延方式には，生産性が高く，製品の品質が安定しているといった特徴がある．これに対しリバース圧延機(reverse rolling mill)では，圧延機の間に素材を往復運動させることで圧延を行う．この方式は，熱間粗圧延，厚板圧延，薄板材の冷間圧延，形材の圧延において利用されている．

ワークロールの圧下位置を圧延品目標寸法に合わせて位置決めしても，圧延荷重の変動による圧延機の弾性変形等の各種外乱のために圧延材出側寸法が目標寸法からずれることが起きる．図 4.11 に示すように圧延機出口に厚み計(gauge meter)を配置して板厚み偏差量を計測する．偏差量修正のためにフィードバック装置からロール圧下装置（図 4.11 の例では油圧圧下シリンダに油を供給する油圧弁）に位置修正指令を出す．圧延機弾性変形も考慮してロール圧下位置修正量を演算決定するので，圧延荷重も計測してフィードバック装置に入力する．圧延寸法修正の手段としては，圧延時に板にかける張力を増減して圧延荷重を増減して修正する方式も冷間板圧延機では広く行われている．この場合は巻き出し巻き取り電動機のトルク指令を増減して張力制御(tension control)システムという．

連続圧延機の場合は圧延機と圧延機の間で圧延材にかかる張力が常に適正値で無いと加工が安定せず材料変形量が変動するために，板がたるんで絞り込んだり，過大張力による破断が起きたりする．このことを防止するため，連続圧延機には種々の張力制御システムが備わっている．図 4.12 に熱間連続板圧延機で行われるルーパーロール(looper roll)を使用する張力制御システムを示す．ルーパーロールを板に押し当ててたるみをなくすとともに，押し当て荷重をトルクモーターで設定して張力を与える．ルーパーロール位置が下限または上限になると，主モーターの速度を変えて圧延機間での板の蓄積量が適正になるように修正する.

熱間圧延の場合は加熱した素材が冷える前に圧延を終了する必要があるために，短時間に素材から製品までの圧延をする必要がある．このために工場内に上記の連続圧延機と関連設備を直列に多数配置し，10 パス以上の圧延を行う．圧延機のほかに製品の機械的特性を造りこむための冷却あるいは加熱装置を工程内に配置する．さらに各種寸法計測器，温度計等を配置し，計算機制御システムによりロール圧下位置，ロール速度等の最適設定値を演算して各圧延機に指令する．図 4.13 に薄板の熱間圧延設備を工場内に配置した例を示す．工場の長さが 1km 程度になることも多い.

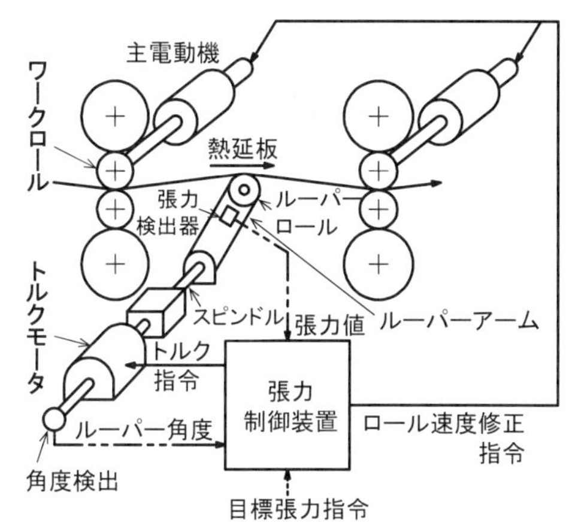

図 4.12　連続圧延機張力制御装置

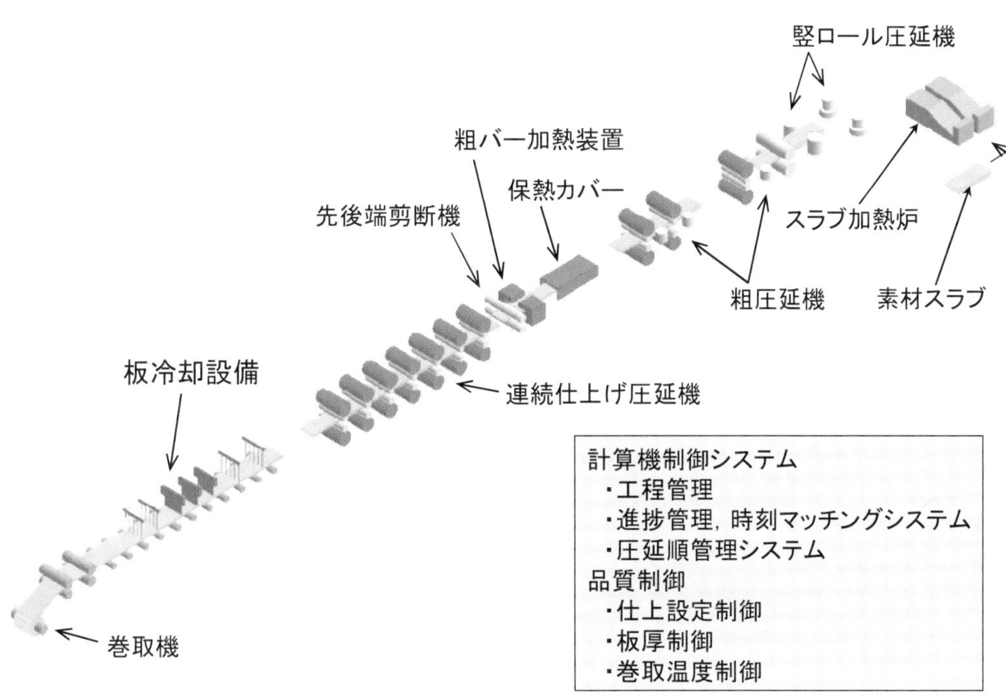

図 4.13　連続熱間圧延設備

4・1・3　圧延加工の際の素材の変形 (deformation in rolling)

圧延加工中の素材に発生する塑性変形は，1)素材厚さ方向の圧縮変形，2)素材長さ方向への伸び変形，3)素材幅方向への広がり，に大きく分けることができる．圧延中の素材を軸方向（圧延方向）に切断して図 4.14 の様に表示してみる．この切断面での寸法形状を規定するのは，素材の幅と厚さの比であるから，これを板幅比と呼ぶことにする．この板幅比を大まかに圧延の種類別に分ければ，薄板材冷間圧延→薄板材熱間圧延→厚板圧延→条鋼系圧延（棒線材圧延，形材圧延）の順に小さくなる.

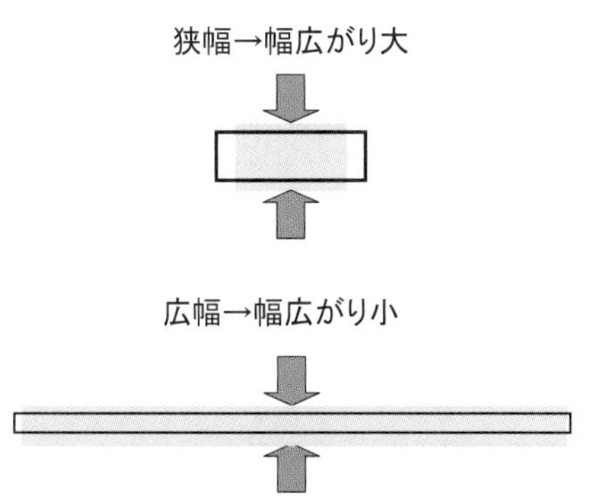

図 4.14　圧延方向横断面における寸法形状

さて，板幅比が 10 を超える範囲では素材幅方向に発生する広がりは，素材厚さ方向の圧縮変形，素材長さ方向への伸び変形と比較して小さくなる．そこでこの変形を無視することにすれば，板厚方向－圧延方向断面の上下ロールに挟まれている領域に限定して素材の変形が，平面ひずみ状態にて発生すると考えることができる．これを 2 次元近似とよび対応する圧延力学解析を，

2 次元圧延理論と呼ぶ．第 5 章にて説明する Karman の圧延理論は，典型的な 2 次元圧延理論である．2 次元圧延理論により計算されるのは，

1) 被圧延材内部の板厚方向－圧延方向断面内での応力分布，
2) ワークロールに被圧延材から作用する圧延圧力分布，すなわち圧延荷重，
3) 中立点位置および先進率，

であり，そのための入力条件は，

a) 入側板厚および出側板厚，
b) ワークロール直径，
c) 降伏応力，
d) まさつ係数，
e) 前後方張力，

等の圧延プロセス条件と材料条件である．2 次元圧延理論では既に述べた通り，被圧延材の幅方向の変形すなわち幅広がりを無視しているため，板幅比が 10 を超える範囲，すなわち薄板圧延・厚板圧延条件での「圧延圧力分布」「単位幅あたりの圧延荷重」が求まる．

条鋼（棒鋼，線材，形鋼）の圧延では，被圧延材幅方向の変形を無視した 2 次元圧延状態を適用することができない．なぜなら，2 次元圧延理論では被圧延材の C 断面（圧延方向に垂直な横断面）内での変形が無視されているため，減面率やカリバーへの充満などの変形特性や，これに対応した負荷特性の解明には無力であるからである．これらの圧延プロセス，さらに帯鋼の圧延の様に板幅比が 10 を下回る範囲では 3 次元圧延理論を適用しなければならない．

加えて，薄板圧延・厚板圧延でも，被圧延材とワークロール接触面で発生するロール扁平変形や，ワークロール・バックアップロールのたわみが板幅方向に分布を持つため，これに起因する板幅方向板プロフィル（板厚分布）の解明にはやはり 3 次元圧延理論を利用せざるを得ない．

以下に，2 次元圧延状態を利用しつつ，圧延加工の特徴を説明する．板厚方向／圧延方向断面について見た場合，圧延プロセスをまず特徴づけるのは，入側板厚・出側板厚・ロール半径・ロールの回転角速度等の幾何学的要因である．2 次元圧延理論では，これらの幾何学的要因に材料側の要因である材料の変形抵抗やロール材料界面の摩擦条件を加えた圧延プロセス条件（もしくは単に圧延条件）より，圧延加工中の変形・負荷特性を算出することができる．

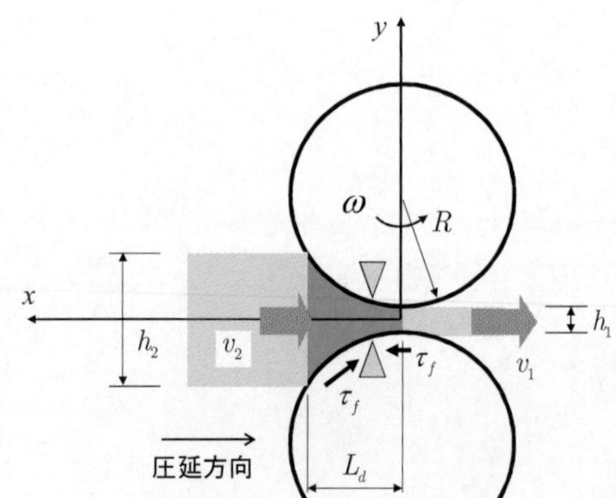

図 4.15　圧延加工における幾何学的因子

(a)　被圧延材速度と中立点，先進率

圧延加工において，被加工材を圧下・延伸するための動力は，ロールの駆動により与えられる．ロールの駆動に伴う被圧延材の入口速度・出口速度を図 4.15 の通り，それぞれ v_2, v_1 とすれば，塑性変形が体積一定の条件のもとで起こることから，次式の体積流量一定法則が成り立つ．

$$v_2 h_2 = v_1 h_1 \tag{4.1}$$

入口板厚 h_2・出口板厚 h_1 は既知であるから，式(4.1)のうち独立なパラメータ（変数）は 1 個である．この被圧延材速度は，上下ワークロールに挟まれている領域（この領域をロールバイトという）についての，力の釣り合い条件

により決まる．ごく特別な例外を除き，力の釣合いを満足する被圧延材の流動は，以下の関係式を満足することが知られている．

$$\|v_2\| \le \|R\omega\| \le \|v_1\| \tag{4.2}$$

$R\omega$ はロールの周速である．式(4.2)は，「被圧延材の入口速度はロール周速よりも遅く，被圧延材の出口速度はロール周速よりも速い」ということを意味している．ということは，ロールバイト内で入口側から出口側に向かって増加する材料速度が，どこかの場所でロール周速と一致するはずである．この場所を中立点(neutral point)と呼び，図 4.15 中には▼で示してある．中立点位置は，ロールバイト内部における力の釣合い条件で決まる．

中立点より入口側の領域では，被圧延材速度がロール周速より遅い．そこでこの領域を後進域(backward slip zone)と呼ぶ．この領域では被圧延材速度がロール周速より遅いのであるから，被圧延材にはロールにより引き込まれる方向に力が働く．すなわち，後進域で被圧延材に作用する引き込み力 τ_f（これは摩擦により引き起こされる）は，図 4.15 の右方向に働く．中立点より出口側の領域では，被圧延材速度はロール周速より速い．この領域を先進域(forward slip zone)と呼ぶ．先進域で被圧延材に作用する摩擦力は，先進域とは逆となり，図 4.15 の左方向となる．材料出口速度とロール周速の比により，先進率(forward slip ratio) f を次式の通り定義する．

$$f = \left\| \frac{v_1 - R\omega}{R\omega} \right\| \tag{4.3}$$

先進率 f は中立点位置，すなわち前後方張力と深い関係がある．つまり先進率は，連続圧延における圧延特性を理解し評価するための重要なパラメータである．

(b) 圧下率と板厚ひずみ，伸びひずみ，塑性ひずみ

圧下率(thickness reduction)は，被圧延材の板厚減少率のことであり，次式により定義される．

$$r = \frac{h_2 - h_1}{h_2} \tag{4.4}$$

たとえば熱間仕上げ圧延の場合，圧下率 r は 0.2～0.4（20～40％）程度の値となる．

板厚方向 y に被圧延材が受ける圧縮ひずみ ε_{yy} は，次式により表される．

$$\varepsilon_{yy} = \ln\left(\frac{h_1}{h_2}\right) \tag{4.5}$$

塑性変形は体積一定の条件のもとで起こり，そのため式(4.1)の体積流量一定条件が満足されるが，被圧延材の伸び縮みを表すひずみについては，以下の式が体積一定の条件を表す．

$$\varepsilon_{xx} + \varepsilon_{yy} = 0 \tag{4.6}$$

ただし ε_{xx} は圧延方向ひずみである．従って，式(4.5)より計算される圧縮ひずみ ε_{yy}（これは式に値を代入してみると負の値となる）と，圧延方向ひずみ ε_{xx} の大きさ（絶対値）は等しい．また，出口での被圧延材の塑性ひずみ（相当

塑性ひずみ） $\bar{\varepsilon}$ は，以下の式により表される．

$$\bar{\varepsilon}=\sqrt{\frac{2}{3}\left({\varepsilon_{xx}}^2+{\varepsilon_{yy}}^2\right)}=\frac{2}{\sqrt{3}}\left\|\varepsilon_{yy}\right\|=\frac{2}{\sqrt{3}}\left\|\ln\left(1-r\right)\right\| \tag{4.7}$$

式(4.7)にて計算される塑性ひずみが，圧延加工により被圧延材が受ける変形量を表すので，再結晶等による組織変化を見積もるための「ひずみ」として少なくともこれを利用しなければならない．ただし，式(4.7)には被圧延材が受けるせん断変形の影響が含まれていないので，塑性ひずみが常に過小評価されていることに注意する必要がある．

(c) **投影接触弧長**

投影接触弧長(projected contact length)は，ワークロールと被圧延材が接触している領域の圧延方向に見た長さであり，通常 L_d と記される．図 4.15 を参考としつつ，接触弧長の厳密な表示式を得ることも容易にできるが，圧延では通常以下の簡易式が用いられる．

$$L_d=\sqrt{R\left(h_2-h_1\right)} \tag{4.8}$$

圧延ではワークロールと被圧延材とが接触を開始する角度（これを噛み込み角と呼ぶ）が通常小さいことから，式(4.8)による計算によっても正確に接触弧長 L_d を評価することができる．さらに噛み込み角が小さいことによる近似が，他の場面でもしばしば用いられる．

(d) **平均降伏応力（平均変形抵抗）と圧下力関数**

一軸材料試験の結果得られる素材の変形抵抗(resistance to deformation)は，しばしば以下の形式でまとめられる．

$$\bar{\sigma}=F\left(\bar{\varepsilon},\dot{\bar{\varepsilon}}\right)=C\bar{\varepsilon}^n\dot{\bar{\varepsilon}}^m \tag{4.9}$$

式(4.9)や他の近似式により与えられる曲線は流動応力曲線(flow curve)と呼ばれ，ロールバイト内部の各位置においてそこにある材料が今まで受けてきた塑性ひずみに対応した，流動応力を表す．ロールバイト内に含まれる各点の受けてきた塑性ひずみは一般にすべての点で異なる．さらに，式(4.7)で与えられる出口での塑性ひずみを式(4.9)に代入して得られる流動応力は，あくまでも出口での流動応力を表すにすぎない．

一方，圧延荷重を簡便に見積もろうとした場合には，「ロールバイト内部での流動応力の平均値」がまず重要なパラメータであり，そのために考え出されたのが，平均降伏応力（平均流動応力）である．平均流動応力 σ^{ave} は，被圧延材が受けた最終的なひずみ ε （式(4.7)により計算される）に至るまでの流動応力の平均値として，

$$\sigma^{ave}=\frac{1}{\varepsilon}\int_0^{\varepsilon}F\left(\bar{\varepsilon},\dot{\bar{\varepsilon}}\right)d\bar{\varepsilon} \tag{4.10}$$

と定義される．仮に流動応力曲線が式(4. 9)の通りに表されるものとすれば，式(4.10)を解くことによって，

$$\sigma^{ave}=\frac{1}{n+1}C\bar{\varepsilon}^n\dot{\bar{\varepsilon}}^m=\frac{\bar{\sigma}}{n+1} \tag{4.11}$$

となり，流動応力 $\bar{\sigma}$ と平均流動応力 σ^{ave} はひずみの指数 n を介して結びついていることがわかる．なお，熱間温度領域での平均流動応力としては，炭素

鋼について炭素量と加工温度をパラメータとして表された美坂の式がよく利用されている．

圧延荷重 P は Karman の 2 次元圧延理論より得られる圧延圧力分布の積分値により評価することができるが，しばしば以下の式に基づく簡単な表示が行われる．

$$P = Qk_f^{ave} L_d \tag{4.12}$$

k_f^{ave} は平面ひずみ状態での平均流動応力であり，一軸状態での平均流動応力 σ^{ave} の 1.15 倍となる．式(4.12)は，「圧延荷重は，接触弧長×2 次元変形状態でのロールバイト内での平均流動応力×ある係数，で表される」ことを意味しているが，理想的な変形状態では $Q = 1.0$ となることから，係数 Q は圧延条件（板厚，ロール半径，圧下率，前後方張力など）による「理想的な変形に比較した倍率」を表した係数である，と考えることができる．この Q を特に，圧下力関数(rolling force factor)と呼ぶ．

4・2　押出し加工・引抜き加工 (extrusion, drawing)

押出し加工，引抜き加工はともに，穴を持ったダイスに素材を連続的に通すことによって製品を製造する塑性加工法である．ダイスの穴は，押出し加工あるいは引抜き加工によって得たい製品と同じ形状となっており，比較的複雑な断面形状を有する，長尺製品を得るのに適した加工である．ダイスより素材を押出して成形する場合を押出し加工(extrusion)，素材をダイスより引抜いて成形する場合を引抜き加工(drawing)と呼んでいる．

押出し加工は，圧縮応力場のもとで行われるため，複雑な異形断面の 1 パスでの成形が可能であることを特徴としており，熱間での伸びが小さく圧延加工が困難な素材（高合金ステンレス，銅，チタン合金）の熱間加工，もしくは，多パス孔形圧延加工より高効率に 1 パスで一気に複雑な形状を成形する場合に，主として利用されている．アルミサッシの熱間押出し加工は，後者の代表的な例である．押出し加工は通常は，1 パスの加工によって行われる．

一方，引抜き加工は引張り応力場のもとで行われる加工であるため，1 パスで素材に与えることができる塑性変形量は押出し加工と比較して格段に小さくなる．ただし，ダイスに作用する面圧が小さく，また製品形状をダイス形状によって管理し制御することができるため，高い寸法精度の長尺製品や小断面の異形製品を製造するのに向いている．たとえば，PC 鋼線，電子部品用異形線，精密ばね，ピアノ線などが主たる製品であって，最小 10μm 前後の小断面の製品まで製造することが可能である．

4・2・1　押出し加工の分類 (classification of extrusion)

図 4.16 は，押出し加工法の分類である．直接押出し(direct extrusion)は，ラム(ram)の移動方向と製品が押出される方向が一致しており，異形でかつ長尺な製品の製造に適しており，最も広く利用されている．この方法では，コンテナと素材の間のまさつが押出し力に大きく影響するので，押出し力を下げ

るために，鋼の熱間押出しの場合溶融ガラスが，銅合金の熱間押出しの場合黒鉛もしくは二硫化モリブデンが潤滑材として利用される．アルミの押出しは無潤滑で行われる．

間接押出し(indirect extrusion)は後方押出しとも呼ばれており，ラムの移動方向と製品の押出される方向が逆となっている．そのため長尺製品の製造には向かないが，反面コンテナと素材との摩擦力の影響を受けにくい．静水圧押出し(hydrostatic extrusion)は直接押出しと似ているが，ラムと素材の間に耐熱グリースなどの圧力媒体が満たされており，この圧力媒体がコンテナ－素材，ダイス－素材の間での潤滑材としても機能するので，比較的均一な変形状態が保たれる．ゆえに静水圧押出しは，硬くてもろい材料の押出しや，超伝導線の押出しに利用されている．

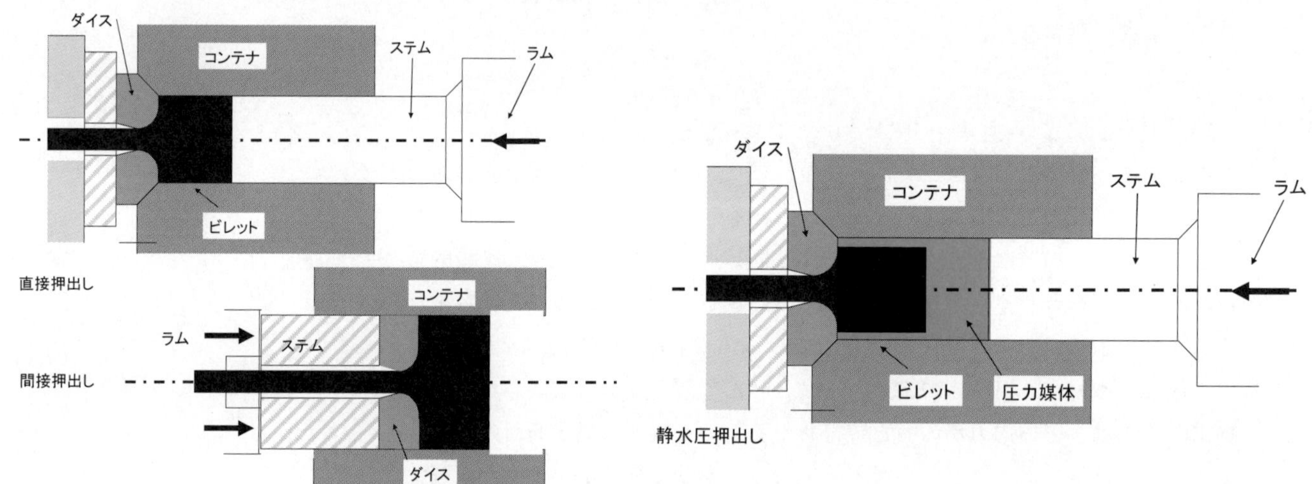

図 4.16　押出し加工法の分類

4・2・2　押出し加工の際の素材の変形 (deformation in extrusion)

押出し前の素材すなわちビレット(billet)の断面積を A_2，押出し後の製品の断面積を A_1 とする．押出し加工前後における断面積比を押出し比(extrusion ratio)と呼び，式(4.13)で表す．

$$\rho = \frac{A_2}{A_1} \tag{4.13}$$

熱間押出しでは，押出し比 10 を超えることも多く，最大では $\rho = 50$ にも達することがある．この押出し比は，押出しによって素材に与えられた押出し方向の伸びであるから，これを伸びひずみ ε_l に換算すると，

$$\varepsilon_l = \ln \rho = \ln\left(\frac{A_2}{A_1}\right) \tag{4.14}$$

したがって，せん断ひずみが無い理想的な状態を考えると，素材がうける塑性ひずみ $\bar{\varepsilon}$ は，式(4.15)で与えられる．

$$\bar{\varepsilon} \approx \varepsilon_l = \ln \rho \tag{4.15}$$

ただしこの式で計算される塑性ひずみにはせん断変形の影響が含まれていないので，常に塑性ひずみが過小評価されていることに注意する必要がある．

直接押出しの際の押出し荷重 P の厳密な見積もりは困難であるので，通常は以下の簡易式が利用される．

$$P = CA_2\sigma^{ave} \tag{4.16}$$

ただし C は拘束係数と呼ばれているパラメータで，押出し比によって以下の通り現すことが多い．

$$C = a + b\ln \rho = a + b\bar{\varepsilon} \tag{4.17}$$

なお式(4.17)中の係数は，$0 \le a \le 1$，$1 \le b \le 2$ 程度の値をとるとされている．

図 4.17 は押出し加工により製造されている製品断面形状の一例である．押出し荷重には当然断面形状が少なからず影響するが，式(4.17)では断面形状の影響を正確に反映することができず，あくまでも目安としかならないことに注意する必要がある．押出される製品の断面形状が複雑になればなるほど，押出し途中のコンテナ内部，ダイス付近での被加工材はより複雑な 3 次元変形を呈する．そのため，押出し荷重の正確な見積もりには，有限要素法を利用せざるを得ない．

図 4.17　押出し加工によって製造されている製品断面形状の一例

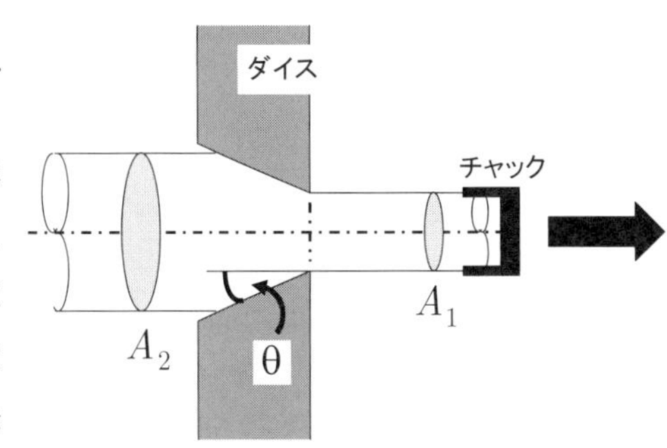

図 4.18　中実材の引抜き加工

4・2・3　引抜き加工の分類 (classification of drawing)

引抜き加工(drawing)は大きく分けて，中実材の引抜きと中空材の引抜きとに分けられる．図 4.18 に中実材の引抜きを示す．被加工材の一端はチャッキングされており引抜く力はここで被加工材に与えられている．被加工材は工具であるダイスを通過する際に塑性変形を受け，ダイス穴形状を持った製品に製造される．中実材の引抜きは，電線やピアノ線の製造に広く利用されている．

図 4.19 は中空材の引抜き加工である．中空材の引抜き加工には幾つかの形態がある．図 4.19(a)は空引きと呼ばれている，最も単純な中空材の引抜きである．積極的に内径を制御するためには被加工材内面に工具を挿入する．図 4.19(d)は，浮きプラグを利用した引抜き加工である．この方法ではプラグの位置が被加工材に対して変化しやすいので，寸法変動を嫌う中空製品の製造には固定プラグを利用した図 4.19(b)に示す引抜き加工が行われる．プラグの代わりに心金を利用した，図 4.19(c)の引抜き加工も行われている．

4・2・4　引抜き加工の際の素材の変形 (deformation in drawing)

引抜き加工と押出し加工の基本的な違いは，「被加工材を引いて塑性加工をしている」か「被加工材を押して塑性加工をしている」かの違いである．大した違いには見えないかもしれないが，被加工材に生じている応力場について言えば，たいへん大きな違いがある．押出し加工では，加工が圧縮応力場で行われるため被加工材の伸びが少ない材料でも加工をすることができる．ところが引抜き加工は，加工が引張り応力場で行われるため，被加工材にはある程度の延性が必要である．さらに被加工材を引抜きくために必要な引張り力，すなわち引抜き力(drawing force)が過大となると被加工材が破断

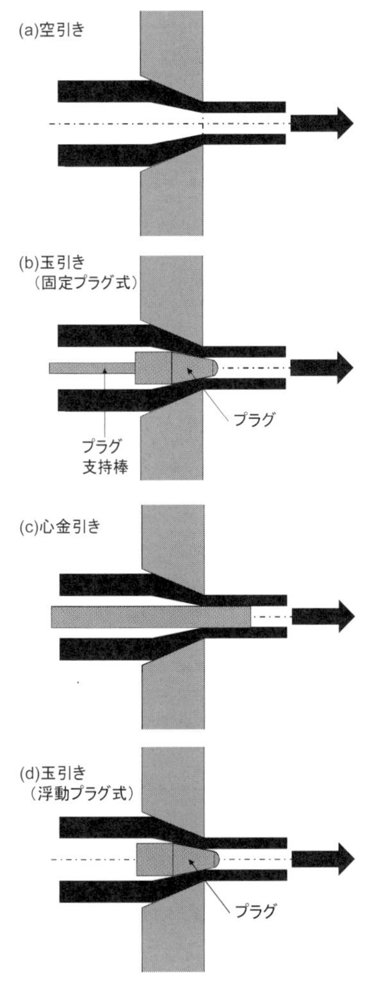

図 4.19　中空材の引抜き加工

してしまう．

引抜き加工における断面積の減少率は減面率(area reduction)と呼ばれ，引抜き加工によって被加工材に与えられた塑性変形を見積もるために重要な指標の一つであって，以下の式で与えられる．引抜き前の素材の断面積を A_2，引抜き後の製品の断面積を A_1 とする．減面率 R_e は，

$$R_e = \left(1 - \frac{A_1}{A_2}\right) \times 100 \quad [\%] \tag{4.18}$$

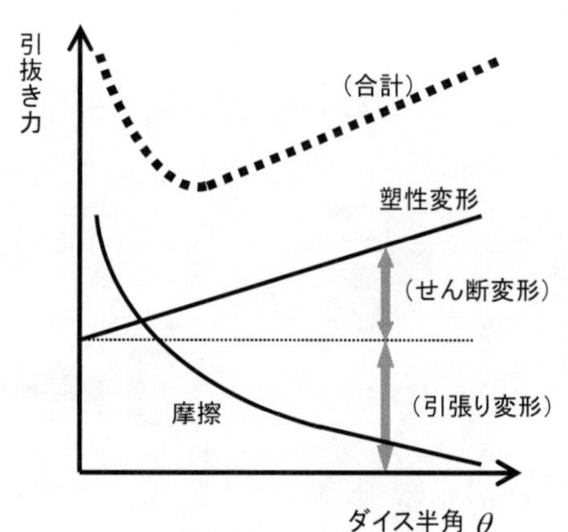

図 4.20　引抜き力に影響を与える因子

で与えられる．次に重要な指標はダイス半角(half cone angle of dies) θ（図 4.18 参照）である．当然のことではあるが，ダイス半角 θ が大きいほど，減面率 R_e が大きいほど被加工材に与えられる塑性変形は過酷となり，引抜き加工中に被加工材は破断しやすくなる．実際の加工で利用されているダイス半角 θ は中実引抜きの場合には 6 度～8 度，中空引きの場合には 10 度を超えることがある．

減面率 R_e を一定とした条件でダイス半角 θ を変化させ，θ に対して引抜き力をプロットした図を，図 4.20 に示す．引抜き力は大きく分けて，a)被加工材の塑性変形，b)ダイスと被加工材の間の摩擦，c)塑性変形領域入口でのせん断変形，により成り立っている．被加工材のせん断変形の寄与は，ダイス半角が大きくなるにつれて増加していく．ダイス半角が増加すると，被加工材とダイスとの接触面積が減るので，摩擦力は減少する．一方，被加工材により大きなせん断変形が発生し，単純に被加工材を引き伸ばすのに必要な力との合計である塑性変形に必要な力は，ダイス半角 θ が増えるにしたがって増加していく．

4・3　鍛造加工 (forging)

鍛造加工(forging)は，金型と金型とで被加工材を押し潰すことで所定の形状寸法を有する製品を製造する加工法である．加工の基本的な原理は，後述する板材のプレス加工とよく似ているが，プレス加工では加工される素材が板であるのに対し，鍛造では塊状の素材，すなわちバルク材料(bulk material)を利用するところが違っている．この加工法は中世では農機具の製造に広く利用され，また刀剣などの製造にも利用されてきた．鍛冶屋とはまさに，鍛造加工を生業とした人々を指す言葉であるが，その流れは現在まで連綿と受け継がれている．

現在では，自動車等の部品の製造に欠かせない技術として鍛造加工は広く利用されている．

4・3・1 鍛造加工の分類 (classification of forging)

(a)　自由鍛造と型鍛造

鍛冶屋の例を見ればわかるとおり，昔より広く利用されてきた鍛造加工では，単純な金型を利用して被加工材を何回も何回も「トンカントンカン・・・・」と叩くことで，被加工材を所定の形状に成形した．この加工法は現在では，自由鍛造(free forging)と呼ばれている．自由鍛造は，同じ形を持った製品を大量に生産するのには向かないが，その代わり単純な金型で多様な製品を鍛

造できる利点を生かして，少量生産品の鍛造や大型部品（たとえばロール，ロータシャフトなど）の鍛造には欠かすことができない技術として，現在でも利用されている．

型鍛造(die forging)は，製品形状に対応した雄型と雌型を利用して，被加工材を成形する鍛造法である．この方法では複雑な工具（金型）を利用する．金型形状で製品の形状が定まるが，当然のことながら自由鍛造と比較してはるかに高い精度で製品を製造することができる．また金型の寿命の続く限り同じ形状の製品を製造し続けることができるので，大量生産に向いた鍛造法であるということができる．現在では，単に鍛造といえば型鍛造のことを指すほど型鍛造は広く利用されている．図 4.21 に自由鍛造と型鍛造とを比較して示す．

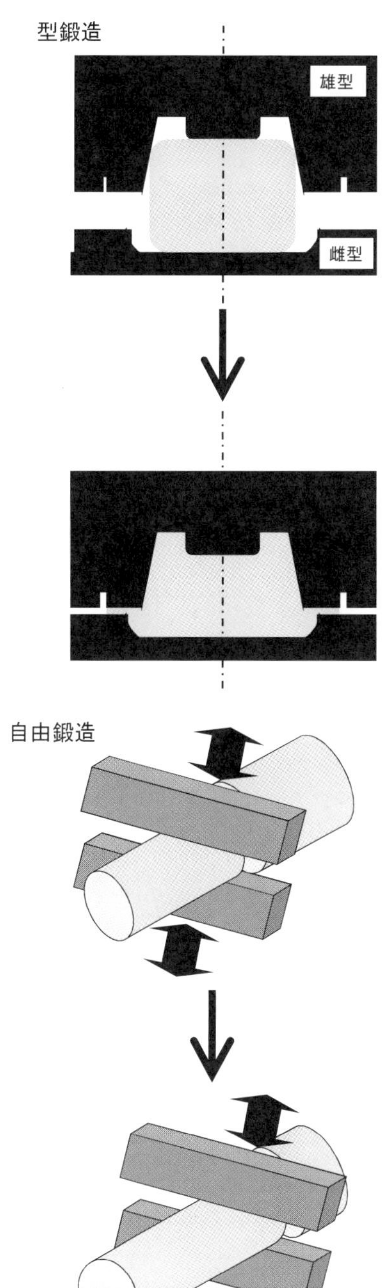

図 4.21　型鍛造と自由鍛造

(b)　熱間鍛造と冷間鍛造

再結晶温度（鋼の場合約 1000℃）以上での鍛造加工を熱間鍛造(hot forging)と呼ぶ．金属材料には，その塑性変形に必要な抵抗，すなわち変形抵抗(resistance to deformation)には温度依存性がある．被加工材温度が高くなるほど変形抵抗が減少するので，高い温度での鍛造ほど鍛造荷重を下げることができる．このことが，熱間鍛造の利点の一つである．また再結晶温度以上では，塑性変形にともない被加工材内部のミクロ組織(microstructure)が変化する．このことを利用して，鋳造後の粗大なデンドライト組織(dendrite structure)の破壊，局所偏析の均一分散化，鋳造欠陥・空隙の消滅，などをはかり，鍛造中に同時に被加工材内部品質の向上，すなわち強度の上昇，延性の上昇，じん性の上昇，などをはかることができることが，熱間鍛造のもう一つの利点である．欠点としては，金型寿命が短いこと，熱収縮などの影響により冷間鍛造に比較して製品精度が劣ること，加熱を必要とすること，などがある．冷間鍛造(cold forging)は文字通り被加工材に加熱を行わずに鍛造する加工法のことで，熱間鍛造の欠点を補う鍛造法として戦後急速に進展した．このことを可能としたのは，まずは，高い工具圧力（鋼の鍛造では局所的にではあるが数百 MPa に達することがある）に耐えつつ長寿命での鍛造加工を可能とした金型材料技術(die materials technology)，ついで，金型に過剰な負荷を生じないよう適切に被加工材のフローを制御する金型形状設計技術(die design technology)である．冷間鍛造は，数々の新しい金型形状の考案によって種々の新しい製品を生み出し，現在では自動車部品製造のための主要な加工技術となっている．

(c)　ハンマー鍛造とプレス鍛造

たとえ 1000℃以上の高温の状態での金属材料とは言えども，塑性変形を起こすのには 100MPa 程度の圧力が必要である．ところが昔から，鍛冶屋はハンマーで鋼を叩くことによって鍛造を行ってきた．運動量保存則によれば，運動量の変化は力積に一致する．

$$\vec{F}\Delta t = m\Delta\vec{v} \tag{4.19}$$

ハンマー鍛造(hammer forging)では，接触時間 Δt はきわめて短い．仮に，ハンマーの速度を 10m/s，接触時間 Δt を 0.01 秒とすれば，このハンマーで瞬間的に発生させることができる力は，ハンマーの質量に 1000m/s^2 を乗じた値となる．このことは，たとえば質量 1 トンのハンマーであっても，100 トンの力を瞬間的に発生させることができることを意味しているのである．このようにハンマーは，単純な装置で高い力を発生することができることを特徴としている．これに対しプレス鍛造(press forging)は，まさに被加工材を大きな荷重でプレスすることで鍛造を行う．プレス鍛造の実現には，大きな力を発生させる設備の開発が必須であって，広く利用されるようになったのは戦後のことである．

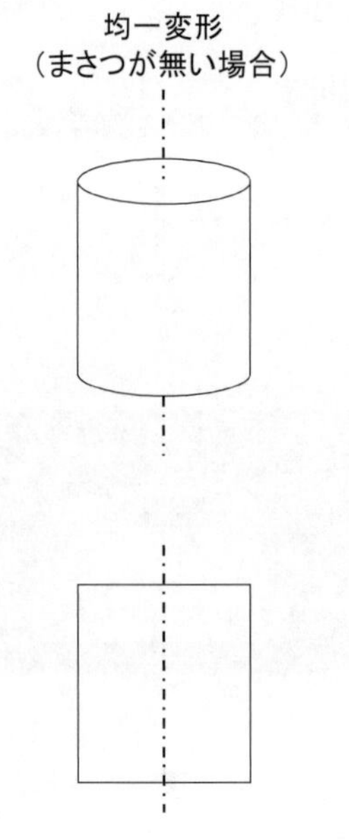

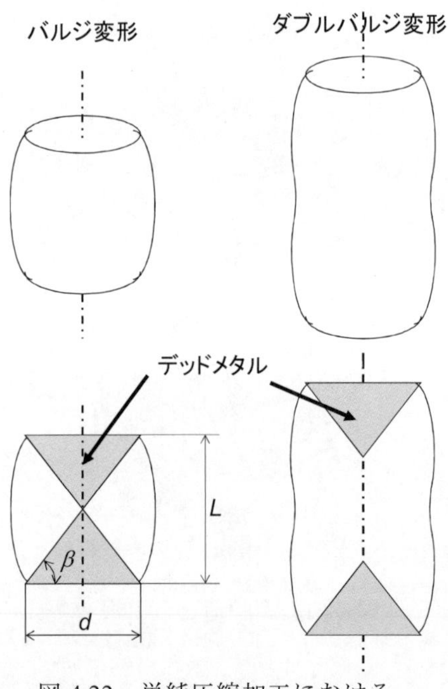

図 4.22　単純圧縮加工における被加工材の変形

4・3・2　鍛造加工の際の素材の変形 (deformation in forging)

鍛造加工の際に，被加工材は金型による圧縮変形を受け，型内部に充満しつつ求められる形状に造形される．鍛造加工における被加工材の変形を支配する要因は，他の塑性加工法と同様，1)金型（工具）形状，2)金型（工具）と被加工材との間の摩擦，3)鍛造加工前の被加工材の形状，4)被加工材の流動応力，である．まずは，図 4.22 に示す単純圧縮加工を例にとって，被加工材に発生する変形の基本的な形態について説明する．

(a)　**被加工材内部の変形と自由表面の変形**

摩擦が小さい場合には，金型によって圧縮される被加工材が幅方向に流れるのみであって，被加工材に発生する塑性変形は均一である．摩擦が大きくなると，被加工材の変形は著しく不均一となる．この場合，金型と接触している部分の被加工材の塑性流れが抑制され，被加工材の内部にはデッドメタル(dead metal)と呼ばれる，塑性変形の小さい領域が現れる．対応して，自由表面にはたる型変形，いわゆるバルジ変形(bulging)が現れる．図 4.22 中に示したとおり，自由表面でのバルジ変形の形態は，被加工材の高さと深い関係にある．デッドメタルの角度を β，被加工材底面の幅を d，被加工材の高さを L とすれば，

$$L \leq d \tan \beta \tag{4.20}$$

であれば，単一のバルジ形状が現れる．これを上回る被加工材高さの場合には，より複雑なバルジ変形が現れ，図 4.22 中に示したとおり二重バルジ変形が現れる．デッドメタルの角度 β は，円柱ビレットの場合大体 45 度程度の角度をとる．

このバルジ変形は，金型と被加工材の摩擦が大きいほど大きくなる．すなわち金型と被加工材の摩擦が大きくなるほど被加工材の変形がより不均一となり，結果として大きなバルジ変形が現れる．

(b)　**金型に作用する力，鍛造荷重**

金型に作用する圧縮力は，摩擦力の影響を大きく受ける．このことを明らかにするためには，初等理論による解析が有効である．5・2 節にて説明する円柱の平工具による圧縮について，初等理論による鍛造圧力は，

$$\sigma_{zz} = Y \exp\left[\frac{2\mu}{h}(a-r)\right] \tag{4.21}$$

と表されていた．ただし円柱の半径は a，被加工材の高さは h である．この式より明らかな通り，鍛造圧力は，摩擦係数 μ が高いほど，素材の高さ h が半径 a に比較して小さいほど，高くなる．すなわち，摩擦が高く素材が薄い場合には，より大きな鍛造荷重(forging force)が被加工材の成形に必要となってくる．鍛造荷重 P の見積もりには，以下の式を利用する．

$$P = C\sigma^{ave} S \tag{4.22}$$

ただし σ^{ave} は平均変形抵抗，S は金型と素材の加工方向から見た投影接触面積，C は拘束係数である．拘束係数 C は先に述べた通り，被加工材の変形によって大きく影響されるが，1.2 から 3.0 程度の範囲を取る場合が多い．

鍛造において利用される金型には，被加工材を塑性変形させるのに必要な大きな荷重，圧力が作用する．大量生産を可能とするのが鍛造加工の最大の特徴であるから，当然金型寿命(die life)が長くないと鍛造加工を行う理由がなくなってしまう．たとえば，数回～数十回の鍛造加工で金型が破壊に至るようであれば，機械加工を行ったほうがよほどコスト面で有利であろう．この様に，鍛造加工には長寿命な金型を欠かすことができない．金型材料や型構造を工夫すること以外には，被加工材より金型に作用する面圧(contact pressure)をできるだけ低減することが，鍛造金型の設計の要諦であることは，以上の理由によっている．

(c)　**鍛造比，鍛流線**

鍛造比(forging ratio)は，鍛造加工によって被加工材に与えられた塑性変形の大きさを大雑把に表すための尺度であって，以下の式で与えられる．

$$r = \frac{L_1}{L_2} \tag{4.23}$$

ただし L_2, L_1 はそれぞれ，鍛造前後の半径方向にみた被加工材の長さを表す．この数値は，鍛造による塑性加工量を評価するためにしばしば利用される．鍛造比が大きいということは，被加工材の鍛錬効果が高いということである．冷間鍛造の場合には，鍛錬の効果は製品強度の上昇として現れる．その素の要因は加工硬化である．冷間鍛造加工によって結晶粒が展伸された結果現れるのが，図 4.23 に示した鍛流線(Fiber flow)である．

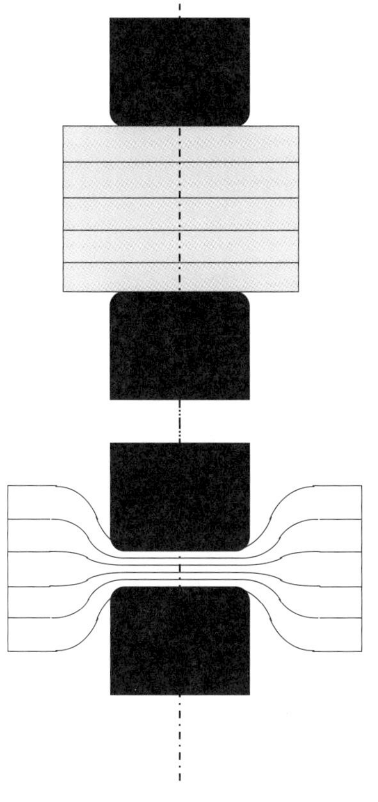

図 4.23　鍛流線

熱間鍛造においては，加工硬化に加え回復ならびに再結晶が発生し，被加工材内部の結晶粒が鍛錬の効果によってより微細化される．微細な結晶粒は，製品の伸び，じん性の向上に役立つので，十分な鍛造比となるように金型形状や工程が設計されている．

(d)　**金型への充満，バリ(flash)**

図 4.21 に示したとおり，型鍛造では金型形状が被加工材の塑性流れを大きく左右する．金型形状を被加工材に転写するのが鍛造加工の基本であるから，鍛造加工終了後には金型に被加工材が完全に充満していなければならない．と同時に，過大な面圧が金型に作用しない様にしなければならない．

図 4.24 に鍛造加工の欠陥例を示す．未充満(under fill)は，金型に被加工材が十分充満していない状況に対応している．折れ込み疵(lap)は，自由表面部分が被加工材内部に折れ込んだ結果残った疵である．ひけ(shrink)は，鍛造加工中に金型より被加工材が離れていった結果生じている．

以上の欠陥を抑制しつつ，最小の面圧，最小のバリ，によって被加工材を鍛造加工できる金型の設計には，当然のことながら高度に熟練した技能が必要である．この熟練した型設計技能者が利用できるツールとして，切に望まれているのが鍛造加工 CAE(forging CAE)である．

(e) **鍛造加工 CAE**

鍛造加工の良否は，金型設計の良否によって大きく左右される．金型設計を行うのは熟練した金型設計者である．金型設計者は，仮定された金型形状に対応して生じる被加工材の塑性流動，金型に作用する面圧の程度などを，暗黙知として所有している．また，金型設計において最も重要なのは，金型設計者の創造性でありセンスであるので，今後も熟練した金型設計者へのニーズが減少することは考えにくい．

一方，金型設計者の暗黙知は多分に定性的なものであって，たとえば仮定された金型によって被加工材を鍛造した際の塑性流動や金型面圧を，定量的に言い当てることには向いていない．この部分を何がしかの方法，理論で補完することができれば，金型設計者の定性的な暗黙知に定量的な知見を追加することができ，より高度な金型設計をより短い時間で可能とすることができよう．そのためのツールが，鍛造加工 CAE である．鍛造加工 CAE は，有限要素法による変形解析・応力解析と金型 CAD との融合によって構成され，過去 30 年以上にわたり主として海外において開発が進められてきた．この鍛造加工 CAE は，設計時間の短縮やより複雑な鍛造工程の開発が求められている現在においてますます需要が高まってきており，2 次元問題についてはすでに実用化レベルにある．

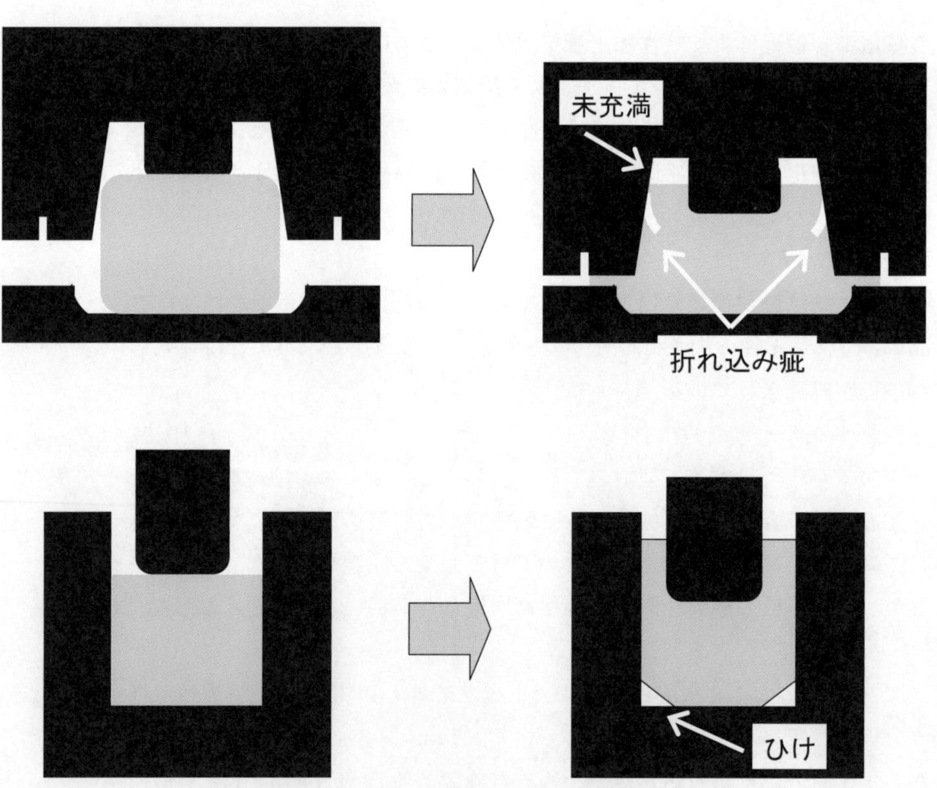

図 4.24　鍛造加工時に生じる欠陥の例

4・4　薄板のプレス成形 (sheet metal forming)

板材のプレス成形は，絞り成形，張出し成形，伸びフランジ成形，曲げ成形の基本要素に分類され，実際の複雑な成形もこれら四つの基本要素の組合せとしてとらえることができる．

4・4・1 絞り加工 (deep drawing)

(a) 絞り加工の概要

図4.25に示すように，パンチ（雄型）とダイ（雌型）を用いて，平らな素板から底付き柱状容器を成形する加工法を絞り加工(deep drawing)と呼ぶ．素板の破断を防ぐため,パンチとダイの角部には板厚の5〜10倍程度の丸味半径 r_p および r_d をつける．薄板の絞り加工ではしわの発生を防ぐためにしわ押え板が必要である．

本節では容器の各部を以下の名称で呼ぶ．

- $r_1 \leq r \leq r_0$ の範囲（しわ押え板に接する部分）：フランジ
- $r_2 \leq r \leq r_1$ の範囲（ダイ肩に接する部分）：ダイ肩
- $r_3 \leq r \leq r_2$ の範囲（両面が工具に接しない部分）：側壁
- $r_4 \leq r \leq r_3$ の範囲（パンチ肩に接する部分）：パンチ肩
- $0 \leq r \leq r_4$ の範囲（パンチ平坦面に接する部分）：底

容器直径 d に対する素板直径 D の比 D/d を絞り比(drawing ratio)，その逆数 d/D を**絞り率**と呼ぶ．1回の絞り工程で，破断を生じさせないで絞ることができる最大の素板直径が D_{max} のとき，D_{max}/d を限界絞り比(LDR : Limiting Drawing Ratio)，その逆数を**限界絞り率**と呼び，素板の絞り性の指標とする．限界絞り比（率）は，工具形状，成形条件（潤滑状態，成形速度，成形温度），材料特性によって変化するがおよそ 2.0 である．

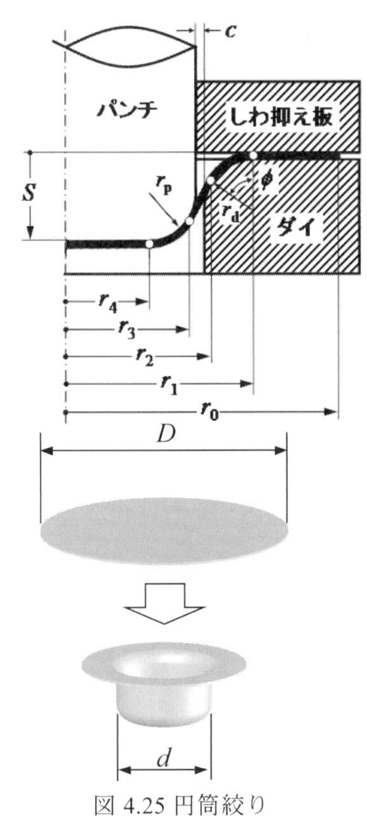

図 4.25 円筒絞り

(b) 円筒絞りにおける材料の変形

円筒絞りにおける材料の変形を理解するために，図4.26に示すように，変形前の円形素板に格子模様を描いたとしよう．ここで，中心部の円は容器の直径 d と同じ直径を有し，その外側の格子はすべて同じ面積になるように描くとする．この素板を絞り加工すると，成形後の容器の側壁には長方形の格子模様が現れる．ここで絞り加工の前後で板厚が変わらないと仮定すると，材料の体積は変わらないので，格子の面積はすべて等しくなる．

変形前後で材料の板厚が変わらないならば，素板上に描かれた同心円の周長は，絞り成形後は，全てが容器の水平断面の周長 πd まで圧縮される．従って，半径線 aA および bB の間に位置する円周方向の格子間隔は，絞り成形後にはすべて長さ $\overline{ab}$ にまで圧縮されることになる．また素板の中心から遠い位置にある材料要素ほど，円周方向の圧縮ひずみは大きくなる．一方，材料要素の面積は絞り成形前後で変わらないと仮定しているので，半径方向の材料線は，円周方向に圧縮された分だけ容器の深さ方向に伸びる．

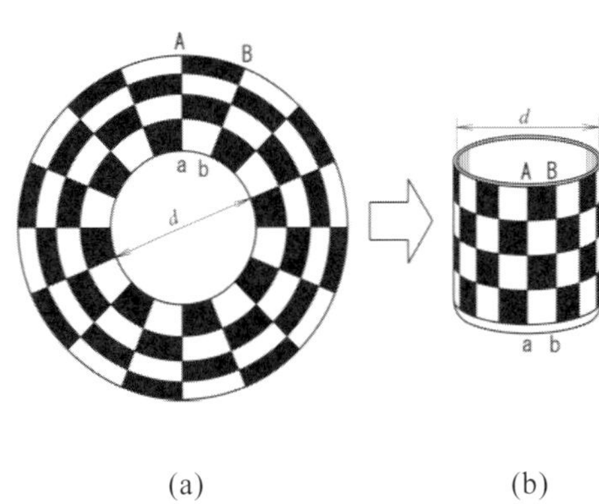

図 4.26　円筒絞りにおける素板の変形の様子 (a)成形前の素板に描いた等面積格子 (b)成形後の容器側壁に現れた等面積格子

(c) 円筒絞りにおける応力状態と絞り性の向上策

円筒絞りにおける応力の伝達の様子を図4.27に示す．まず，フランジ部の絞り変形により，円周方向応力の圧縮応力 σ_θ が発生し，さらにその σ_θ とつり合うために，半径方向応力 σ_{Fr} がフランジ部の材料要素に発生する．さらに σ_{Fr} が側壁部に伝達されて σ_{Wz} となり，σ_{Wz} とつり合う応力 σ_{Pz} がパンチ

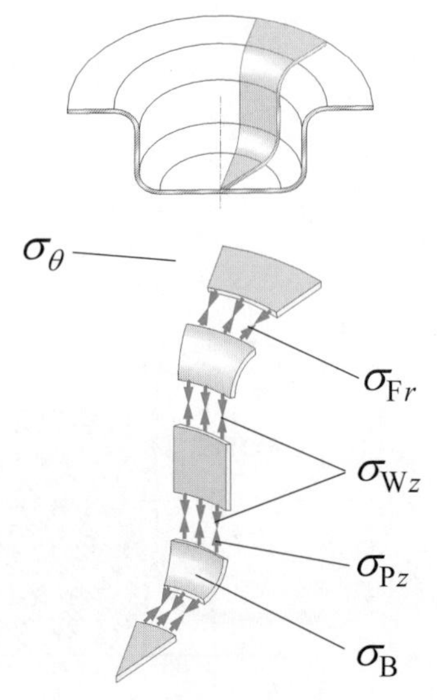

図4.27　円筒絞りにおける応力の分布状態

肩の材料に作用する．σ_{Pz} による容器深さ方向の合力（σ_{Pz} と容器の水平断面積の積）と釣り合う力がパンチ荷重 P となる．

容器の成形の可否は，パンチ肩の材料の強度 σ_B と σ_{Pz} の大小関係で決まる．$\sigma_B > \sigma_{Pz}$ であれば，フランジ部の材料をダイ穴内に引き込むために必要な応力をパンチ肩の材料の強度で支えることができるので，容器を絞ることができる．一方，$\sigma_B < \sigma_{Pz}$ の場合は，σ_{Pz} が材料の強度を上まわることになるので，パンチ肩の材料は破断してしまい，容器を絞り成形することはできない．

以上の考察より，容器の絞り性を向上させるには，次の手段が有効である．

✧ フランジ部の材料の変形抵抗（フランジ部の材料をダイ穴内に引き込むために必要な応力）をなるべく小さくする．

✧ パンチ肩の材料の強度をなるべく大きくする．

絞り性に影響を及ぼす各種因子ならびに絞り性向上のための手法については次節で述べる．なおフランジ部の初等解法については5・2・4を参照．

(d) 絞り加工に影響を与える諸因子

本節では，円筒容器に代表される底付き柱状容器の絞り加工において，成形性に影響を及ぼす諸因子を取り上げ，絞り加工の一般原則について述べる．

(1) **しわ押え力**　フランジ部のしわは過剰な絞り力を誘発し破断の原因となるため，しわ押え板を用いてしわの発生を防ぐ必要がある．しわ押え力の目安は，フランジ部の単位面積当たりの面圧 p_H が，降伏応力 σ_Y と引張強さ σ_B の平均値の1％ 程度になるように設定する．例えば円筒絞りの場合，しわ押え力 F_H は次式より算定できる．

$$F_H = \frac{\pi}{4}\{D^2-(d+r_d)^2\}p_H = \frac{\pi}{4}\{D^2-(d+r_d)^2\}\frac{\sigma_Y+\sigma_B}{200} \qquad (4.24)$$

しかし一般には，板厚－素板直径比（t_0/D）が大きいほどなしわ押え力は小さくてよく，$t_0/D \geq 0.025$ ではしわ押え力は不要とされている．

角筒絞りのしわ押え力も，第一次近似として，[フランジ部の面積] × p_H として計算してよい．ただし異形絞りの場合は，フランジ部の板厚分布が均一にならないため，しわ押え面圧も不均一に分布することになる．シムなどを用いて金型のたわみを積極的に調整して，最適なしわ押え面圧分布を得るように心がけることが，成形性を向上させる秘訣である．

一定の絞り比 Z において，素板の板厚 t がダイ穴径 d_d に対してある程度以上大きい場合，しわ押えなしで絞り加工ができることが実験的に確認されている．その条件式（しわ限界）は次式で与えられる．

$$\frac{t}{d_d} \geq K(Z-1) \qquad (4.25)$$

ここで，$Z = D/d_d$（絞り比），D：ブランク直径である．係数 K の値は材料および潤滑条件によって異なるが，その差は大きくない．複数の研究者の報告によれば，平面ダイによる円筒絞りにおいては $0.09 \leq K \leq 0.16$ である．しわ押えなし円筒絞りのしわ限界線を図4. 28に示す．板厚とダイ穴径の比 t/d_d と絞り比 Z の組合せがしわ限界線より下の領域でしわが発生する．

円錐ダイを用いるとしわが発生しにくく加工性が向上する．円錐ダイの内壁の傾斜角 φ が加工性に及ぼす影響についてみると，$\varphi = 20〜30°$ の範囲に

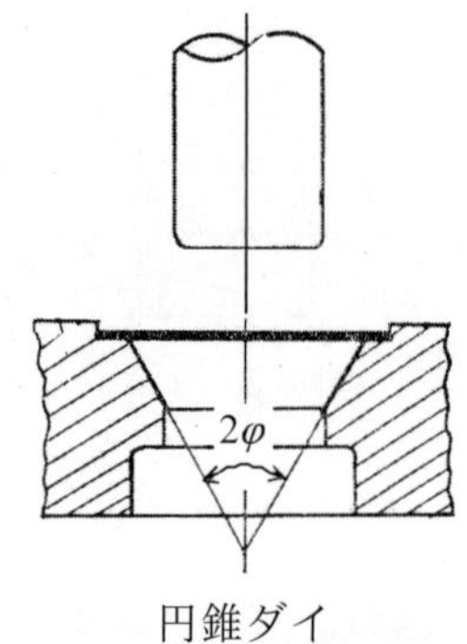

円錐ダイ

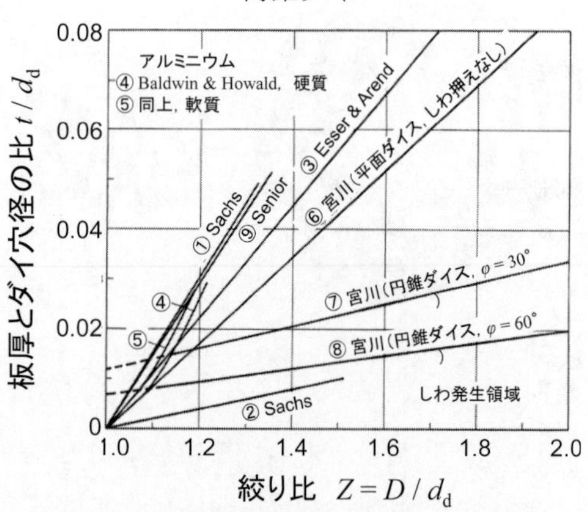

図4.28　しわ押えなし円筒絞りのしわ限界線図[1]

おいて最大パンチ力が最小になり，$\varphi = 30\sim60°$ の範囲においてしわが発生しにくい．従って両者の兼ね合いで実際には $\varphi = 30°$ 前後を取ることが多い．

(2)　**ダイ肩半径**　ダイ肩半径 r_d が限界絞り比に及ぼす影響を図 4.29 に示す．r_d が大きいほど限界絞り比は向上する．これは r_d が大きいほどダイ肩部の通過抵抗が小さくなるためである．しかし r_d が板厚の 10 倍以上になると，ダイ肩部としわ押え板の間のすきまが大きくなり，素板外縁に口辺しわが発生しやすくなる．以上の理由で，通常は $r_d = (4\sim10)t_0$ が推奨されている．

ダイ肩部を通過する素板は曲げ曲げ戻し変形を受ける．曲げ曲げ戻し変形は，張力が大きいほど，また曲げ半径 r_d が小さいほど素板の板厚を大きく減少させる（図 4.50 参照）．このことからも r_d は必要以上に小さくしない方がよい．

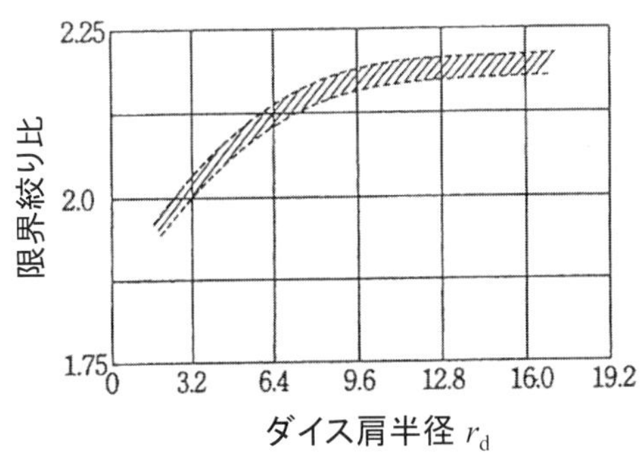

図4.29　ダイ肩半径が限界絞り比（斜線部）に及ぼす影響．実験条件：ポンチ直径 =101．6mm，$r_p = 6.35$mm，クリアランス=1.3t_0，素板材質：軟鋼（t_0 = 0.99mm），潤滑剤：黒鉛：牛脂＝1:3 [2]

(3)　**パンチ肩半径**　パンチ肩半径 r_p は最大パンチ荷重にほとんど影響しないが，一般に r_p を大きくし過ぎるとパンチ頭部でしわが発生しやすくなり，逆に r_p が小さいほどパンチ肩部での曲げの影響で板厚減少が顕著になり破断しやすくなる．

宮川らは，ボディーしわが発生しないための適正工具条件として，次式を提案している（d_p：パンチ直径）．

$$0.25\frac{r_p}{d_p} \geq \frac{t_0}{d_p} \geq \begin{cases} 0.010 + 0.008\dfrac{r_p}{d_p} & \text{(フランジなし)} \\ 0.006 + 0.008\dfrac{r_p}{d_p} & \text{(フランジ付き)} \end{cases} \tag{4.26}$$

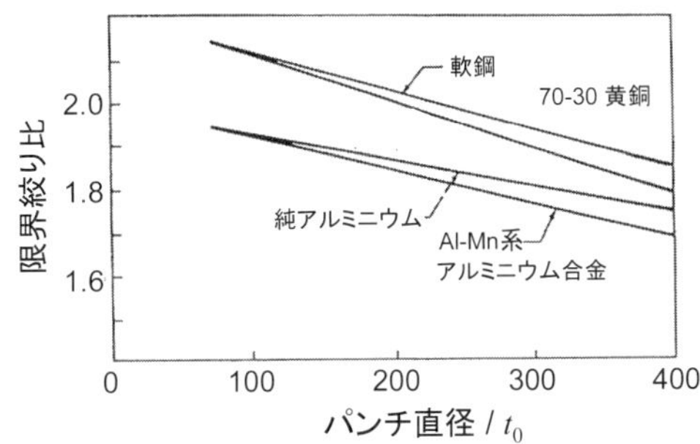

図4.30　ポンチ直径-板厚比と限界絞り比の関係[3]

(4)　**パンチとダイのクリアランス**　クリアランスは板厚 t_0 の 1.1～1.3 倍にとることが推奨されている．成形後の円筒容器の最大板厚　t_{max} はほぼ次式で見積もれる．

$$t_{max} = t_0\sqrt[4]{D/d} \tag{4.27}$$

容器の側壁にしごきを加えたくない場合は，クリアランスを t_{max} 以上にとるべきである．

(5)　**素板の板厚**　容器寸法が同じときは，使用する素板の板厚が薄いほど必要しわ押え圧が大きくなり，かつ半径方向応力に占める摩擦力の比率も大きくなるため，限界絞り比が低下する．この傾向を図 4.30 に示す．パンチ径に対する素板板厚の減少に伴い限界絞り比が著しく低下している．この傾向を回避するためには，素板と工具間の摩擦力をできるだけ小さくすることが必要である．

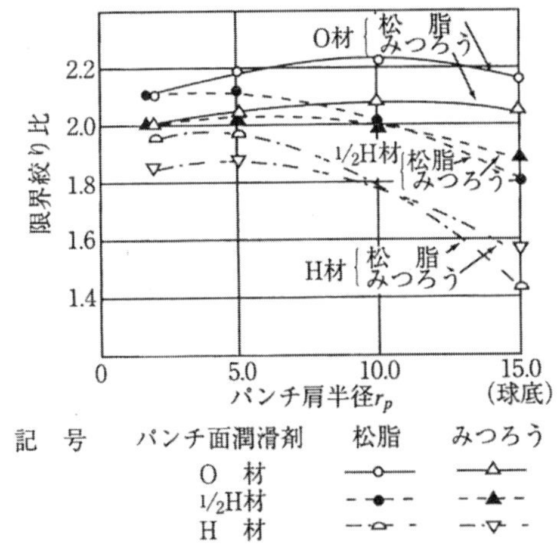

図 4.31　パンチ頭部の潤滑状態が限界絞り比に及ぼす影響（材料：0.4mm 厚純アルミニウム[4]

(6)　**潤滑・工具の表面粗さ**　一般に，ダイ面としわ押え面に接触する素板部を潤滑することにより，絞り限界は向上する．潤滑油の粘度増加，材料に適した極圧添加剤の添加，ポリエチレンフィルムなどの高分子フィルムの挿入も有効である．パンチ先端が平らな場合は，図 4.31 に示すように，松脂を塗布するなどしてパンチ頭部の摩擦係数を上げると成形限界が向上する．

ダイおよびしわ押え板の表面あらさは，一般に数 μm 程度以下にすることが好ましいが，高粘度の潤滑油を使用する場合は，数 μm 程度の仕上げが最も絞り加工によい．また表面粗さの仕上げ方向は，材料の移動方向（金型の半径方向）に沿った方が絞り加工にはよい結果をもたらす．

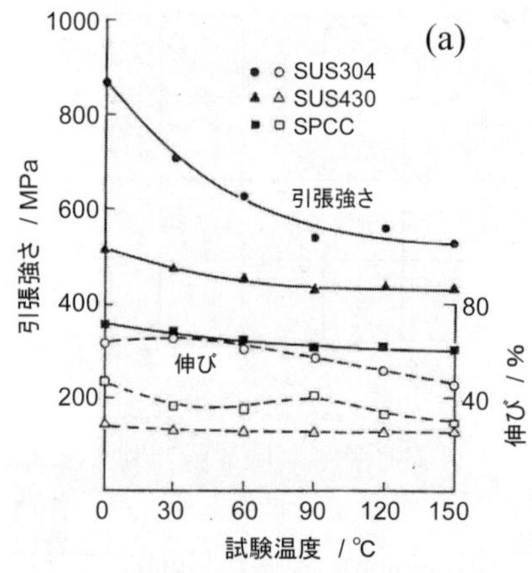

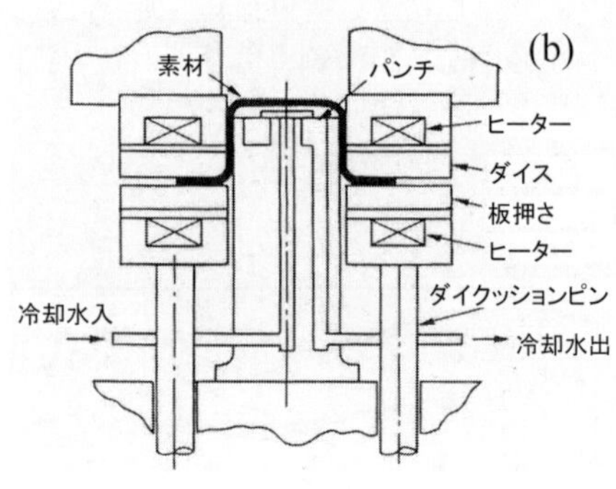

図 4.32　(a)ステンレス鋼板の機械的性質の温度依存性と(b)温間絞り金型[5]

(7)　**温度**　塑性流動応力の温度依存性を利用して成形限界を向上させる絞り法が考案されている．すなわちダイを暖めてフランジ部材料の変形抵抗を低下させ，反対にパンチを冷却してパンチ頭部材料の破断強さを増大させることにより，成形限界が向上する．これは温間成形法と呼ばれている．

SUS304ステンレス鋼板の温間成形法の例を図4.32に示す．SUS304ステンレス鋼板の引張強さは温度の上昇と共に低下し，150℃における引張強さは0℃におけるそれよりおよそ40%低下する（図4.32a）．この特性を利用して絞り成形性を向上させるため，図4.32 bのような温間成形装置が考案された．パンチには冷却水が流れるため，破断危険部となるパンチ肩部に接触している素板は冷やされて破断強度が向上する．一方，ダイスと板押えはヒーターで加熱されるため，フランジ部の素板の温度は上昇し，強度が低下する．この結果，パンチ肩部とフランジ部で素板の強度差が増大し，絞り成形性が向上する．SUS304ステンレス鋼板の場合，常温での限界絞り比は2.1であるが，ダイス温度が90℃まで加熱された状態では，限界絞り比は3.0まで向上する．

製品を安定してプレス成形するためには，金型の温度管理が大切である．トランスファプレスなどで長時間にわたって成形を続けると，金型の温度上昇とともに摩擦係数が増加したり，金型と接触して昇温した材料の強度が低下して，素板の板厚減少が促進され割れが発生しやすくなる．

自動車の軽量化を目的として，近年高張力鋼板の自動車部品への適用が拡大している．しかし高張力鋼板は降伏応力が大きく延性も低いため，成形が難しい．その対策として，素板を加熱して熱間成形を行うことにより，スプリングバック低減と延性向上に効果が得られている．

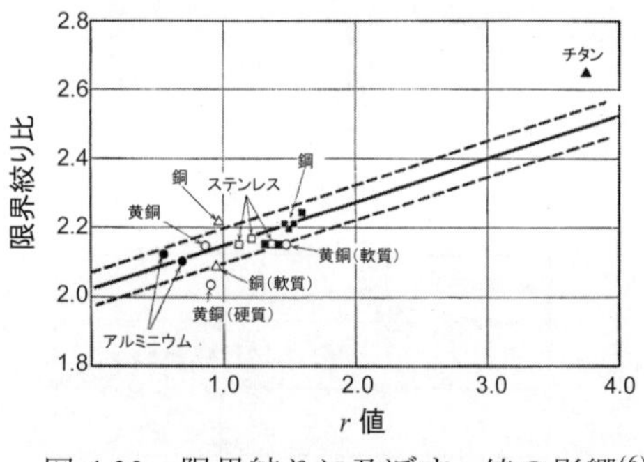

図 4.33　限界絞りに及ぼす r 値の影響[6]

(8)　**r 値の影響**　一般に r 値が大きい板材ほど限界絞り比は大きくなる（図4.33[6]）．これは，r 値が大きくなるほど，パンチ肩の変形状態である平面ひずみ引張における材料の降伏強度が大きくなり，フランジ部の変形状態である純粋せん断における降伏強度が小さくなるからである．

(9)　**素板の面内異方性の影響**　面内異方性を有する素板から円筒容器を絞り成形すると耳が発生する．耳の高さと位置は，r 値（式(2.18)参照）の異方性の度合いを示す Δr と相関がある．

$$\Delta r = \frac{r_0 + r_{90}}{2} - r_{45} \tag{4.28}$$

ここで，r_0，r_{45}，r_{90} はそれぞれ圧延方向，圧延 45° 方向，圧延直角方向の r 値である．一般に，$\Delta\ r>0$ のときは 0°，90°方向で，$\Delta\ r<0$ のときは 45°方向で耳が発生する．これは，r 値が大きい方向では絞り変形による板厚増加が起きにくいので，材料が高さ方向に逃げて耳となり，r 値が小さい方向では板厚増加が起こりやすいので，材料が高さ方向に逃げにくくなり谷となる．ただし，面内異方性としては材料の降伏応力の異方性も影響すると考えられる．例えば，r 値の異方性に加えて降伏応力の面内異方性が強い純チタン板の円筒絞り成形では，r 値が最大となる圧延直角方向で耳が発生しており，上記の説明とは一致しない（図 4.34）．

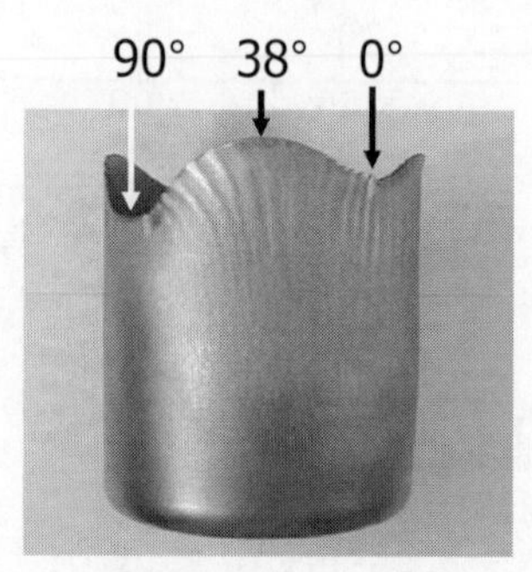

図4.34　JIS 1 種純チタン板（$r_0 = 1.6$，$r_{45} = 3.2$，　$r_{90} = 7.0$）の円筒絞り容器における耳の発生

(10)　**素板の形状**　底付き角筒容器の深絞り成形では，素板形状が成形性に大きく影響する．5000 系のアルミ合金板の正四角筒絞り（パンチ辺長 $l = 60$mm）

において，素板寸法（八角形）が成形の可否に及ぼす影響を図 4.35 に示す．素板の対辺方向寸法 L を一定にして，対角線方向寸法 D を小さくしていくと，絞り成形後期において，ダイ肩近くのコーナ側壁部に壁割れが生ずる．一方対角線方向寸法 D が過大な場合には，素板はパンチ肩において破断する．また，D と L の組合せが最適な場合には，容器の最大成形高さは，パンチ辺長と同等程度の深さまで成形できることがわかる．

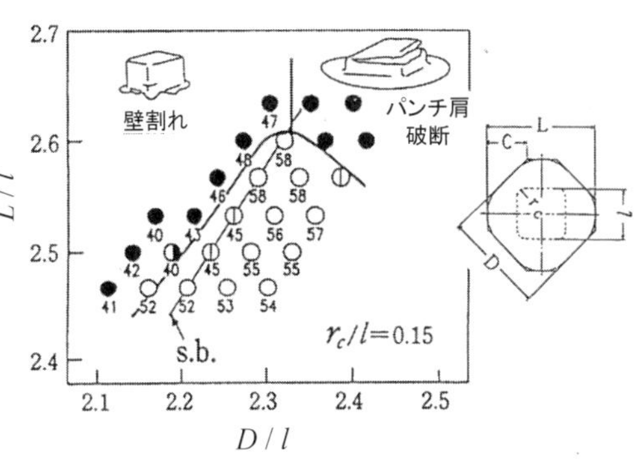

図 4.35　八角形素板寸法が底付き正四角筒容器の絞り成形性に及ぼす影響　材料：A5182-O 成功容器の個数：3 枚のうち 3○，2◐，1⦶，0●個.数字は容器深さ（mm）[7]

(e)　深い容器の成形方法

一工程で成形することができない深い容器を製造する場合は，二工程以上かけて徐々に絞っていく「再絞り」を行う．再絞りには，図 4.36 に示す直接再絞り(a)，(b)と逆再絞り(c)の二種類がある．

直接再絞りと逆再絞りの利点と欠点を考えてみよう．直接再絞りでは各工程の絞り方向が同じであるので，工程の途中で容器を反転させる必要がない．しかし，しわ押え肩部とダイ肩部の二箇所で曲げ曲げ戻し変形を受けるので，逆再絞りより絞り抵抗が大きくなる（(b)のようにダイに傾斜角度をつければ，摩擦抵抗が減少し，絞り性の向上が期待できる）．一方逆再絞りでは，工程の途中で容器を反転させる面倒があるが，利点として，しわ押えの肩部形状を半円形とすることにより，ダイ肩部での曲げ曲げ戻し変形が 1 回ですむため，その分絞り抵抗が小さくなり一工程当たりの絞り比を大きくとれる．その反面，再絞り比によってしわ押え肩部半径およびダイの肉厚が制限される．

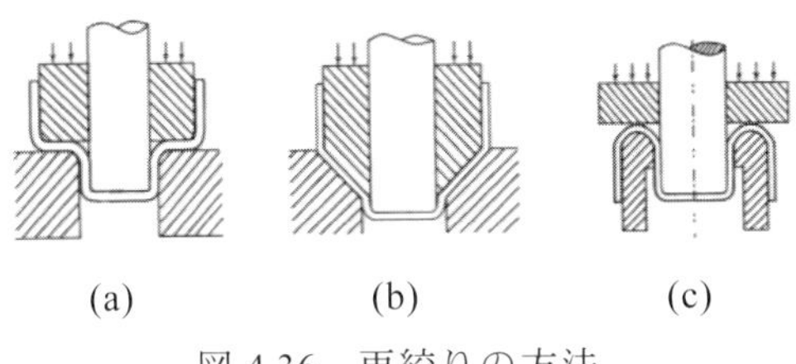

図 4.36　再絞りの方法

再絞りでは，工程数の見積りや各工程の再絞り比の配分が重要である．一般作業では，第一工程では 1.6～1.8，第二工程目以降は 1.2～1.3 程度の再絞り比が採用されている．

(f)　しごき加工

しごき加工は，図 4.37 に示すように，パンチとダイのクリアランスを小さくし，容器側壁の板厚を減少させる成形法である．絞り中もしくは絞り後の円筒容器にしごき加工を行うと，側壁の板厚が減少して，容器深さが増し，寸法精度も向上する．

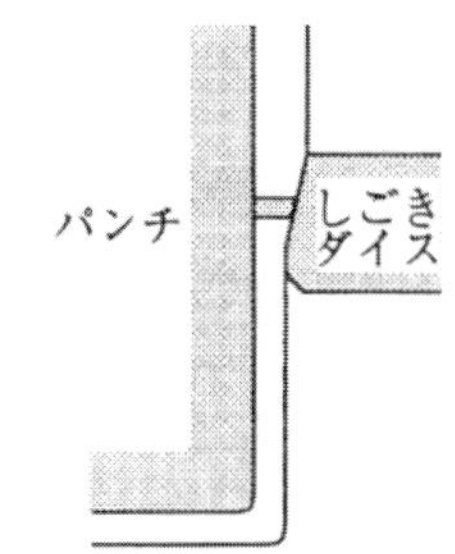

図 4.37 しごき加工

4・4・2 張出し加工 (stretch forming)

(a)　張出し加工の概要

パンチの形状をよい精度で素板に転写したい場合には，しわ押え力を高めたり，ダイとしわ押え板に凹凸の形状（ビード）をつけるなどして，ダイ面上の材料の流動を意図的に拘束し，素板に十分な張力を作用させながら成形する．これを張出し加工(stretch forming)とよぶ．張出し加工では，パンチ底の材料は二軸引張変形を受け，その表面積が増大することにより容器が成形される．容器の限界張出し高さは，板材の伸びやすさ（延性）が高いほど，潤滑状態がよいほど向上する．また，一般に n 値が大きい材料ほど限界張出し高さが大きい（図 4.38）．

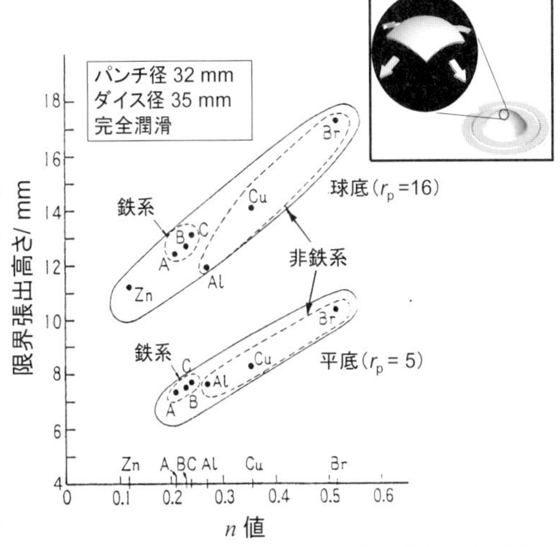

図 4.38　球頭張出しにおける限界成形深さと n 値との関係[8]

(b)　成形限界線

板材の張出し性の評価指標として成形限界線(Forming limit curve)がしばしば用いられる．成形限界線の測定方法を以下に説明する．プレス成形前の素板に直径数 mm 程度の円を描いておき，プレス成形後の円の変形量からひずみを測定する．いま変形前の円の直径を d_0，変形後の楕円の長径を d_1，短径

を d_2 とする（図 4.39 参照）．このとき，素板の最大主ひずみ ε_1 と最小主ひずみ ε_2 は次式から計算される．

$$\varepsilon_1 = \ln\frac{d_1}{d_0},\quad \varepsilon_2 = \ln\frac{d_2}{d_0} \tag{4.29}$$

素板に規則正しく円形模様を描いておき，素板の周辺を固定した状態で，平頭もしくは球頭パンチで素板を張出し成形する[1]．素板が破断したら試験を終了し，破断部直近の楕円の長径と短径を工具顕微鏡で読みとり，最大および最小主ひずみを座標軸とするひずみ座標系に測定値をプロットする．このとき，素板の形状を変化させることにより，ε_1 と ε_2 の組合せを変化させることができる．それらの測定点に外接するように滑らかに結んだ線を成形限界線と呼ぶ．

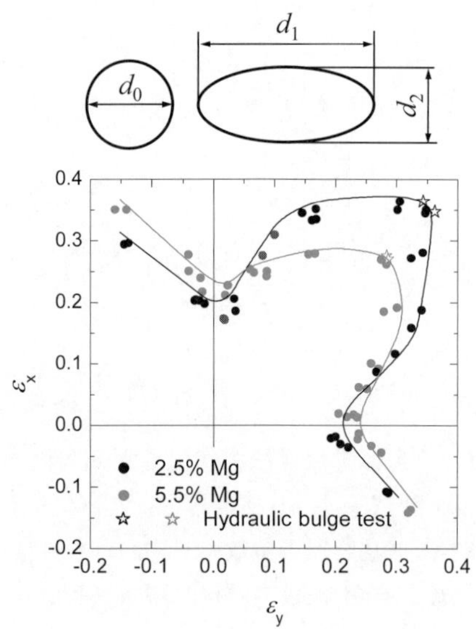

図 4.39　アルミ合金板の成形限界線(9)

Mg添加量の異なる二種類の5000系アルミ合金板の成形限界線を図4.39に示す（同図では，圧延方向の主ひずみを ε_x，圧延直角方向の主ひずみを ε_y としている）．材料が破断するまでに到達できる最大主ひずみは，ひずみ比 $\varepsilon_x/\varepsilon_y$ によって，大きくことなることがわかる．また，二つの材料間の成形限界ひずみの大小関係は，ひずみ比に依存して変化することがある．従って，単一のひずみ経路試験だけで材料の成形性の良否を判断することは適切ではない．

成形中のひずみ比が一定とみなせる場合（比例負荷）は，成形限界線を使って板材の破断予測に活用することが出来る．例えば，所与の板材料を用いて，自動車パネルのような成形品をプレス加工する場合，成形品に付加されるひずみを，有限要素法などの数値シミュレーション手法を用いて事前に予測し，計算された部品各部のひずみをひずみ座標にプロットする．このとき，その板材料の成形限界線をそのひずみ座標に重ねて描くことにより，成形限界線よりも外側にひずみの計算値が位置する部位において材料が破断することが事前に予測できる．

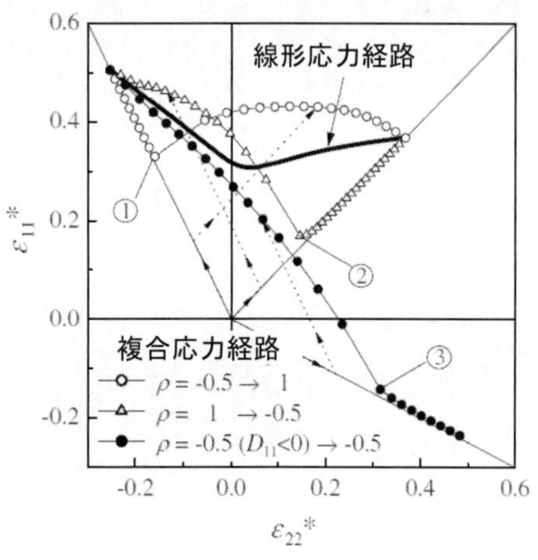

図 4.40　二つの直線ひずみ経路から構成される複合負荷経路における成形限界線の計算例(10)

成形限界線を用いて破断を予測する場合に留意すべきことは，成形限界線がひずみ経路に依存して変化する点である．塑性力学解析に基づいて計算された，二つの直線ひずみ経路から構成される複合ひずみ経路における成形限界ひずみ（ε_{11}^{*}，ε_{22}^{*}）の数値解析結果を図4.40に示す．本図は，第1ひずみ経路から第2ひずみ経路に変化するときに除荷を含まない場合の結果である．ρ はひずみ速度比 $D_{22}/D_{11}\left(\equiv (d\varepsilon_{22}^{*}/dt)/(d\varepsilon_{11}^{*}/dt)\right)$ を表す．ひずみ速度比が単軸引張から等二軸引張に変化した場合（$\rho = -0.5 \rightarrow 1$）もしくは等二軸引張から単軸引張に変化した場合（$\rho = 1 \rightarrow -0.5$）は，第1ひずみ経路終了時のひずみがある値（各ひずみ経路における①および②）よりも小さければ，第2ひずみ経路における成形限界ひずみは，直線ひずみ経路における成形限界ひずみ（太線）よりも大きくなる．一方第1ひずみ経路終了時のひずみが上記のよりも大きい場合は，第2ひずみ経路において材料はほとんど塑性変形することなく，ひずみ経路を変化させた直後に破断してしまう．一方，単軸引張からそれと直交する方向の単軸引張へ変化した場合（$\rho = -0.5 \rightarrow -0.5$）の成形限界ひずみは，いずれのひずみ経路でも，比例負荷の成形限界ひずみよりも小さくなる．このよ

[1] 考案者の名前を冠して，球頭パンチを用いる方法を中島法，平頭パンチを用いる方法をマルシニアク法と呼ぶ．なお，成形限界線の測定方法の ISO 規格が最近制定されたので（ISO12004-1,2），参照されたい．

うに，成形限界線は，板材が受けるひずみ経路によって大きくする．従って，成形限界線は板材の普遍的な成形性指標にならないことに留意すべきである．

4・4・3 伸びフランジ加工 (stretch flanging)

中央に小穴のあいた円形素板を用いて円筒容器を絞り加工すると，パンチ底の材料は半径外向き方向（ダイ穴の方向）に流動すると同時に，円周方向に伸び変形を受ける．このような素板の加工様式を伸びフランジ加工(stretch flanging)とよぶ．

素板の伸びフランジ性の尺度として，穴広げ率 λ を用いる．穴広げ率 λ は，初期穴径 d_0，穴広げ試験後の穴径 d を用いて次式で定義される．

$$\lambda = \frac{d - d_0}{d_0} \tag{4.30}$$

穴広げ率は，引張試験における破断部の局部伸びと正の相関がある（図 4.41
また穴広げ率は，穴の加工方法（リーマ，レーザー，打抜き）の違いによる表面性状の違いやひずみ勾配，抜きクリアランスにも大きく影響される．

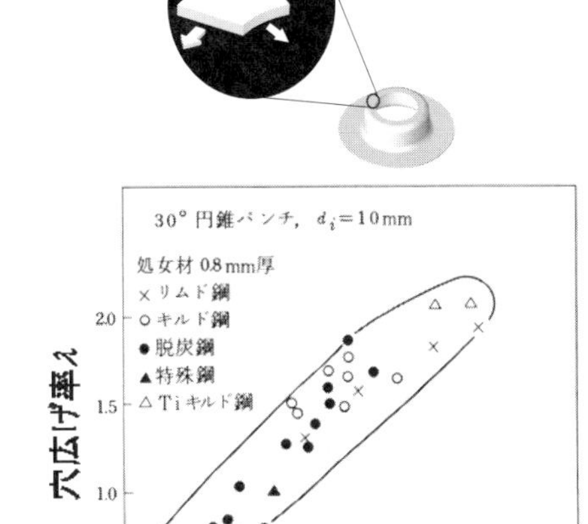

図 4.41　穴径の拡がり限界と引張試験破断部の局部伸びとの関係[11]

4・4・4 曲げ加工 (bending)

(a) 曲げ加工の分類

上下一対の型で曲げる型曲げ(die bending)，回転工具により板を固定工具に押しつけつつ曲げる折り曲げ(L-bending)，複数のロールの間に板を通して曲げるロール曲げ(roll bending)，板に張力を負荷しつつ，雄型になじませながら曲げる引張曲げ(stretch bending)がある（図 4.42）．

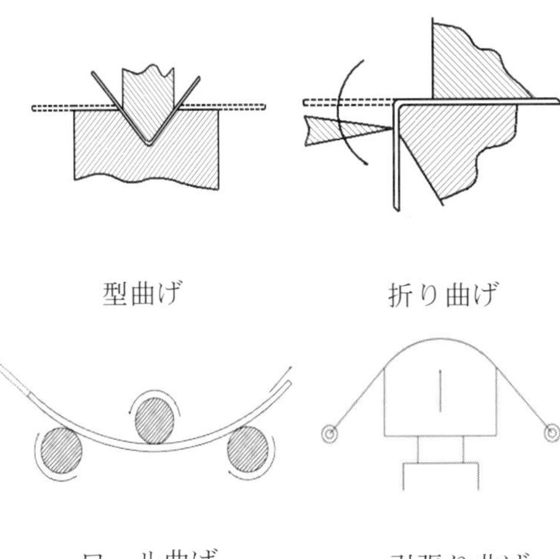

図 4.42 曲げ加工の分類

(b) 曲げ加工における板材の変形過程

図 4.43 に示すように，幅 b，板厚 t の板に曲げモーメントを作用させて，板の中心面を曲率半径 ρ まで曲げることを考える．座標系として，材料の長手方向に x 軸，板厚方向に y 軸，板幅方向に z 軸をとる．材料力学で学んだように，曲げの曲率中心が存在する側（以下内側と呼ぶ）の材料は長手方向に圧縮されるので圧縮の応力（$\sigma_x < 0$）が発生し，それと反対側（以下外側と呼ぶ）の材料は長手方向に伸びるので引張の応力（$\sigma_x > 0$）が発生する．

b/t が十分小さく，かつ曲げの曲率半径 ρ が板厚に比べて十分大きい（b/t がおよそ 10 以上）曲げ問題を考える．このとき次の仮定が成り立つ．

(i) 横断面は曲げ変形中も平面を保ち，横断面の形状は曲げ変形によって変化しない．

(ii) 横断面は中立面に対してつねに垂直である．

(iii) 板幅方向応力および板厚方向応力はともに0であり，曲げ変形によって発生するのは長手方向の垂直応力 σ_x のみである．

次に曲げ変形において，板材に発生するひずみを計算しよう．材料力学で学習したように，板の中心面は曲げ変形において伸び縮みしないので，特に中立面と呼ばれる．中立面の y 座標を 0 とし，曲げられた板の凸面側を $y > 0$ とする．中立面上の線素 XX′ および座標 y の位置にある線素 AA′ が，曲げ変形後にそれぞれ xx′，aa′ に変形したとする．曲げ変形後の中立面の曲率半径を ρ とするとき，線素 AA′ が受ける公称ひずみ e_x は次式で計算できる．

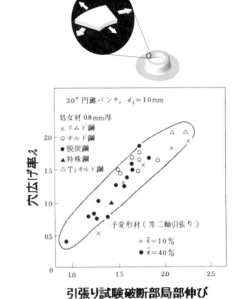

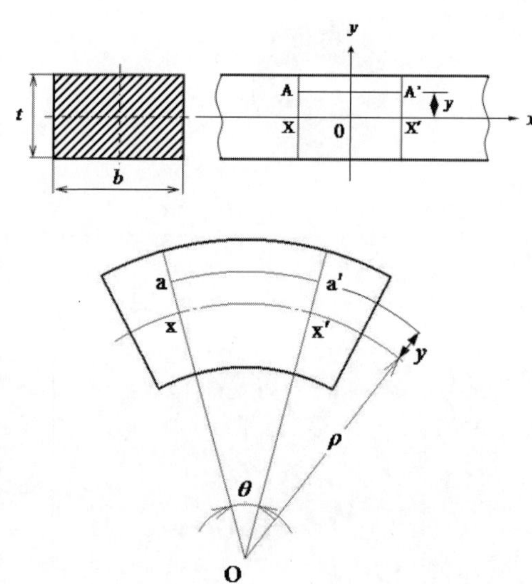

図 4.43　曲げ変形における x 軸方向の線素の長さの変化

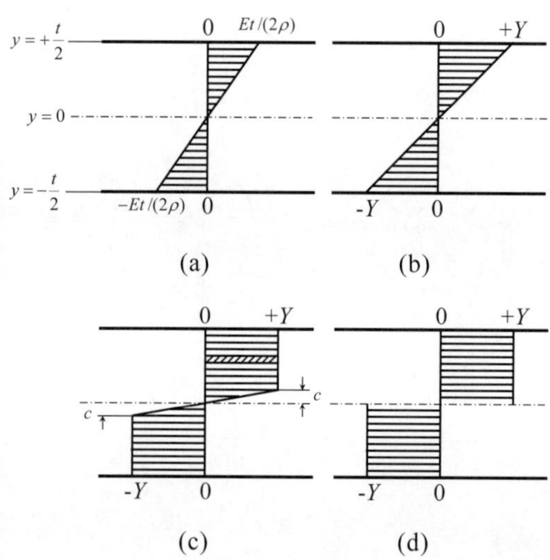

図 4.44　曲げの進行に伴う曲げ応力 σ_x の変化

$$e_x \equiv \frac{\overline{\mathrm{aa'}}-\overline{\mathrm{AA'}}}{\overline{\mathrm{AA'}}} = \frac{(\rho+y)\theta-\rho\theta}{\rho\theta} = \frac{y}{\rho} \tag{4.31}$$

塑性力学解析では対数ひずみを使うことが正しいが，以下では，計算の簡単のために，式(4.31)で計算される公称ひずみを用いることとし，ひずみの記号として，$\varepsilon_x\ (=e_x)$ を用いる．

【例題 4・1】　＊＊＊＊＊＊＊＊＊＊＊＊＊＊＊＊＊＊＊＊＊＊＊＊

板厚 $t=2$mm の長方形断面を有する板を $\rho=50$mm まで曲げた．板の外表面（$y=t/2$）および内表面（$y=-t/2$）のひずみを求めよ．

【解答】　式 4.31c より，外表面では $\varepsilon_x=\dfrac{y}{\rho}=\dfrac{t}{2\rho}=\dfrac{2(\mathrm{mm})}{2\times50(\mathrm{mm})}=0.02$，内表面では $\varepsilon_x=\dfrac{y}{\rho}=-\dfrac{t}{2\rho}=-\dfrac{2(\mathrm{mm})}{2\times100(\mathrm{mm})}=-0.02$．

＊＊＊＊＊＊＊＊＊＊＊＊＊＊＊＊＊＊＊＊＊＊＊＊

(c)　曲げ応力の計算

図 4.44 に示すように，材料を板厚方向に細分し，ひとつひとつの薄層を材料要素とよぶこととする．曲げ変形の進行にともなって，各材料要素に作用する曲げ応力 σ_x がどのように変化するかを計算しよう．以下の解析では弾完全塑性体を仮定し，材料のヤング率を E，降伏応力を Y とする．

【弾性状態】　図 4.44(a)に示すように，曲げモーメントが十分小さいときは材料内のひずみも小さいので，すべての材料要素は弾性状態にある．このとき，フックの法則より，座標 y における σ_x は次式で計算できる．

$$\sigma_x = E\frac{y}{\rho} \tag{4.32}$$

すべての材料要素が弾性状態にある場合は，中立面の曲率半径 ρ の値は

$$c=\frac{Y}{E}\rho>t/2,\ \text{すなわち}\ \rho>\frac{tE}{2Y} \tag{4.33}$$

図 4.44(b)に示すように，曲げモーメントがある大きさに達すると，板の外表面（$y=t/2$）と内表面（$y=-t/2$）における応力が降伏応力 Y に達し，塑性変形を開始する．そのときの中立面の曲率半径を ρ_E とすると，式(4.33)より，$\pm Y=\pm Et/(2\rho_{\mathrm{E}})$（複合同順）となる．よって，

$$\rho_{\mathrm{E}}=\frac{E}{2Y}t \tag{4.34}$$

【例題 4・2】　＊＊＊＊＊＊＊＊＊＊＊＊＊＊＊＊＊＊＊＊＊＊＊＊

板厚 $t=1$mm，ヤング率 $E=200$GPa，降伏応力 $Y=100$MPa の板を曲げた．板の表面が塑性変形を開始するときの中立面の曲率半径 ρ_{E} を求めよ．

【解答】　$\rho_{\mathrm{E}}=\dfrac{Et}{2Y}=\dfrac{200\times10^3\,(\mathrm{MPa})\times1(\mathrm{mm})}{2\times100\,(\mathrm{MPa})}=1000\mathrm{mm}.$

＊＊＊＊＊＊＊＊＊＊＊＊＊＊＊＊＊＊＊＊＊＊＊＊

【弾塑性状態】　さらに曲げ変形が進行すると，図 4.44(c)に示すように，塑性域が板の内部に広がり，弾性域は収縮する．このとき塑性域と弾性域の境

界の座標 $y=\pm c$ において $\sigma_x=\pm Y$ となる．それらを式(4.32)に代入すれば，

$$\pm c=\pm\frac{Y}{E}\rho \tag{4.35}$$

$-c<y<c$ の範囲では材料は弾性状態，$y<-c$ もしくは $+c<y$ の範囲では材料は塑性状態となる．よって σ_x は次式より計算できる．

$$-c<y<c \text{ において } \sigma_x=E\frac{y}{\rho} \tag{4.36a}$$

$$y<-c \text{ において } \sigma_x=-Y,\quad +c<y \text{ において } \sigma_x=+Y \tag{4.36b}$$

【全塑性状態】　さらに曲げ変形が進行すると，弾性域の厚み $2c$ が減少し，ついには板厚中心部の極めて薄い弾性域を除いて，板材内部はすべて塑性状態となる．

(d)　曲げモーメントの計算

次に，上記の各変形状態における曲げモーメント M を計算しよう．材料力学で学んだように，曲げモーメント M は次式で計算できる．

$$M=b\int_{-t/2}^{t/2}y\sigma_x dy \tag{4.37}$$

x 軸方向に張力が作用せず，曲げモーメントのみが作用する曲げの問題では，応力分布は中立面に関して上下対称であるから，M は次式で計算して良い．

$$M=2b\int_0^{t/2}y\sigma_x dy \tag{4.38}$$

【弾性状態】　式(4.32)を式(4.38)に代入して，

$$M=2b\int_0^{t/2}y\sigma_x dy=2b\int_0^{t/2}y\left(E\frac{y}{\rho}\right)dy=\frac{2Eb}{\rho}\int_0^{t/2}y^2\,dy=\frac{Ebt^3}{12}\frac{1}{\rho}=\frac{EI}{\rho} \tag{4.39}$$

ここで $I\ (\equiv bt^3/12)$ は板の断面 2 次モーメントである．すべての材料要素が弾性状態にある場合は，曲げモーメント M は曲率 ρ^{-1} に比例することがわかる．

$\rho=\rho_E$ のときの曲げモーメントを M_E とすると，式(4.34)を式(4.39)に代入して，

$$M_{\mathrm{E}}=\frac{Ebt^3}{12}\frac{1}{\rho_{\mathrm{E}}}=\frac{Ebt^3}{12}\frac{2Y}{Et}=\frac{1}{6}bt^2Y \tag{4.40}$$

【弾塑性状態】　式(4.35)，(4.36)を式(4.39)に代入して，

$$\begin{aligned}M&=2b\int_0^{t/2}y\sigma_x dy=2b\int_0^{c}y\left(E\frac{y}{\rho}\right)dy+2b\int_c^{t/2}yYdy\\&=\frac{2}{3}b\frac{E}{\rho}c^3+\frac{1}{4}bY\left(t^2-4c^2\right)=\frac{2}{3}bc^2Y+\frac{1}{4}bY\left(t^2-4c^2\right)\\&=\frac{1}{4}bt^2Y-\frac{1}{3}bc^2Y=\frac{3}{2}M_{\mathrm{E}}-2M_{\mathrm{E}}\left(\frac{c}{t}\right)^2=\frac{3}{2}M_{\mathrm{E}}\left\{1-\frac{4}{3}\left(\frac{c}{t}\right)^2\right\}\end{aligned} \tag{4.41}$$

$$\frac{M}{M_{\mathrm{E}}}=\frac{3}{2}\left\{1-\frac{4}{3}\left(\frac{c}{t}\right)^2\right\}=\frac{3}{2}\left\{1-\frac{4}{3}\left(\frac{Y}{Et}\rho\right)^2\right\}=\frac{3}{2}\left\{1-\frac{4}{3}\left(\frac{\rho}{2\rho_{\mathrm{E}}}\right)^2\right\}$$
$$=\frac{3}{2}\left\{1-\frac{1}{3}\left(\frac{\rho}{\rho_{\mathrm{E}}}\right)^2\right\} \tag{4.42}$$

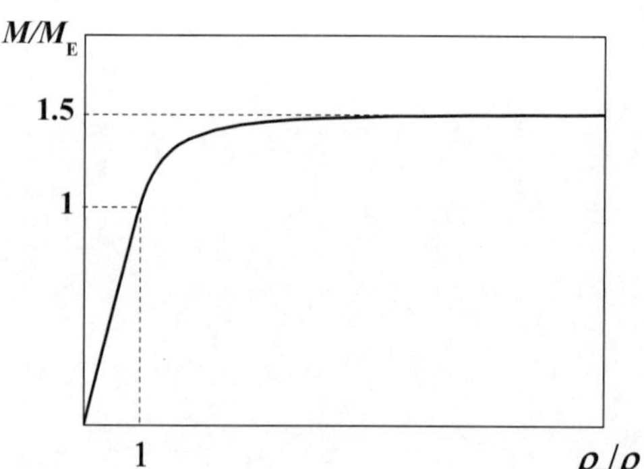

図 4.45　曲げモーメント M と曲率 ρ^{-1} の関係

式(4.42)に基づいて，M/M_{E} と ρ_{E}/ρ の関係曲線を描くと**図 4.45** のようになる．弾性域（$M/M_{\mathrm{E}}<1$）では M と曲率 ρ^{-1} は比例関係にある（式(4.32)）．一方，弾塑性域（$M/M_{\mathrm{E}}\geq 1$）では M と ρ^{-1} はもはや比例関係にはなく，その勾配 $dM/d(1/\rho)$ は ρ^{-1} の増加に伴い徐々に減少する．

【全塑性状態】　$c\to 0$ の極限においては，式(4.41)と式(4.40)より，曲げモーメント M は

$$M_{\mathrm{U}}=\frac{1}{4}bt^2Y=\frac{3}{2}M_{\mathrm{E}} \tag{4.43}$$

に漸近する．M_{U} は極限曲げモーメントと呼ばれる．

【例題 4・3】　＊＊＊＊＊＊＊＊＊＊＊＊＊＊＊＊＊＊＊＊＊＊＊＊

ヤング率 $E=200\mathrm{GPa}$，降伏応力 $Y=100\mathrm{MPa}$ の板を曲げた．板厚に対する弾性域の割合 $2c/t$ が 0. 1 になるときの中立面の無次元化曲率半径 ρ/t を求めよ．

【解答】　式(4.35)より，$\dfrac{\rho}{t}=\dfrac{c}{t}\dfrac{E}{Y}=0.05\times\dfrac{200\times10^3\,(\mathrm{MPa})}{100\,(\mathrm{MPa})}=100.$

＊＊＊＊＊＊＊＊＊＊＊＊＊＊＊＊＊＊＊＊＊＊＊＊

【例題 4・4】　＊＊＊＊＊＊＊＊＊＊＊＊＊＊＊＊＊＊＊＊＊＊＊＊

板厚 $t=1\mathrm{mm}$，板幅 $b=3\mathrm{mm}$ の板を曲げた．板の降伏応力が $Y=100\mathrm{MPa}$ であるとき，M_{E} および M_{U} を求めよ．

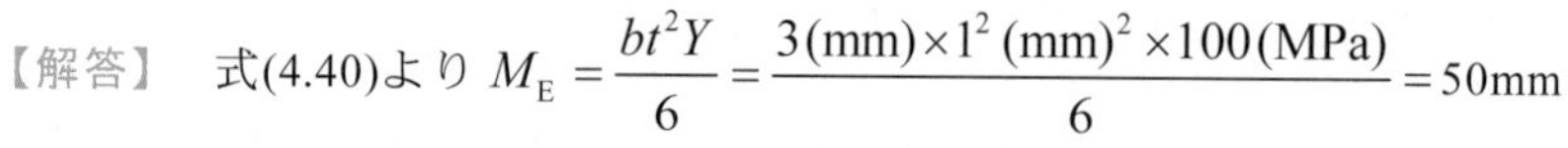

【解答】　式(4.40)より $M_{\mathrm{E}}=\dfrac{bt^2Y}{6}=\dfrac{3(\mathrm{mm})\times1^2(\mathrm{mm})^2\times100(\mathrm{MPa})}{6}=50\mathrm{mm}$・N．式(4.43)より $M_{\mathrm{U}}=1.5M_{\mathrm{E}}=75\mathrm{mm}$・N．

＊＊＊＊＊＊＊＊＊＊＊＊＊＊＊＊＊＊＊＊＊＊＊＊

図 4.46　スプリングバック

(e)　スプリングバックの計算

図 4.46 に示すように，板に曲げモーメント M を作用させて中立面の曲率半径が ρ（$<\rho_E$）になるまで曲げた後，曲げモーメントを取り除くと，除荷後の板の曲率半径 ρ' は ρ よりも大きくなる．後述するように，この現象は材料の弾性変形によって引き起こされるので，弾性回復もしくはスプリングバック(spring back)と呼ばれる．スプリングバックは製品形状を変えてしまうため，プレス加工の現場ではスプリングバックを嫌う．そこで，スプリングバックを低減するための工夫やスプリングバックを見込んだ金型作りが行われている．このようにスプリングバックは実用上の観点からも重要な問題である．本節では，スプリングバックが発生するメカニズムを考察し，さらにスプリングバック量を計算する方法を導く．

曲げモーメントを取り除くと，それまで板内に発生していた曲げモーメントも 0 になる．曲げモーメントがゼロになるということを力学的に考えると，「板を曲げるために付加した曲げモーメント M に，反対方向の曲げ

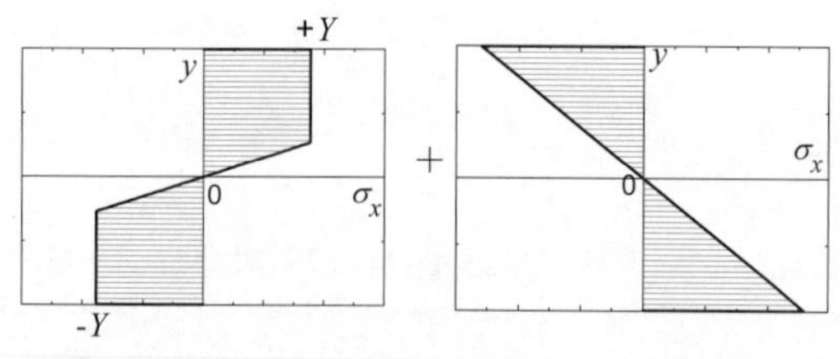

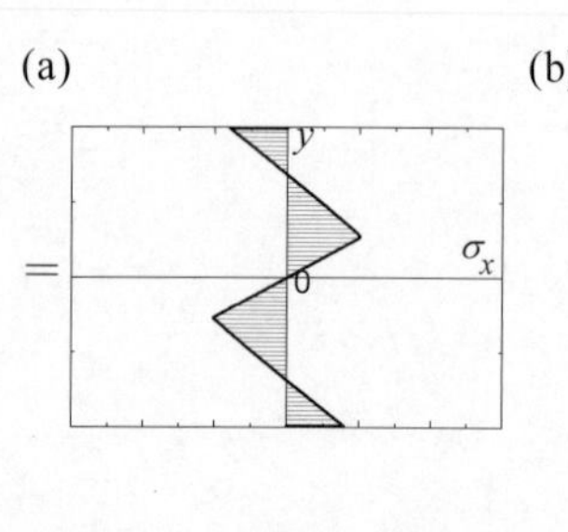

図 4.47　スプリングバック発生に伴う曲げ応力の変化 (a)曲げ応力 σ_x の分布 (b)スプリングバックに伴う応力変化 $\Delta\sigma_x$ (c)スプリングバック後の残留応力

モーメント $-M$ が付加された結果としてゼロとなる」と考えればよい．スプリングバックが生じると，板厚方向の各材料要素のひずみは反転するので，$-M$ は弾性変形によって生ずる．つまりスプリングバックとは，曲げ加工後の板材に $-M$ の曲げモーメントが負荷された結果として発生する弾性変形であると解釈できる．

上記の考察に基づいて，曲げ変形からスプリングバックにいたるまでの，板内部の応力の変化を計算しよう．その考え方の手順を図解したものが図4.47 である．座標 y に位置する微小厚さ dy の材料要素が受ける，スプリングバック前のひずみを ε_x，スプリングバック後のひずみを ε'_x，スプリングバックに伴って発生する応力の変化量を $\Delta\sigma_x$ とする．$\Delta\sigma_x$ は弾性的なひずみ変化 $\varepsilon'_x-\varepsilon_x$ によって発生するから，フックの法則に式(4.31)を代入して，

$$\Delta\sigma_x = E(\varepsilon'_x-\varepsilon_x) = E\left(\frac{y}{\rho'}-\frac{y}{\rho}\right) \tag{4.44}$$

さらに，$\Delta\sigma_x$ による曲げモーメントの変化量が $-M$ になることから，式(4.37)に式(4.44)を代入して，

$$\begin{aligned}-M &= \int_{-t/2}^{t/2} b\,\Delta\sigma_x\,y\,dy = \int_{-t/2}^{t/2} bE\left(\frac{y}{\rho'}-\frac{y}{\rho}\right)y\,dy = bE\left(\frac{1}{\rho'}-\frac{1}{\rho}\right)\frac{t^3}{12} \\ &= EI\left(\frac{1}{\rho'}-\frac{1}{\rho}\right)\end{aligned} \tag{4.45}$$

次に，図 4.46 に示すように，スプリングバック前の曲げ角を θ，スプリングバック後の曲げ角を θ' とすると，中立面の長さはスプリングバック前後で変化しないから $\rho\theta=\rho'\theta'$．よってスプリングバックによる角度変化を $\Delta\theta$（$=\theta-\theta'$）とすれば，

$$\frac{\Delta\theta}{\theta} = \frac{\theta-\theta'}{\theta} = \frac{\rho'\theta'/\rho-\theta'}{\rho'\theta'/\rho} = \frac{1/\rho-1/\rho'}{1/\rho} = \left(\frac{1}{\rho}-\frac{1}{\rho'}\right)\rho \tag{4.46}$$

式(4.45)を代入して，

$$\frac{\Delta\theta}{\theta} = \frac{M}{EI}\rho \tag{4.47}$$

すなわちスプリングバックによる角度変化 $\Delta\theta$ は曲げモーメント M に比例する．式(4.47)に式(4.41)を代入し，さらに式(4.40)，(4.35)を代入して整理すれば，

$$\begin{aligned}\frac{\Delta\theta}{\theta} &= \frac{M}{EI}\rho = \frac{\frac{3}{2}M_{\mathrm{E}}\left\{1-\frac{4}{3}\left(\frac{c}{t}\right)^2\right\}}{E\times\frac{bt^3}{12}}\rho = \frac{\frac{3}{2}\cdot\frac{1}{6}bt^2Y\left\{1-\frac{4}{3}\left(\frac{Y}{E}\frac{\rho}{t}\right)^2\right\}}{E\times\frac{bt^3}{12}}\rho \\ &= 3\left\{1-\frac{4}{3}\left(\frac{Y}{E}\frac{\rho}{t}\right)^2\right\}\frac{Y}{E}\frac{\rho}{t}\end{aligned} \tag{4.48}$$

式(4.48)をグラフで表現すると図 4.48 を得る．スプリングバック量 $\Delta\theta/\theta$ は，ヤング率に対する降伏応力の比 Y/E が大きいほど，また板厚に対する

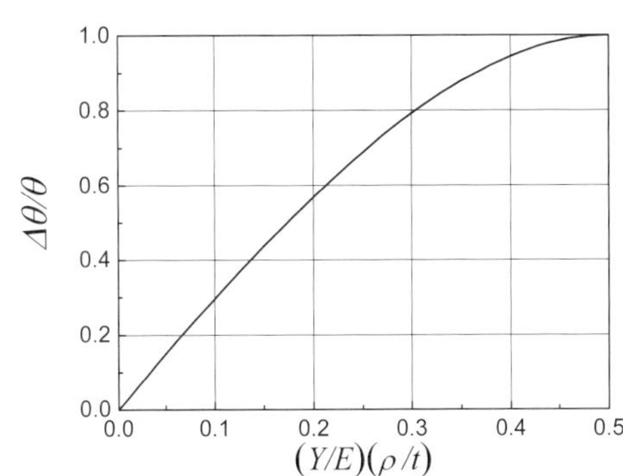

図4.48　ヤング率に対する降伏応力の比 Y/E および板厚に対する曲げ半径の比 ρ/t がスプリングバック量 $\Delta\theta/\theta$ に及ぼす影響

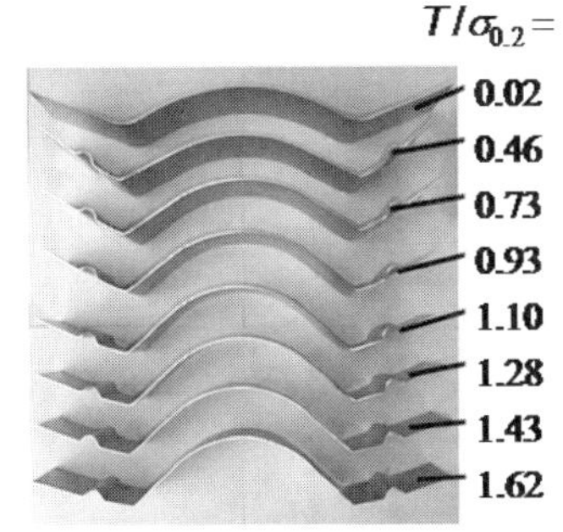

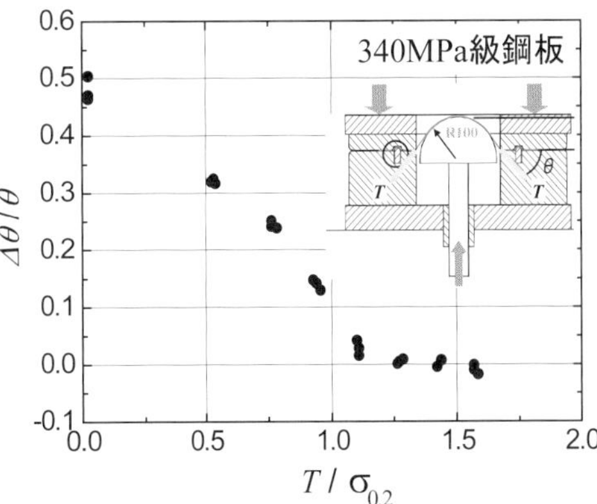

図 4.49　引張曲げ成形において，張力がスプリングバック量に及ぼす影響．T（MPa）：素板に作用する単位面積当たりの張力．曲げ半径：$\rho=100$mm．材料の 0．2%耐力 $\sigma_{0.2}=234$MPa，板厚：$t=0.7$mm．

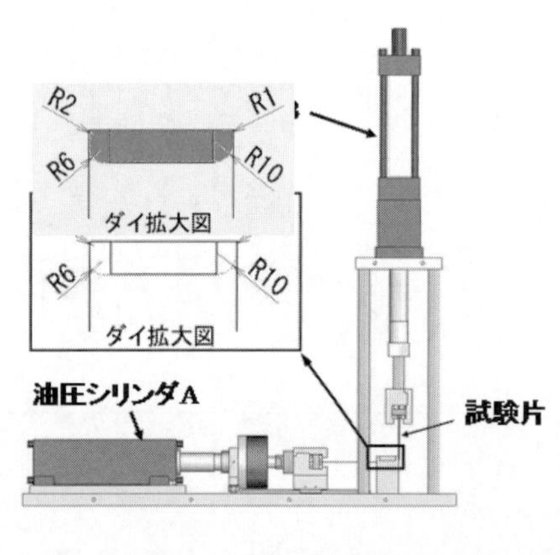

(a)

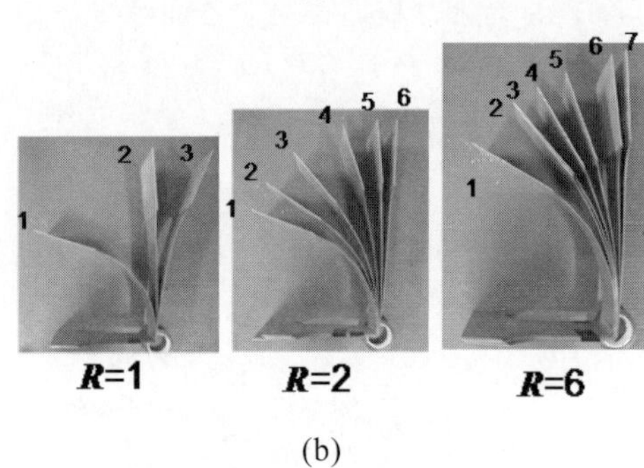

(b)

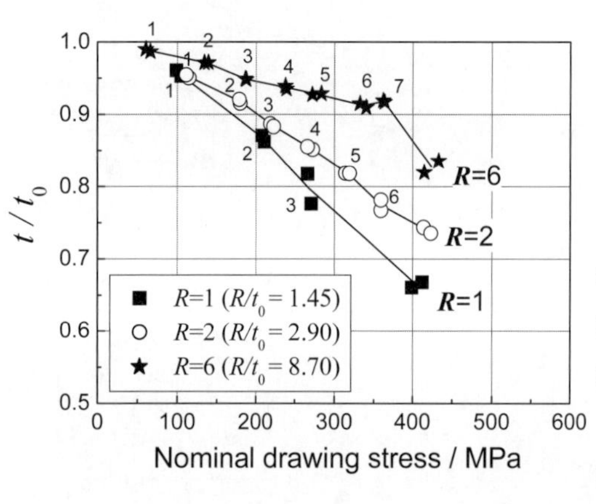

(c)

図 4.50 板材の曲げ曲げ戻し試験 (a)試験機, (b)スプリングバック後の試験片形状 (c)板厚減少に及ぼす公称引抜き応力の影響　材料：340MPa 級亜鉛メッキ鋼板（公称板厚 t_0 = 0.7mm）R: ダイ肩半径. t: 曲げ曲げ戻し変形後の板厚

曲げ半径の比 ρ/t が大きいほど大きくなる．例えば，高張力鋼板の方が軟鋼板よりもスプリングバックが大きくなるのは，高張力鋼板の降伏応力が軟鋼板のそれよりも大きいからである．また，降伏応力が同じアルミニウム合金板と軟鋼板を比較した場合，アルミニウム合金板の方がスプリングバックが大きくなるのは，アルミニウム合金板のヤング率が軟鋼板のそれのおよそ 1/3 だからである．

【例題 4・5】　＊＊＊＊＊＊＊＊＊＊＊＊＊＊＊＊＊＊＊＊＊＊＊

ヤング率 $E = 100\text{GPa}$, 降伏応力 $Y = 300\text{MPa}$ 板厚 $t = 10\text{mm}$ の板を $\rho = 600\text{mm}$, $\theta = 90°$ まで曲げた．スプリングバックによる角度変化 $\Delta\theta$ を求めよ．

【解答】 $\dfrac{Y}{E}\dfrac{\rho}{t} = \dfrac{300(\text{MPa})}{100\times10^3(\text{MPa})}\dfrac{600(\text{mm})}{10(\text{mm})} = 0.18$．これを式(4.48)に代入すると，

$$\frac{\Delta\theta}{\theta} = 3\left\{1-\frac{4}{3}\left(\frac{Y}{E}\frac{\rho}{t}\right)^2\right\}\frac{Y}{E}\frac{\rho}{t} = 3\left\{1-\frac{4}{3}\times0.18^2\right\}\times0.18 = 0.\ 517$$

$$\therefore \Delta\theta = 0.517\times90° = 46.5°.$$

＊＊＊＊＊＊＊＊＊＊＊＊＊＊＊＊＊＊＊＊＊＊＊

スプリングバックを抑制する手段としては，曲げ応力 σ_x の板厚方向の分布をできるだけ均一化し，曲げモーメント M を小さくすることが有効である．具体的には，

①材の円周方向もしくは幅方向に引張力もしくは圧縮力を付加する．図 4.49 は，引張強さが 340MPa の鋼板（板幅 50mm, 板厚 0.7mm）に単位面積当たり T の張力を作用させつつ，半径 $\rho = 100\text{mm}$ まで曲げたときスプリングバック量 $\Delta\theta/\theta$ を測定した結果を示す．T の増加に伴い $\Delta\theta/\theta$ は減少し，T が 0. 2%耐力 $\sigma_{0.2}$ のおよそ 1.2 倍以上であれば，スプリングバック量はほぼ 0 になることがわかる．

②曲げ部の板厚方向に圧縮の塑性変形を加える．

③曲げ部を加熱する．

④シミュレーションによりスプリングバック量を事前に予測・見込んで金型設計する．

などの方法がある．

(f)　曲げ曲げ戻し

素板が張力を受けつつ工具角部を通過するとき，角部でいったん曲げられ，さらに角部を離れる際にまっすぐに曲げ戻される．このような変形は，薄板のプレス成形において，板材が張力を受けつつ金型角部の丸味半径部を通過する際に発生し，曲げ曲げ戻し(bending-unbending, draw-bending)とよばれる．曲げ曲げ戻しは，素板の板厚減少を促進して破断を誘起し，さらに壁反りなどの形状不良の原因となるので注意が必要である．図 4.50 は，(a)板材の曲げ曲げ戻し変形を再現するための実験装置，(b)異なる張力およびダイ肩丸味半径のもとで曲げ曲げ戻し変形を受けた試験片のスプリングバック後の形状，ならびに(c)素板の板厚減少に及ぼす公称引抜き応力の影響について実験値を整理した結果を示す．素板に作用する公称引抜き応力（素板に作用するダイ肩出口側の張力を素板の初期断面積で除した値）の増加に伴って，スプリングバックは低減するが，板厚減少は大きくなることがわかる．特に張力が

同じであっても，初期板厚に対する曲げ半径比 R/t_0 が小さいほど板厚減少が大きくなる．従って，板材の破断を防ぐためには，金型角部の丸味半径はできる限り大きくすることが肝要である．

4・4・5 せん断加工 (shearing)

一対の工具を用いて，板，線または棒状の材料に局所的に大きなせん断応力を生じさせて，所望の寸法，形状に被加工材を切断分離する加工法をせん断加工(shearing)という．

(a)　せん断加工の分類

広幅の板材を適当な幅の帯板に切断するスリッティング(slitting)，板材から所要の輪郭形状を有する製品を抜き取る打抜き(blanking)，板材に穴を開ける穴抜きまたは穴あけ(piercing, punching)，絞り容器の板縁や型鍛造品のばりなどを切り落として整形するふち切り(trimming)，せん断切り口面の材料を少しづつ削り取って，せん断切り口面を平滑に仕上げるシェービング(shaving)がある．

(b)　せん断加工における材料の変形過程

一対の平行なパンチとダイでせん断加工を行うときの，材料の変形過程を図 4.51 に示す．パンチが下降し，材料に接すると(a)，工具（パンチ・ダイ）は材料から反力を受けつつ，材料に少しづつ食い込んで行く(b)．このとき素材が降伏する部分は急速に材料内部に進展するが，それはパンチとダイのすき間のきわめて狭い範囲においてである．このように局所的に大きなせん断変形を受けるのがせん断加工の特徴である．さらに工具が材料に食込んでいくと，パンチとダイスの側面部に位置する材料は極めて大きな引張ひずみを受け，ついにはこの部分に小さなクラック（亀裂）が発生する）(c)．さらにパンチの進行に伴って，上下からのクラックが進展し，ついには両クラックが会合することにより，パンチ下部の材料が素材から分離され(d)，せん断が完了する．

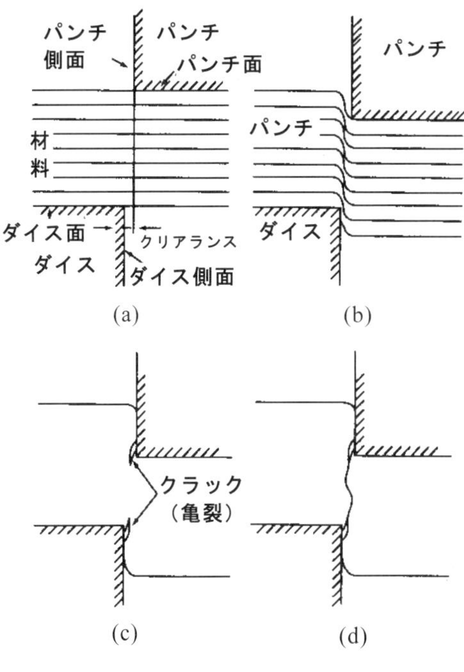

図 4.51　せん断加工における材料の変形過程[12]

せん断加工により得られる材料の切口面の模式図を図 4.52 に示す．だれ(shear drop)は，せん断過程の初期において，パンチによって材料がタイス穴内へと引き込まれることによって形成さる．加工硬化指数（n 値）が大きい材料ほどだれ量も大きくなる．せん断面(burnish surface)は，ある程度までは工具の食込みに伴う塑性流動により形成され，その後は材料繊維が徐々に切断されながら形成される．せん断面は，工具側面と接しながら強くバニシされるので，一見して平滑な面に見えるが，詳細に観察すると，切刃の傷や切刃についた溶着金属のため，せん断方向に細かい傷がついている．破断面(fractured surface)は，パンチまたはダイのいずれか一方の切刃先端付近から（まれにはパンチおよびダイの両切刃先端から同時に）発生した一方のクラックが成長し，後発的に発生成長してきた他方のクラックと連通することでできる面であり，一般にせん断面より粗い面である．かえり，ばりは，ダイ側面から発生したクラックのなごりである．摩耗によって工具の刃先が丸味を帯びてくると，その丸味半径にほぼ比例してかえりも大きくなる．これら各部が切り口面において占める割合は，材料の種類やせん断条件などにより異なるが，一般に脆性材料ではだれとせん断面は小さく，破断面が大部分を

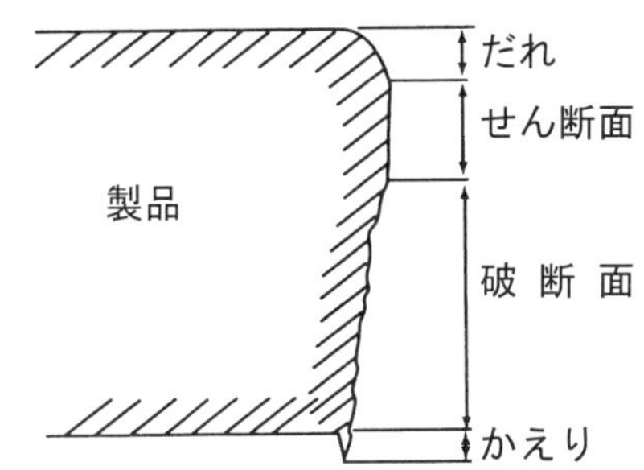

図 4.52　せん断切り口面の模式図

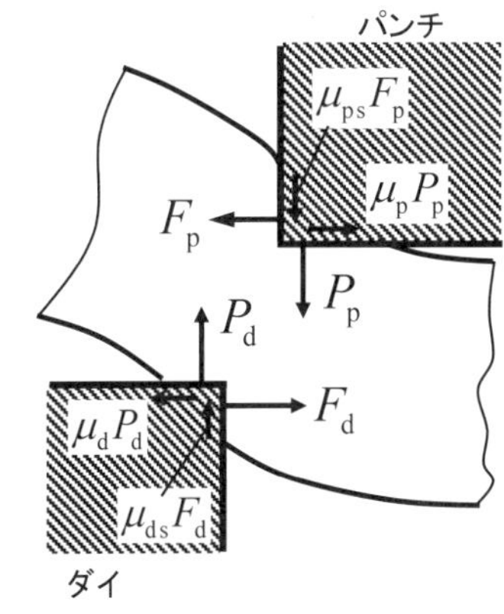

図 4.53 材料がせん断工具の刃先から受ける力

占める．一方延性材料では，せん断面が大部分を占め，だれやかえりも比較的大きくなる．

せん断加工の初期において，材料がせん断工具の刃先から受ける力を模式的に示したのが図 4.53 である．パンチ面およびダイス面と接触する面には，加工力と摩擦力として，各々 P_{p}，$\mu_{\mathrm{p}}P_{\mathrm{p}}$ および P_{d}，$\mu_{\mathrm{d}}P_{\mathrm{d}}$ が作用する．またパンチ側面およびダイス側面と接触する面には，加工力と摩擦力として，各々 F_{p}，$\mu_{\mathrm{ps}}F_{\mathrm{p}}$ および F_{d}，$\mu_{\mathrm{ds}}F_{\mathrm{d}}$ が作用する．μ_{p}，μ_{d}，μ_{ps}，μ_{ds} はそれぞれの面における摩擦係数である．材料を打抜くために必要な力 P はせん断力(shearing force)または打抜き力(blanking force)と呼ばれ次式で与えられる．

$$P = P_{\mathrm{p}} + \mu_{\mathrm{ps}}F_{\mathrm{p}} = P_{\mathrm{d}} + \mu_{\mathrm{ds}}F_{\mathrm{d}}$$

せん断力 P は，パンチの素材への食い込み量 S（パンチストローク）の増加に伴って，一般に図 4.54 のように変化する．

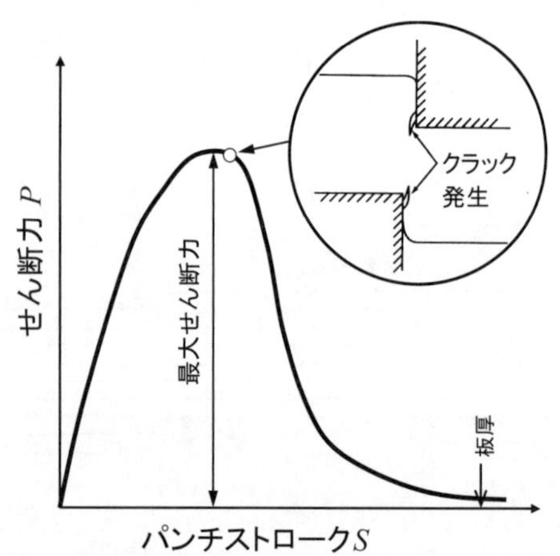

図 4.54　せん断力－パンチストローク線図

せん断過程における最大せん断力を切口面の総断面積で除して得られた値，すなわち公称最大せん断応力のことをせん断抵抗(shearing resistance)と呼ぶ．せん断抵抗は，材料の強度の他に，せん断工具のクリアランス，材料の拘束条件，潤滑油の種類，せん断速度，せん断輪郭の形状，工具刃先形状，刃先の摩耗状態などの影響を受ける．

図 4.51 からわかるように，せん断過程中の材料は局部的に大きな引張変形を受けるので，材料のせん断抵抗 k_{m} と引張強さ σ_{B} との間には相関があろうことは予想できる．様々な材料を用いた実験によると，$k_{\mathrm{m}}/\sigma_{\mathrm{B}} = 0.5$～$1.5$ と大きくばらつくが，プレス加工に用いられる多くの材料では，

$$k_{\mathrm{m}} = 0.8\sigma_{\mathrm{B}}$$

として概算できることがわかっている．

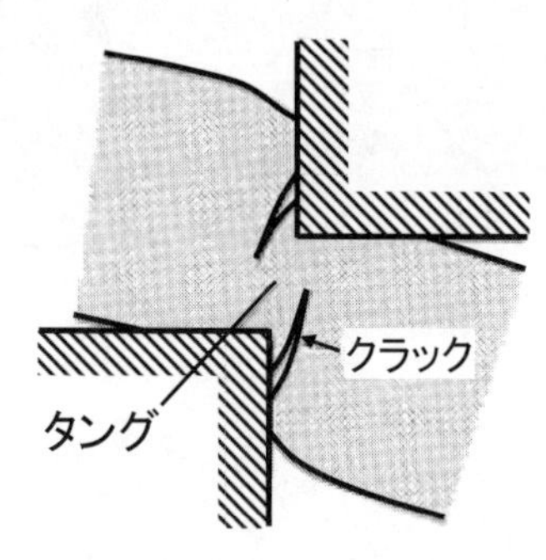

図 4.55　停留クラックとタング

(c)　せん断加工における重要なパラメータ

工具クリアランスは，クラックの発生成長機構に大きく影響し，せん断加工の成否を決める最も重要な因子の 1 つである．一般に板厚の 5～10％程度の値を用いることが推奨されている[13]．クリアランスが板厚の 1～2％と極めて小さい場合は，図 4.55 に示すような停留クラックが生じ，その間の材料（タング）が製品使用中に脱落することがあり，好ましくない．反対にクリアランスが板厚の 20～30％と大きい場合は，だれが大きくなる，クラックを結ぶ線（切り口面）の板面に対する直角度が悪くなるなど切り口面の形状精度が悪化し望ましくない．

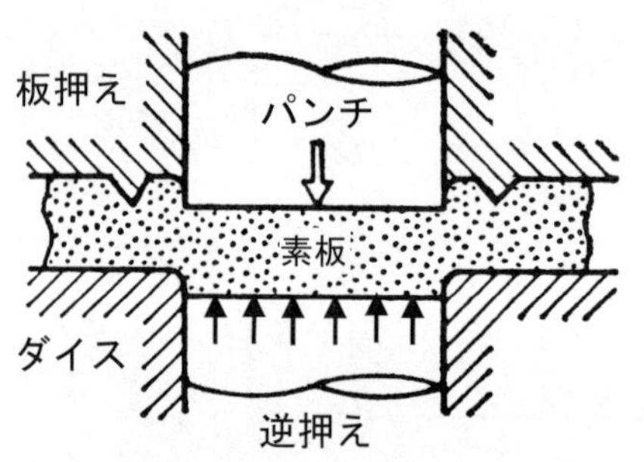

図 4.56 精密せん断法[31]

打抜き速度は，高速になるほど切口面の直角度が向上し粗さが低減する．材料の拘束条件は，工具面圧の分布や材料のすべり量に影響を与える．

(d)　精密せん断法

ポンチのわずか外側の材料に突起を食い込ませた状態でせん断加工すると，圧縮の静水応力の増大により材料の延性が増し，クラックの発生が抑制されて平滑な切口面（全面がせん断面状態）が得られる．これは精密打抜き法(fine blanking)とよばれている（図 4.56）．その他，切削機構を応用した対向ダイスせん断法(opposed die blanking)[14]や，材料に上下のせん断変形を与えて打抜き，かえりのない製品を得る上下抜き法（図 4.57[15]）などがある．

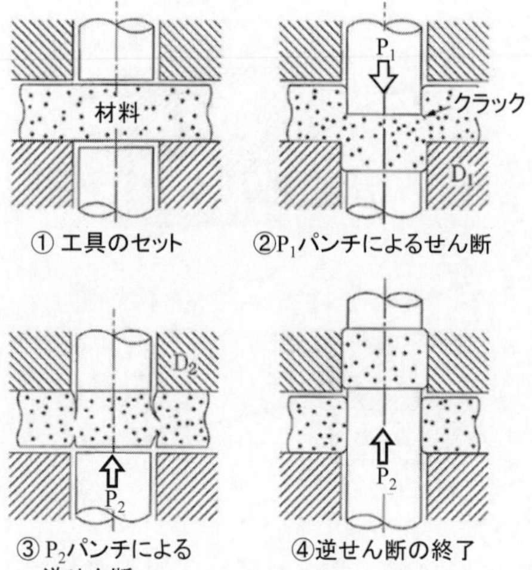

図 4.57 上下抜き法[15]

4・5　管の二次成形（チューブフォーミング）(tube forming)

4・5・1　管の二次成形の特徴 (characteristics of tube forming)

管材も二次成形され，特に自動車部品等で工程集約・軽量化等の効果が注目されている．

管の二次成形の最大の特徴は，形状の持つ異方性があることで，軸方向と円周方向で変形の様相が異なる．板成形では，板に直接圧縮力を加えることができないが，管では軸方向，円周方向共に圧縮力を加えることができる．また，板成形に比べ，金型が少なくてすむことも特徴の一つであり，多品種少量生産に適した塑性加工法の一つである．対象とする管は殆どが円管であるが，角管の二次成形が自動車産業で注目されだしている（図 4.58）．

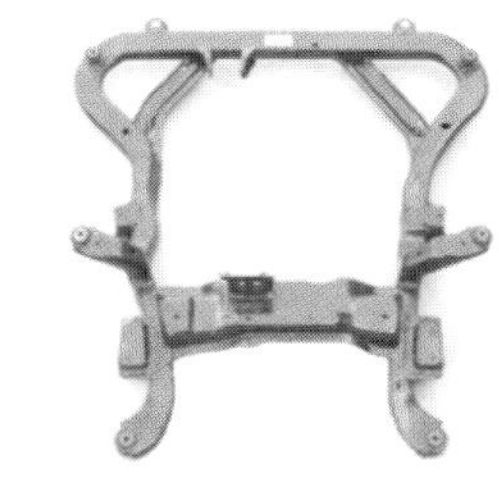

図 4.58　チューブハイドロフォーミングの製品例（提供　(株)ヨロズ）

4・5・2　管の二次成形法の分類 (classification of tube forming)

管の二次成形は次のように分類できる．

1．　曲げ加工(tube bending)：管に曲げモーメントを加えて曲げる方法と，管の軸方向の

2．　変形を制御して，結果として曲がり管をえる方法がある．この場合，円周方向にも変形が生じることが多い．

3．　バルジ加工(tube bulging)：管に内圧と軸圧縮力を加え，管を膨らませる加工法である（図 4.59 参照）．

4．　端末加工(tube end forming)：管の端部を拡げたり，絞ったり，つぶしたりする加工法の総称である．

5．　変肉厚加工(thickness changing)：管の厚さを変えることを目的とし差をえる．

6．　異型加工(shape changing)：管の外形，内部の形状，あるいはその両方の形状を変えることを目的とする加工法である（図 4.60）．

7．　複合加工(combined forming)：上述の加工法を複合して，目的とする形状を得る方法をいう．

8．　その他の加工：管を利用した接合法(joining)や切断(cutting)，穴あけ(piercing perforating) 等の加工を含んでおり，切削加工を含むことがある．

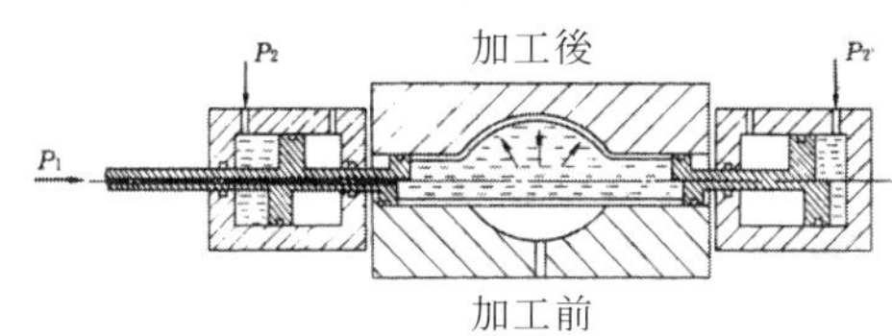

図 4.59　バルジ加工[16]

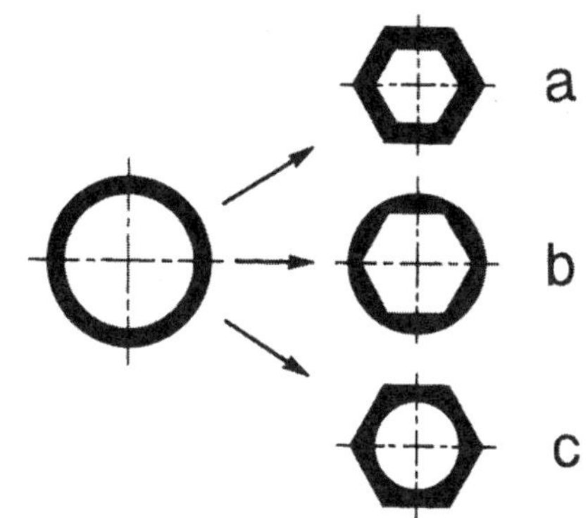

図 4.60　異形加工[17]

4・5・3　管の曲げ加工 (tube bending)

板の曲げ加工ではＶ型のパンチ・ダイを用いることが多いが，管の曲げ加工では，金型に巻きつける方法や押し付ける方法の方が多い。これは管に曲げモーメントが加わると，二次応力により横断面の変形（扁平化）が生じ，また，偏肉も生じるなどの現象があるためである．偏肉は引張りによる減肉と圧縮による増肉であり，強度にも影響する．主要な曲げ加工法として，押付け曲げ(compression bending)（図 4.61），引き曲げ(draw bending)（図 4.62）が多用されているが，これ以外にも多くの曲げ加工法がある．特に，管を曲り円錐状のマンドレルに押し通し，拡管を伴いながら，管軸（長手）方向のひずみを傾斜させることにより，曲り管をえる，ハンブルグ曲げ（図 4.63）は扁平化，変肉を生じさせない曲げ加工法として，配管用のベンド，エルボの製造に用いられている．

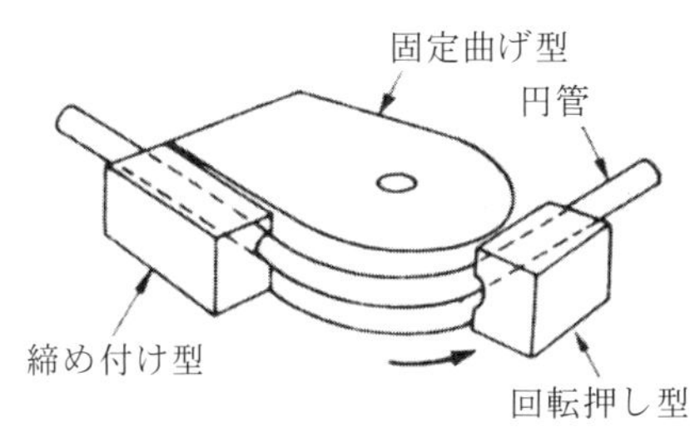

図 4.61　押付け曲げ[18]

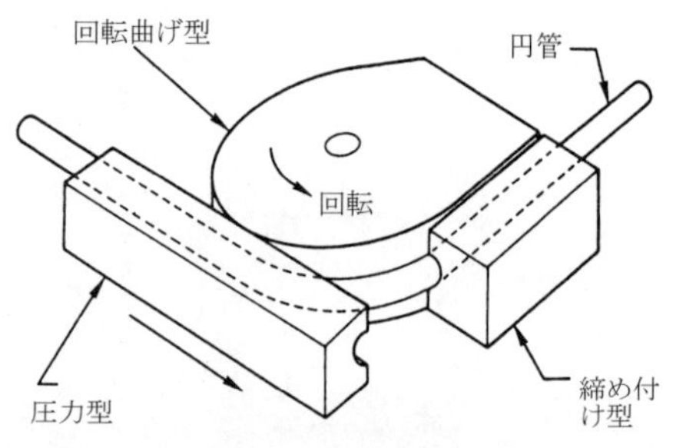

図 4.62　引き曲げ(19)

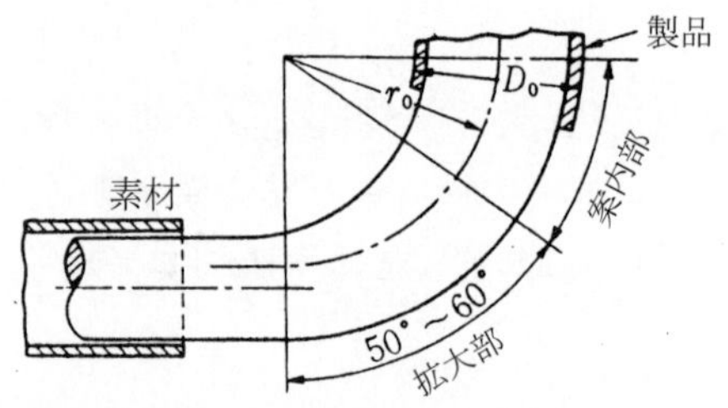

図 4.63　ハンブルグ曲げ(19)

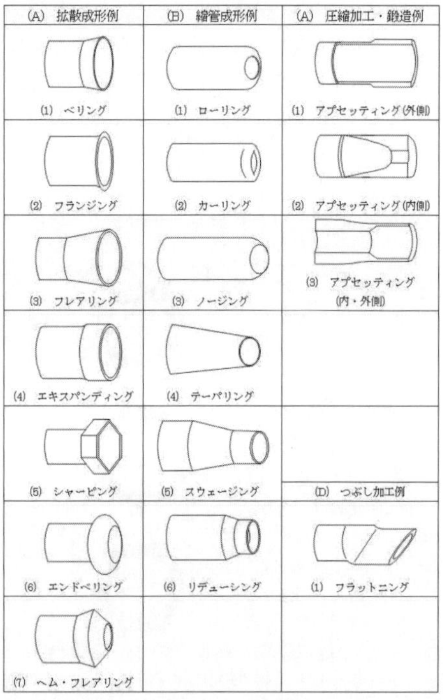

(A) 拡散成形例	(B) 縮管成形例	(A) 圧縮加工・鍛造例
(1) ベリング	(1) ローリング	(1) アプセッティング(外側)
(2) フランジング	(2) カーリング	(2) アプセッティング(内側)
(3) フレアリング	(3) ノージング	(3) アプセッティング(内・外側)
(4) エキスパンディング	(4) テーパリング	
(5) シャーピング	(5) スウェージング	(D) つぶし加工例
(6) エンドベリング	(6) リデューシング	(1) フラットニング
(7) ヘム・フレアリング		

図 4.64　端末加工の分類(20)

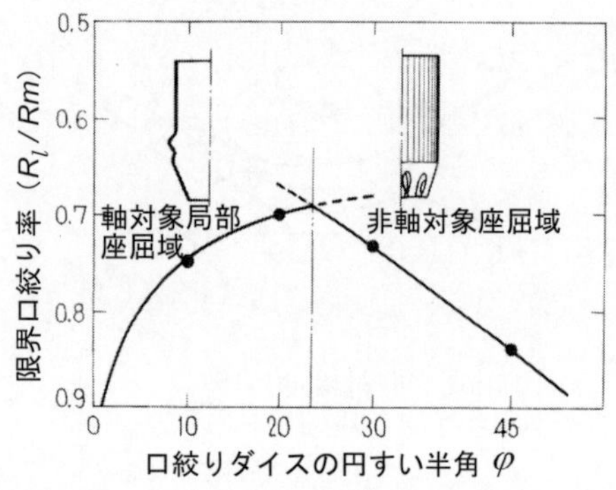

図 4.65　口絞りにおける成形限界(21)

押付け曲げや引き曲げでは扁平化を防ぐため心金（マンドレル）を用いることも多いが，注意すべきことは，扁平化を防ぐと偏肉はかえって大きくなることである．偏肉は軸力を加減することで，ある程度制御可能である．これは軸力の加減により，曲げの中立軸の位置を変えることができるからである．

しかし，引張りが大きすぎると破断が生じ，圧縮が大きすぎるとしわ等の座屈が生じるので注意する必要がある．

4・5・4　バルジ加工 (tube bulging)

管の全体あるいは一部を管の外側へ膨らませ，所望の形状の製品を製作する加工法である．膨らませる方法として，管の内側に油や水等の液体を入れ，高圧を作用させる方法が一般的であるが，液体の代わりにゴムを用いるゴムバルジもある．低溶融金属，砂やセラミックス粉末等の粉粒体，気体なども圧力媒体として用いられることがある．軸圧縮による座屈を利用し，圧力媒体を用いない方法まで開発されているが，一般的には内圧と軸圧縮による変形を利用する．工具の一方が柔軟工具（液体等）であり，剛体工具（パンチ）では加工しにくい複雑な形状の成形が可能である．金型が雌型だけであるので，金型製作の費用が少ないというメリットがあるが，製品精度を確保するために，高い圧力をくわえなければならないことに起因するデメリットがある．たとえば内圧のシールに注意しなければならないことはその一つである．

図 4.59 は代表的な液圧バルジ加工を示す．軸圧縮力を加えることが大切である．配管用の T，Y 十字継手や自転車のハンガーラグ等の構造部品の製造に用いられているが，曲げ加工と組み合わせ，複雑な自動車部品を製造するチューブハイドロフォーミングが注目されている．図 4.58 にチューブハイドロフォーミングによる製品例を示す．

4・5・5　端末加工 (tube end forming)

口絞り加工，口拡げ加工，据え込み加工，つぶし加工等を総称して端末加工という．軸圧縮力を加え，金型により円周方向に絞る加工としてテーパー加工，フランジ加工，曲面加工，管細め加工，偏心口絞り加工，クロージング加工があり，拡げる場合として，フレア加工，フランジ加工，曲面加工，段付き加工，偏心口拡げ加工等がある．据え込みにより，円周方向への増肉をはかり，円周方向につぶすつぶし加工もある．端末加工の分類を図 4.64 に示す．

口絞り加工では軸方向の圧縮と円周方向の絞り変形があるため，加工条件により座屈が円周方向に生じる場合と軸圧縮力による座屈が生じる場合がある．図 4.65 に座屈による成形限界を示す．最近の研究[7]によれば，テーパー部における座屈様式はもっと複雑で，1/4 波長と 1/2 波長の座屈がある．

口拡げ加工においては，素材が電縫鋼管の場合，シーム部分の材料特性がそれ以外の部分の特性と異なるので，円周方向・軸方向共に均一な変形が得られないことに注意する必要がある．

4・5・6　変肉加工・その他 (thickness changing, etc.)

自転車に用いられているバテット管は，軽量化と強度・剛性を考慮し，外径は一定で，応力の大きさに応じて肉厚を変化させる．このように肉厚を軸（長手）方向に変化させる加工法を変肉加工と称する．図 4.66 に変肉加工の工程の 1 例を示す．スピニング，スウェージング，押出し，引抜き等を利用して肉厚を変える．

異形加工のように，外形形状や内形形状を変えるときには，マンドレルを用いてスウェージングを行うことが多い．

このように，管の 2 次成形（チューブフォーミング）では，所要の形状・寸法を得るために，様々な加工法を組合わせる．

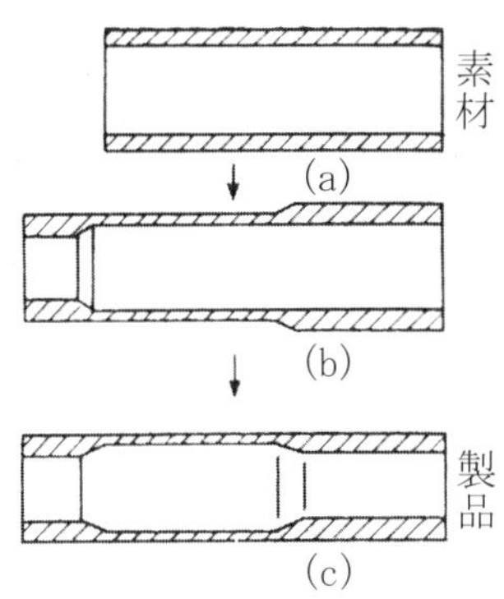

図 4.66 変肉加工の工程例[22]

4・5・7　管材の 2 次加工のメリット/デメリット (merits and demerits of tube forming)

管材は，シームレス管はビレットから，電縫管等のシーム管は板から普通はロールフォーミングで作られる．従って，棒・板よりも高価であり，管の 2 次成形においては，高価な素材を使用するためのメリットが必要である．大きなメリットとしては，軽量化と工程複合によるコスト低減である．

図 4.67 は、はがき選別ローラーで，従来品はステンレス丸棒を切削加工で製造していたが，これをステンレスパイプをエキスパンド加工とカシメ加工により製造し，製品重量を 52% 削減，コストを約 40% 削減した．さらに重量の軽減により，空転動力が削減されている．

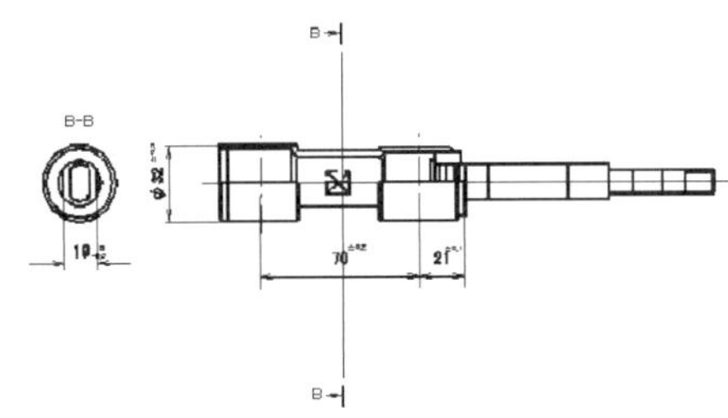

図 4.67　製品例[23]（はがき選別ローラー）

丸棒を管に変えることによる重量軽減効果はよく知られている．最大曲げ応力を同一にする条件で，丸棒の外径を d_s，重量を Wsolid，円管の外径を d_o，重量を Wtube 表し，重量比 α を計算すると次式となる[24]．

$$\alpha\left(=\frac{W_{tube}}{W_{solid}}\right)=\left(\frac{d_o}{d_s}\right)^2-\sqrt{\left(\frac{d_o}{d_s}\right)^4-\left(\frac{d_o}{d_s}\right)} \tag{4.49}$$

α と外径比 d_o / d_s の関係を図 4.68 に示す．円管を使うと外径比 1．2 に対し重量は丸棒の半分になる．

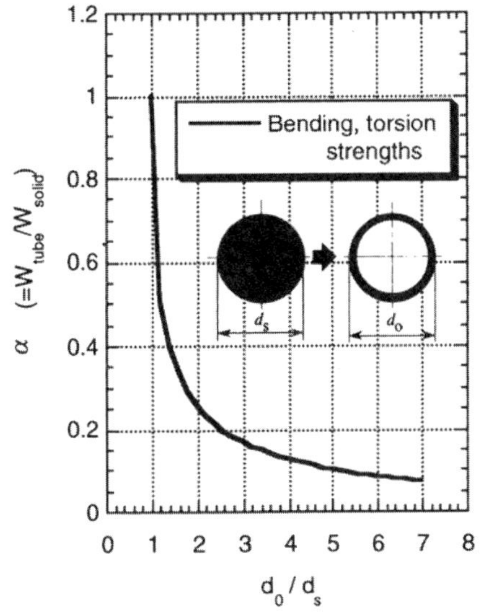

図 4.68　重量軽減効果[24]（曲げ応力一定）

曲げ剛性を同一にする条件で重量比を計算すると次式となる[24]．

$$\alpha\left(=\frac{W_{tube}}{W_{solid}}\right)=\left(\frac{d_o}{d_s}\right)^2-\sqrt{\left(\frac{d_o}{d_s}\right)^4-1} \tag{4.50}$$

この関係を図 4.69[24]に示す．曲げ剛性を同一にする条件では，外径比 1.2 に対し重量は丸棒の 40% となる．

以上の計算では材料の加工硬化による強度の向上を考慮していない．従って，これらの計算式以上の減量効果が期待できる．ただし，加工硬化を考慮する場合には，全ての部分で素材が加工されることが必要であるので，工程設計が重要になる．

【例題 4・6】　＊＊＊＊＊＊＊＊＊＊＊＊＊＊＊＊＊＊＊＊＊＊＊＊＊

チューブフォーミングのメリットとデメリットを述べなさい．

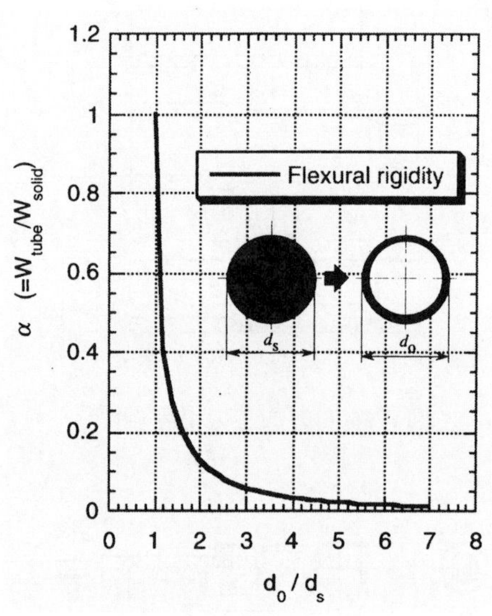

図 4.69　重量軽減効果(24) (曲げ剛性一定)

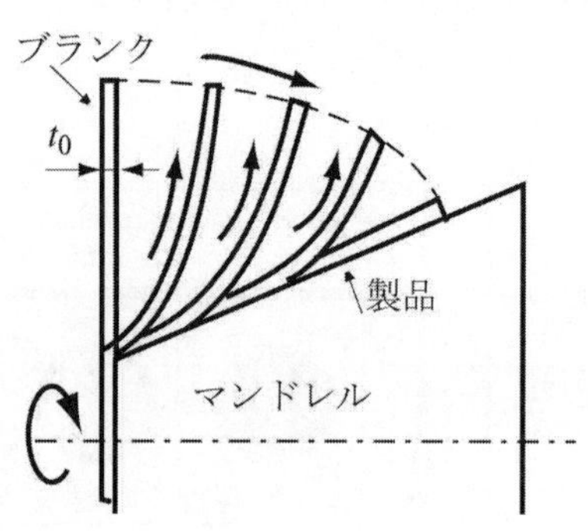

図 4.70 絞りスピニング

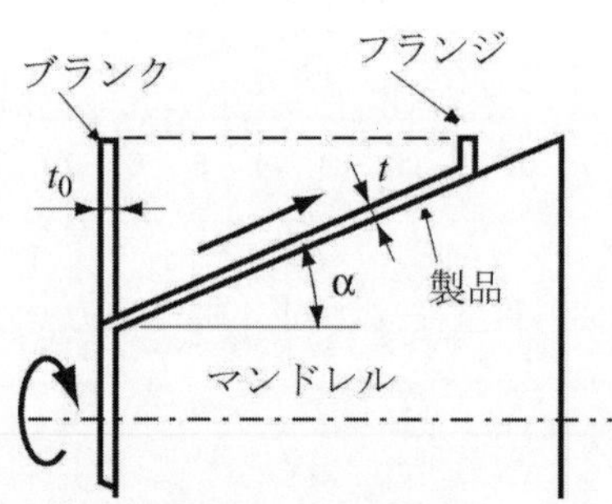

図 4.71 しごきスピニング

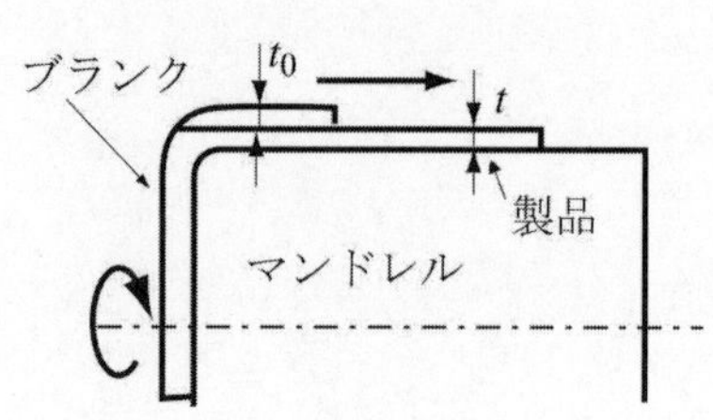

図 4.72　回転しごき加工

【解答】　メリット：1　軽量化が可能.　2　軸方向に圧縮を加えることができる. 3　加工の複合化がしやすい. 4　金型が一般に板成形に比べ少なくて済む. 5　コストの低減につながる.
デメリット：1　素材（管）が一般に高価. 2　加工機械が特殊なものになり勝ち.

＊＊＊＊＊＊＊＊＊＊＊＊＊＊＊＊＊＊＊＊＊＊

【例題 4・7】　＊＊＊＊＊＊＊＊＊＊＊＊＊＊＊＊＊＊＊＊＊＊

Calculate the weight reduction rate for　d_o / d_s =1.　5 in tube bending.

【解答】 ０，３６２，　　０，２３４

＊＊＊＊＊＊＊＊＊＊＊＊＊＊＊＊＊＊＊＊＊＊

4・6　回転成形・ロール成形 (rotary forming and roll forming)

4・6・1　スピニング (spinning)

棒状，板状および管状のブランク（素材）を回転させて，工具との局部的な接触による塑性変形の繰返しによって徐々に全体の製品形状を創成していく塑性加工法を回転成形(rotary forming)と呼ぶが，棒材の回転成形を転造(form rolling)，板材または管材の回転成形をスピニング(spinning, metal spinning)と呼んでいる.

スピニングは旋盤状の回転加工機械の主軸にマンドレル（成形型）をセットしてそれにブランクを取り付けて回転し，へらまたはローラを押し付けながらマンドレルと同じ形状の製品を得る加工法であり，基本的には図 4.70～図 4.72 のような 3 種類の加工法に分類できる．図 4.70 の絞りスピニング(conventional spinning)はへら絞りとも呼ばれ，素板から製品を作るのに図中に示すようなパスに沿ってローラを往復運動し，製品外径を徐々に絞りながらマンドレルになじませる多サイクル加工である．図 4.71 のしごきスピニング(shear spinning)では，ローラをマンドレルに沿って移動させるだけで成形できるがブランクの外縁直径は変化せずに成形中拘束体としての役目を果たし，製品壁厚 t はマンドレルの円すい半角を α とするとき元の板厚 t_0 の $\sin\alpha$ 倍にしごかれる（$t = t_0\sin\alpha$，正弦則）．図のような円すい体ばかりでなく，楕円体やパラボラ形など種々の形が成形できる．図 4.71 で $\alpha = 0$ とすると円筒状製品に該当するが，正弦則で $t = 0$ となるので板のしごきスピニングは成立せず，絞りスピニングしかできないことになる．従って，$\alpha = 0$ の場合は図 4.72 のようにカップ状のブランクないしは管材の壁部をしごいて軸方向に延伸することのみが可能となるので，回転しごき加工(tube spinning)と呼んでしごきスピニングと区別するが，フローフォーミング(flow forming)と呼ぶこともある．図 4.72 に示した回転しごき加工ではローラの移動方向と材料の延伸方向が一致しているが，管状部品の場合はローラの移動方向と材料の延伸方向を逆にした加工法も可能である．後者を後方回転しごき加工，図 4.72 の場合を前方回転しごき加工と呼んで区別することがあるが，回転しごき加工では長尺管や極薄肉の円筒を高い精度で仕上げることが可能である．

単純絞りスピニング(simple spinning)と呼ばれる浅いカップの絞りスピニングを除いて，絞りスピニングは一般に多サイクル加工となり，ローラのパス形状，パスピッチ，送り速度ほかの加工条件の選定が重要で，その選定は経験的知識と熟練技能に依存しており，選定が不適切であると加工中にフランジ部にしわが発生したり，また壁部が破断したりする．熟練技術者の経験的知識と技能を有効に利用するために，ティーチイン－プレイバックシステム（PNC 方式と呼ばれる）のスピニング加工機も開発されている．パス形状としては限界絞り比を向上できる回転方式のインボリュート曲線群などが使用されているが，NC 加工機で利用できるようなその数式表示が与えられるとともに，円筒状シェルならびに一般形シェルに対するローラパスプログラミングと加工条件の選定基準が示されるなど，経験的知識と熟練技能からの脱却が図られつつある．これに対して，しごきスピニングを用いれば円すい半角 α が 13°～80° の製品は 1 パスで加工できるとともに，しごきスピニングや回転しごき加工では高精度の製品が成形できるので，これらの加工が適用できるように製品設計自体の見直しを行って積極的に活用されつつある．

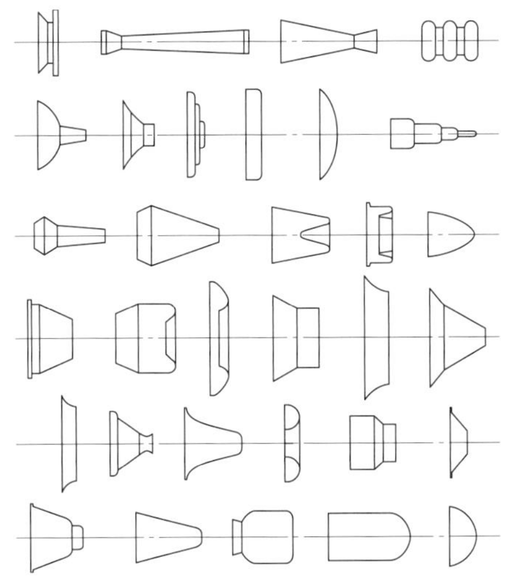
図 4.73 スピニング製品の形状

スピニングでは図 4.73 に示すようにあらゆる種類の回転対称形の製品の加工が可能であり，以前は家庭用じゅう器，容器，照明器具，音響製品など比較的薄肉製品の多種少量生産に利用されていたが，最近では数値制御の自動機械で宇宙航空用，電気通信用，化学プラント用あるいは一般の機械部品への適用が増えてきており，なかでも自動車関連部品への適用の割合が急増している．これに伴って，製品も厚肉化してきており，加工機械も高剛性になってきている．また，図 4.70～図 4.72 に示した基本的な加工法が単独で用いられることは少なくなってきており，厚板から曲げ，絞り－しごきスピニング（絞りスピニングとしごきスピニングの同時加工），回転しごき加工などを行って 1 チャックで内歯や外歯の付いた部品の複合加工が増えてきている．さらに，しごき加工で壁厚を薄くするだけではなく，逆に増肉してボス部を成形したり，裂開後に材料を複数方向に流すなど，材料流動制御が重要になりつつある．

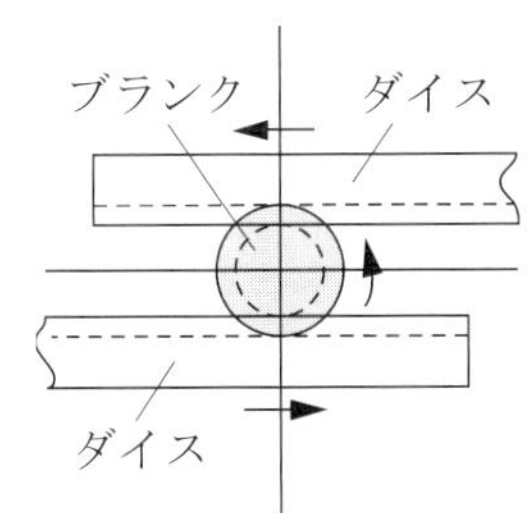

(a) 平ダイス方式

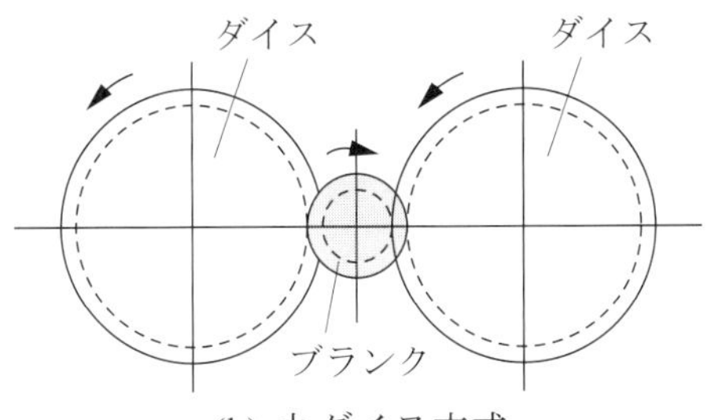

(b) 丸ダイス方式

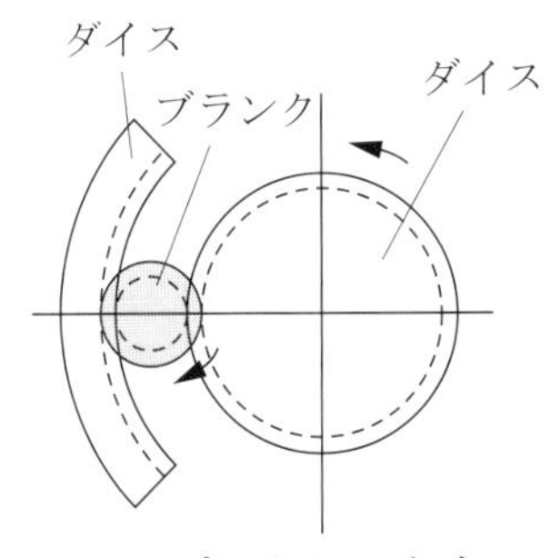

(c) プラネタリ方式

図 4.74 代表的な転造方式

4・6・2　転造 (form rolling)

棒材の回転成形を転造(form rolling)と呼んでいるが，図 4.74 に示すように，工具（ダイス）との間の摩擦力を利用してブランク（素材）を回転させながらブランクの半径方向に局部的な圧縮加工を連続的に加えることによって工具（ダイス）の凹凸に対応した製品形状を創成する．局部圧縮変形に伴うバニシング効果によって，とくに冷間転造の場合は平滑な加工面が得られる．

図 4.74(b)の丸ダイス方式において工具軸を傾斜させれば，摩擦力によってブランクを軸方向に送りながら長尺製品の通し転造が可能となる．丸ダイス方式においては，加工力のバランスを考慮したり，あるいは中空製品を加工する場合には 3 個の丸ダイスを使用する方式を採用することもある．また，プーリの転造のようにブランクが高い剛性で支持できる場合には，1 個の丸ダイス（ローラ）で加工することもある．

多量生産のボルトやねじ部品は図 4.74(a)，(b)または(c)の方式により，スプライン軸や小径のウォームは(a)または(b)の方式で，また長尺のフィンチューブやボールねじは工具軸を傾斜させた(b)の方式で冷間転造されている．歯車に対しては，図 4.74(a)または(b)の方式による熱間および冷間の転造技術が開発されている．図 4.74(a)または(b)の工具表面に付したくさび形突起によって排除された材料を軸方向に流すことによって段付き軸のクロスローリングが可能となり，自動車変速機用の段付き軸や鍛造用荒地の熱間加工に利用されている．

一般に，加工中にブランク表面の大部分は自由表面であり，工具による幾何学的拘束が弱いので，スピニングの場合と同様に材料流動制御が必要となるが，工具の押込み速度（1 加工あたりの工具押込み量）が材料流れを制御する重要な加工条件となる．

4・6・3　ロール成形 (roll forming)

ロール成形(roll forming)，冷間ロール成形(cold roll forming)は，タンデムに配置された複数組の成形ロールに，コイル材・フープ材・切り板などの金属素板または金属帯を通し，漸進的かつ連続的に幅方向の曲げ加工を加え，平坦な素板から目的とする断面形状を有する管材・形材・プレート材・サッシ材などを製造する板材の塑性加工法である．代表例として，電縫管（丸管）成形のためのロール成形プロセスの概要を図 4.75 に示す．

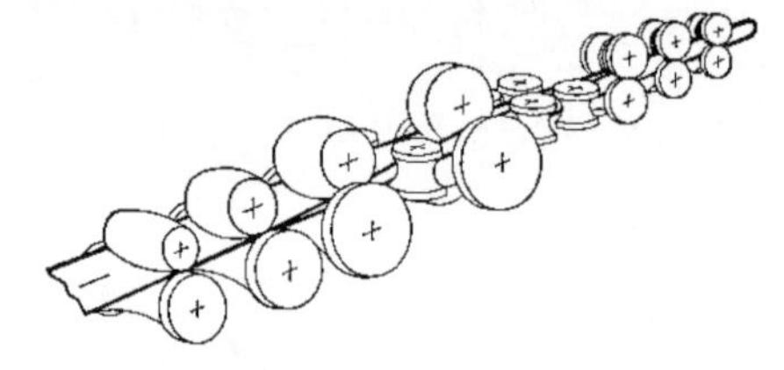

図 4.75 ロール成形プロセスの例（電縫管成形の場合, 左側からブレークダウンロール, クラスターロール，フィンパスロール）(30)

ロール成形は，板材の塑性加工法として，また電縫管・軽量形鋼に代表される各種製品の製造技術として，質・量ともに大きな役割を果たしているが，その技術的特徴は，

(1) 上記の各種製品の製造にみられるように，所要の横断面をもち均質かつ長尺の製品の大量生産に適している，
(2) 素板として寸法精度の高い圧延板材を用い，かつ連続的に成形を行うため，表面性状・形状・寸法精度に優れた製品を得ることが容易である，
(3) 複数組の成形ロールにより，素板に漸進的な曲げ加工を加える方法であるため，複雑な断面形状をもつ製品を製造することが可能であり，かつ各段階で素板に加える変形の形態・順序・量を調節することが可能であるため，素板の特性に応じた成形を行うことができる，
(4) 連続加工であるため，成形機と同調する切断機・プレス・溶接機などにより，製品の所要長さへの切断加工，穴あけ加工・エンボス加工・溶接加工・長手方向曲げ加工などの補助的加工を，高生産性を維持しつつ行うことができる，

などの点にあり，図 4.76 に示すような種々の断面の管材・軽量形鋼・プレート材・シートパイル・サッシ材などが加工されている．

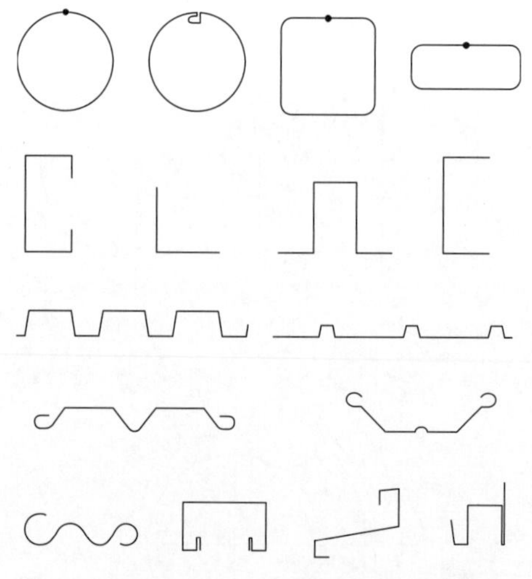

図 4.76 ロール成形による各種製品の断面形状
（上から管材，軽量形鋼，プレート材，シートパイル，サッシ材）(30)

ロール成形における成形ラインを構成する機械設備としては，図 4.75 に示すロール成形機本体のほかに，コイル材を巻き戻して成形ラインに供給するアンコイラー，素板の断続的な貯蔵または排出を繰返すためのルーパー，素板の巻きぐせその他の形状不整を修正するレベラー，素板の両端を特定の目的に合致する形状・寸法に正確に仕上げるためのエッジフィニッシャー，製品の曲がりやねじれを矯正するためのタークスヘッド，製品の真直度の向上

や断面の形状・寸法の矯正・変更を行うためのストレートナーおよびサイザー，突合せ溶接を行う溶接機などがある．

ロール成形の最も重要な要素技術は，各ロールスタンドに組込まれるロールのプロフィル（形状）の設計である．各ロールのプロフィルを同一座標軸上に重ねて描いた図をロールフラワー(roll flower)と呼ぶが，ロールフラワーの設計は経験的知識，慣用的手法，素板の変形解析理論などに基づいて行われている．また，成形中の素板の変形挙動を理論的に解析するシミュレーション技術の開発も進んでおり，このようなシミュレーターを利用して最適なロールフラワーやその3次元的な形状・寸法を設計するシステムの開発・応用も試みられている．

第4章の参考文献

(1) 宮川松男，堀口忠宏，塑性と加工，3-14，(1962)，213.
(2) Chung, S. Y. and Swift, H. W., Proc. Inst. Mech. Eng. , 165, (1951), 199.
(3) American Society for Metals, Workability Testing Techniques, ed. Dieter, G.E., (1984), 162.
(4) 河合望，平岩正至，機械学会誌，67-542，(1964)，431.
(5) 渡部豈臣，塑性と加工，33-375，(1992)，396.
(6) 河合望，新版塑性加工学，(1988)，204，朝倉書店.
(7) 桑原利彦，塑性と加工，35-399，(1994)，373.
(8) 小森田浩，宮内邦雄，沼沢吉昭，吉田清太，理研報告 44-1，(1968)，759.
(9) 桑原利彦，梅村昌史，吉田健吾，黒田充紀，平野清一，菊田良成　軽金属，56-6，(2006)，323.
(10) 吉田健吾，桑原利彦，黒田充紀，塑性と加工，46-537，(2005)，982.
(11) 中川威雄，滝田道夫，吉田清太，塑性と加工，11-109，(1970)，142.
(12) 村川正夫, せん断加工機構, 日本塑性加工学会編 わかりやすいプレス加工，第9章，(2000)，114，日刊工業新聞社.
(13) 前田禎三，塑性加工，(1972)，317，誠文堂新光社.
(14) 近藤一義，塑性と加工，10-99，(1969)，236.
(15) 前田禎三，機械の研究，10-1，(1958)，140.
(16) 中村正信，パイプ加工法（初版），(1998)，139，日刊工業新聞社.
(17) 日本塑性加工学会編，チューブフォーミング―管材の二次加工と製品設計（塑性加工技術シリーズ10），(1992)，139，コロナ社.
(18) 日本鉄鋼協会，鉄鋼便覧（第3版）ＶＩ，二次加工表面処理、熱処理、溶接，(1980)，178，丸善.
(19) 日本塑性加工学会，プレス加工便覧，(1975)，267，丸善.
(20) 宮川松男，軽金属，25-12，(1998)，475.
(21) 宮川，朴，塑性と加工，4-26，(1963)，167.
(22) 日本塑性加工学会，塑性加工用語辞典，(1998)，46，コロナ社.
(23) 中村正信　他，パイプ加工法第2版，(1998)，326，日刊工業新聞社.
(24) Kenichi Manabe, Material-Saving and Weight-Reduction Effects of Tubular Hydroformed Components：Proc. of International workshop on Environmental and Economic Issues in Metal Processing, (1998), 119-125.

(25) 宮川松男, アルミニウム管材のプレス成形, 軽金属, 25-12, (1975), 475-484.

(26) 宮川松男, Back Chaaehhawang, 塑性と加工, 4-26, (1963), 163-170.

(27) 真鍋健一, 西村尚, 塑性と加工, 23-255, (1982), 335-342.

(28) 西村尚, 真鍋健一, 遠藤順一, 管材の2次成形（Ⅱ　端末成形およびバルジ加工）, 塑性と加工, 19-214, (1978), 918-925.

(29) 日本塑性加工学会編, 回転加工—転造とスピニング（塑性加工技術シリーズ11）, (1990), コロナ社.

(30) 日本塑性加工学会編, ロール成形—先進技術への挑戦（塑性加工技術シリーズ9）, (1990), コロナ社.

(31) 中川威雄, 阿部邦雄, 林豊, 薄板のプレス加工, (1977), 34, 実教出版.

第５章

塑性加工の力学

Mechanics of Metal Forming

5・1　塑性変形における応力とひずみの関係式 (stress-strain relations in plastic deformation)

5・1・1　ひずみ増分の定義 (definition of strain increment)

xy 平面上の微小線素PX，PYを考える（図5.1）．PXを x 軸に，PYを y 軸に平行にとり，$\mathrm{PX}=\Delta x$，$\mathrm{PY}=\Delta y$ とする．時刻 t における点Pの x 方向および y 方向の速度成分を各々 $\dot{u}=\dot{u}(x,y,z,t)$，$\dot{v}=\dot{v}(x,y,z,t)$ とすると（ここで $\dot{X}\equiv(\partial X/\partial t)$），点Xの x 方向および y 方向の速度成分は各々 $\dot{u}+(\partial\dot{u}/\partial x)\Delta x$，$\dot{v}+(\partial\dot{v}/\partial x)\Delta x$ で，点Yの x 方向および y 方向の速度成分は各々 $\dot{u}+(\partial\dot{u}/\partial y)\Delta y$，$\dot{v}+(\partial\dot{v}/\partial y)\Delta y$ で与えられる．さらに微小時間 Δt 後には，各線素はP′X″, P′Y″に移動する．このとき，点Pにおける，xy 平面内のひずみ増分の各成分は次式で定義される．

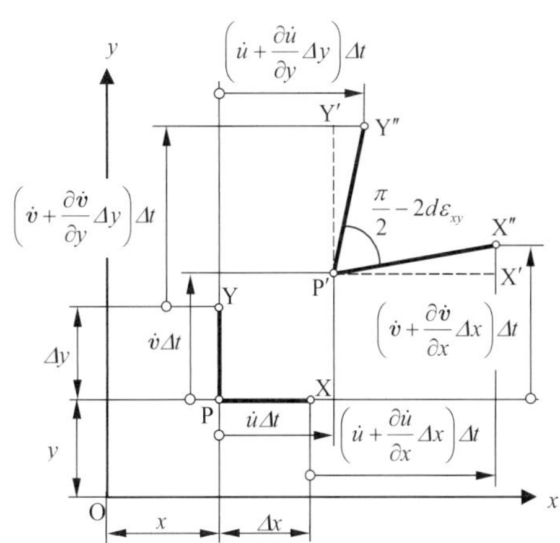

図5.1 微小時間 Δt 後の，微小線素 PX，PY の変形

$$d\varepsilon_{xx}\equiv\lim_{\Delta x\to0}\frac{\mathrm{P'X'}-\mathrm{PX}}{\mathrm{PX}}=\lim_{\Delta x\to0}\frac{\{\Delta x+(\partial\dot{u}/\partial x)\Delta x\Delta t\}-\Delta x}{\Delta x}=\frac{\partial\dot{u}}{\partial x}\Delta t \tag{5.1a}$$

$$d\varepsilon_{yy}\equiv\lim_{\Delta y\to0}\frac{\mathrm{P'Y'}-\mathrm{PY}}{\mathrm{PY}}=\lim_{\Delta y\to0}\frac{\{\Delta y+(\partial\dot{v}/\partial y)\Delta y\Delta t\}-\Delta y}{\Delta y}=\frac{\partial\dot{v}}{\partial y}\Delta t \tag{5.1b}$$

$$\begin{aligned}d\varepsilon_{xy}&\equiv\lim_{\substack{\Delta x\to0\\\Delta y\to0}}\frac{1}{2}(\angle\mathrm{X'P'X''}+\angle\mathrm{Y'P'Y''})\\&=\lim_{\substack{\Delta x\to0\\\Delta y\to0}}\frac{1}{2}\left(\frac{(\partial\dot{v}/\partial x)\Delta x\Delta t}{\Delta x}+\frac{(\partial\dot{u}/\partial y)\Delta y\Delta t}{\Delta y}\right)=\frac{1}{2}\left(\frac{\partial\dot{v}}{\partial x}+\frac{\partial\dot{u}}{\partial y}\right)\Delta t\end{aligned} \tag{5.1c}$$

ここで $d\varepsilon_{xy}$ はせん断ひずみ増分のテンソル成分である（工学せん断ひずみ増分を $d\gamma_{xy}$ とすれば $d\varepsilon_{xy}=d\gamma_{xy}/2$ である）．点Pの z 軸方向の速度を $\dot{w}=\dot{w}(x,y,z,t)$ とすれば，他のひずみ増分の成分は次式より計算される．

$$d\varepsilon_{zz}=\frac{\partial\dot{w}}{\partial z}\Delta t,\ d\varepsilon_{yz}=\frac{1}{2}\left(\frac{\partial\dot{v}}{\partial z}+\frac{\partial\dot{w}}{\partial y}\right)\Delta t,\ d\varepsilon_{zx}=\frac{1}{2}\left(\frac{\partial\dot{w}}{\partial x}+\frac{\partial\dot{u}}{\partial z}\right)\Delta t \tag{5.2}$$

5・1・2　ひずみ増分理論 (strain increment theory)

金属に単軸引張変形を加えるとき，全ひずみ ε は弾性ひずみ ε^{e} と塑性ひずみ ε^{p} の和になることはすでに述べた（式(2.8)）．応力がさらに $d\sigma$ だけ増えるとひずみ増分 $d\varepsilon$ が発生し，$d\varepsilon$ は弾性ひずみ増分 $d\varepsilon^{\mathrm{e}}$ と塑性ひずみ増分 $d\varepsilon^{\mathrm{p}}$ の和として表せる（図5.2）．すなわち，

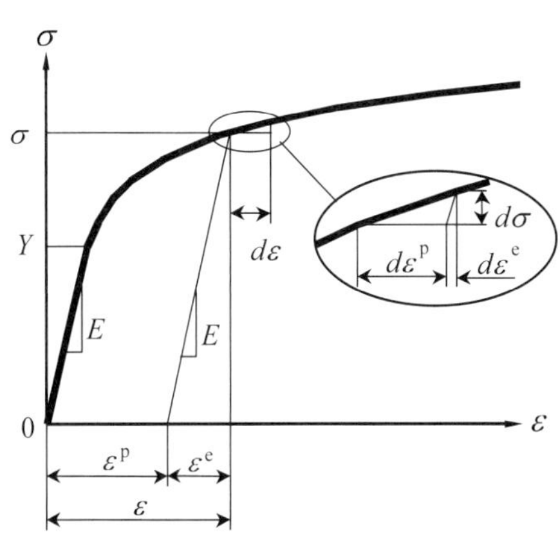

図5.2 単軸応力状態における弾性ひずみ増分 $d\varepsilon^{\mathrm{e}}$ と塑性ひずみ増分 $d\varepsilon^{\mathrm{p}}$

$$d\varepsilon=d\varepsilon^{\mathrm{e}}+d\varepsilon^{\mathrm{p}} \tag{5.3}$$

$d\varepsilon$ をとくに全ひずみ増分(total strain increment)とよぶ．単軸応力状態において材料が塑性変形を継続するとき，応力増分とひずみ増分の間には次式が成り立つ．

$$d\varepsilon = d\varepsilon^{e} + d\varepsilon^{p} = \frac{d\sigma}{E} + \frac{d\sigma}{H'} \tag{5.4}$$

ここで，$H' = d\sigma / d\varepsilon^{p}$ であり，現応力状態における真応力－対数塑性ひずみ曲線の瞬間勾配を表す．

それでは，六つの応力成分が同時に作用するときに，それに伴って発生する六つのひずみ増分の成分はどのように計算されるのであろうか．本節では，応力増分とひずみ増分の間に成り立つ関係式（構成式と呼ぶ）を導く．

a. **弾性体の応力-ひずみ関係式**

材料が弾性状態にあるときは，応力増分と弾性ひずみ増分の関係は，一般化されたフックの法則(generalized Hooke's law)より次式で与えられる．

$$\begin{aligned}
d\varepsilon^{e}_{xx} &= \frac{1}{E}\{d\sigma_{xx} - \nu(d\sigma_{yy} + d\sigma_{zz})\},\ d\varepsilon^{e}_{xy} = \frac{d\sigma_{xy}}{2G} \\
d\varepsilon^{e}_{yy} &= \frac{1}{E}\{d\sigma_{yy} - \nu(d\sigma_{zz} + d\sigma_{xx})\},\ d\varepsilon^{e}_{yz} = \frac{d\sigma_{yz}}{2G} \\
d\varepsilon^{e}_{zz} &= \frac{1}{E}\{d\sigma_{zz} - \nu(d\sigma_{xx} + d\sigma_{yy})\},\ d\varepsilon^{e}_{zx} = \frac{d\sigma_{zx}}{2G}
\end{aligned} \tag{5.5}$$

ここでGはせん断弾性係数(elastic shear modulus)である．偏差応力成分および静水応力成分を用いることにより，垂直ひずみ増分に関する式は次のように変形できる．

$$\begin{aligned}
d\varepsilon^{e}_{xx} &= \frac{d\sigma'_{xx}}{2G} + \frac{1-2\nu}{E} d\sigma_{m} \\
d\varepsilon^{e}_{yy} &= \frac{d\sigma'_{yy}}{2G} + \frac{1-2\nu}{E} d\sigma_{m} \\
d\varepsilon^{e}_{zz} &= \frac{d\sigma'_{zz}}{2G} + \frac{1-2\nu}{E} d\sigma_{m}
\end{aligned} \tag{5.6}$$

ここで，式(5.6)の両辺の和をとると次式を得る．

$$d\varepsilon^{e}_{m} = \frac{3(1-2\nu)}{E} d\sigma_{m} \tag{5.7}$$

これは，体積ひずみ増分 $d\varepsilon^{e}_{m} \equiv d\varepsilon^{e}_{x} + d\varepsilon^{e}_{y} + d\varepsilon^{e}_{z}$ と静水応力増分 $d\sigma_{m} \equiv (d\sigma_{1} + d\sigma_{2} + d\sigma_{3})/3$ の関係式である．これより，式(5.6)の第2項は，物体要素の体積変化（等方的な膨張もしくは収縮）に関与するひずみ成分であることがわかる．これに対し，式(5.6)の第 1 項は，物体要素の形状変化に関与するひずみ成分である．

b. **剛塑性体の応力－ひずみ関係式：レヴィー(Lévy)－ミーゼス(Mises)の式**

サンブナンは，「ひずみ増分の主軸が応力の主軸と一致する」との説を最初に提唱した[(1)]．さらに，「塑性ひずみ増分は偏差応力およびせん断応力に比例する」との説が，レヴィー[(2)]およびミーゼス[(3)]によって独立に提案された．すなわち，

$$\frac{d\varepsilon^{p}_{xx}}{\sigma'_{xx}} = \frac{d\varepsilon^{p}_{yy}}{\sigma'_{yy}} = \frac{d\varepsilon^{p}_{zz}}{\sigma'_{zz}} = \frac{d\varepsilon^{p}_{xy}}{\sigma_{xy}} = \frac{d\varepsilon^{p}_{yz}}{\sigma_{yz}} = \frac{d\varepsilon^{p}_{zx}}{\sigma_{zx}} = d\lambda \tag{5.8}$$

式(5.8)は塑性論の基礎式として広く用いられており，レヴィーーミーゼスの式(Lévy-Mises equations)とよばれている．$d\lambda$ は，材料の加工硬化特性から定まる正の比例係数であり，一般にその値は塑性変形の進行とともに変化する．$d\lambda$ の計算法は5・1・5項で述べる．

【例題5・1】　＊＊＊＊＊＊＊＊＊＊＊＊＊＊＊＊＊＊＊＊＊＊＊

物体の塑性変形がレヴィーーミーゼスの式に従うとき，体積一定条件が自動的に満足されることを示せ．

【解答】　式(5.8)より，$d\varepsilon_{xx}^{\mathrm{p}}+d\varepsilon_{yy}^{\mathrm{p}}+d\varepsilon_{zz}^{\mathrm{p}}=(\sigma'_{xx}+\sigma'_{yy}+\sigma'_{zz})d\lambda=0$．

＊＊＊＊＊＊＊＊＊＊＊＊＊＊＊＊＊＊＊＊＊＊＊

【例題5・2】　＊＊＊＊＊＊＊＊＊＊＊＊＊＊＊＊＊＊＊＊＊＊＊

単軸引張変形において，レヴィーーミーゼスの式が成り立つことを確認せよ．

【解答】　引張軸方向の垂直応力を σ_1，最大主ひずみ増分を $d\varepsilon_1^{\mathrm{p}}$ とする．単軸引張変形であるから $\sigma_2=\sigma_3=0$．また体積一定条件より $d\varepsilon_2^{\mathrm{p}}=d\varepsilon_3^{\mathrm{p}}=-d\varepsilon_1^{\mathrm{p}}/2$．よって，

$$\frac{d\varepsilon_1^{\mathrm{p}}}{\sigma'_1}=\frac{d\varepsilon_2^{\mathrm{p}}}{\sigma'_2}=\frac{d\varepsilon_3^{\mathrm{p}}}{\sigma'_3}=\frac{3}{2}\frac{d\varepsilon_1^{\mathrm{p}}}{\sigma_1}$$

となり，式(5.8)が成り立つことがわかる．

＊＊＊＊＊＊＊＊＊＊＊＊＊＊＊＊＊＊＊＊＊＊＊

【例題5・3】　＊＊＊＊＊＊＊＊＊＊＊＊＊＊＊＊＊＊＊＊＊＊＊

等方性の金属板があり，板面と平行に xy 座標面を，板厚方向に z 軸をとる．この板材に二軸応力 (σ_x,σ_y) が作用し，平面応力状態下（$\sigma_z=0$）で塑性変形状態にある．応力比が $\alpha\equiv\sigma_y/\sigma_x$ であるとき，塑性ひずみ増分比 $\rho\equiv d\varepsilon_y^{\mathrm{p}}/d\varepsilon_x^{\mathrm{p}}$ を求めよ．

【解答】　$\sigma_z=0$ なる平面応力状態においては，

$$\sigma'_x=\frac{2\sigma_x-\sigma_y}{3},\ \sigma'_y=\frac{2\sigma_y-\sigma_x}{3}$$

これらを式(5.8)に代入すると，

$$\rho\equiv\frac{d\varepsilon_y^{\mathrm{p}}}{d\varepsilon_x^{\mathrm{p}}}=\frac{2\sigma_y-\sigma_x}{2\sigma_x-\sigma_y}=\frac{2\alpha-1}{2-\alpha}$$

＊＊＊＊＊＊＊＊＊＊＊＊＊＊＊＊＊＊＊＊＊＊＊

c. 弾塑性体の応力-ひずみ関係式：プラントル(Prandtl)ーロイス(Reuss)の式

プラントルは，平面ひずみ問題に対して，レヴィーーミーゼスの式が弾性ひずみ成分を含むように拡張した(4)．さらにロイスが式(5.6)の形式に一般化した(5)．すなわち，全ひずみ増分 $d\varepsilon_{ij}$ は弾性ひずみ増分 $d\varepsilon_{ij}^{\mathrm{e}}$ と塑性ひずみ増分 $d\varepsilon_{ij}^{\mathrm{p}}$ との和であるとして，式(5.6)と式(5.8)とより，次式が提唱された．

$$\begin{aligned}
d\varepsilon_{xx}&=d\lambda\sigma'_{xx}+\frac{d\sigma'_{xx}}{2G}+\frac{1-2\nu}{E}d\sigma_{\mathrm{m}},\quad d\varepsilon_{xy}=d\lambda\sigma_{xy}+\frac{d\sigma_{xy}}{2G}\\
d\varepsilon_{yy}&=d\lambda\sigma'_{yy}+\frac{d\sigma'_{yy}}{2G}+\frac{1-2\nu}{E}d\sigma_{\mathrm{m}},\quad d\varepsilon_{yz}=d\lambda\sigma_{yz}+\frac{d\sigma_{yz}}{2G}\\
d\varepsilon_{zz}&=d\lambda\sigma'_{zz}+\frac{d\sigma'_{zz}}{2G}+\frac{1-2\nu}{E}d\sigma_{\mathrm{m}},\quad d\varepsilon_{zx}=d\lambda\sigma_{zx}+\frac{d\sigma_{zx}}{2G}
\end{aligned}\tag{5.9}$$

式(5.9)はプラントルーロイスの式(Prandtl-Reuss equations)とよばれ，等方性の弾塑性材料の応力ひずみ関係式として，広く用いられている．

式(5.8)および(5.9)は，ひずみ増分と応力との関係式であり，ひずみ増分理論(incremental strain theory)とよばれる．

5・1・3　全ひずみ理論 (total strain theory)

ひずみ増分理論と同様な関係式が応力成分と全ひずみ成分との間に成り立つとする理論を全ひずみ理論(total strain theory)とよび，次式が用いられる．

$$
\begin{aligned}
\varepsilon_{xx} &= \phi\sigma'_{xx} + \frac{\sigma'_{xx}}{2G} + \frac{1-2\nu}{E}\sigma_{\mathrm{m}}, \quad \varepsilon_{xy} = \phi\sigma_{xy} + \frac{\sigma_{xy}}{2G} \\
\varepsilon_{yy} &= \phi\sigma'_{yy} + \frac{\sigma'_{yy}}{2G} + \frac{1-2\nu}{E}\sigma_{\mathrm{m}}, \quad \varepsilon_{yz} = \phi\sigma_{yz} + \frac{\sigma_{yz}}{2G} \\
\varepsilon_{zz} &= \phi\sigma'_{zz} + \frac{\sigma'_{zz}}{2G} + \frac{1-2\nu}{E}\sigma_{\mathrm{m}}, \quad \varepsilon_{zx} = \phi\sigma_{zx} + \frac{\sigma_{zx}}{2G}
\end{aligned}
\tag{5.10}
$$

ここにϕは，負荷が継続している間は正の値をとり，除荷の間はゼロとなるスカラー量である．式(5.10)はヘンキーの応力－ひずみ方程式ともよばれる．各式の第1項が全ひずみの塑性成分である．すなわち，

$$
\varepsilon^{\mathrm{p}}_{xx} = \phi\sigma'_{xx}, \cdots, \varepsilon^{\mathrm{p}}_{xy} = \phi\sigma_{xy}, \cdots \tag{5.11}
$$

前述のひずみ増分理論では，ひずみの最終状態と応力の最終状態の間に一対一の対応関係はないが，式(5.11)に従えば，ひずみの最終状態は応力の最終状態で決まることになる．しかし，比例負荷でない一般的なひずみ経路に対して式(5.11)を適用することは不適当である．例えば，金属に塑性変形を加えた後に，いったん除荷し，次に同じ降伏曲面上にある別の応力状態に至るまで再び負荷を加えたとする．応力点が降伏曲面の内側にある場合は弾性変形しか生じないから，この場合，全塑性ひずみは変化しないはずである．しかるに式(5.11)によれば，応力状態が変化するにともない塑性ひずみの比も全く異なる値に変化することになる．これは，除荷と再降伏の間で塑性ひずみが変化したことになり，明らかに不合理である．一方，比例負荷の場合には，時々刻々の全ひずみの成分比は，時々刻々のひずみ増分の成分比に一致するので，式(5.9)をひずみ経路に沿って積分したものは式(5.11)と一致する．

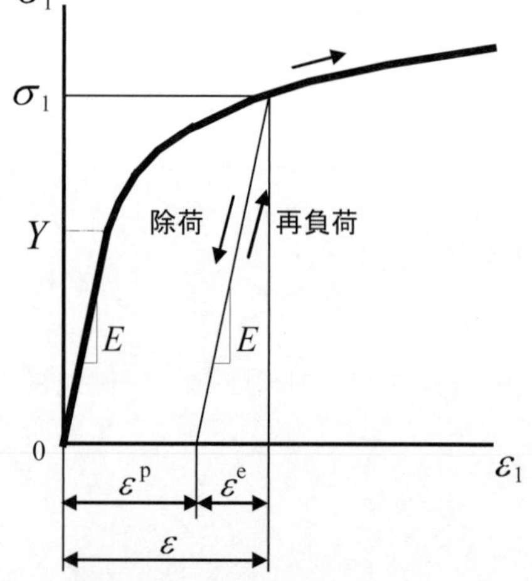

図5.3　単軸引張変形の進行に伴って材料の降伏応力が上昇することを説明するための模式図

5・1・4　相当応力と相当塑性ひずみ (equivalent stress and equivalent strain)

レヴィーーミーゼスの式（式(5.8)）で使われる$d\lambda$を計算するためには「相当応力」と「相当塑性ひずみ」の概念が必要となる．本節ではそれらの概念とその由来を説明する．

相当応力と相当塑性ひずみは，多軸応力下で塑性変形する金属材料の加工硬化特性を計算するために考案された概念である．加工硬化については2･1･1項でも述べたが，相当応力と相当塑性ひずみを説明する上で重要な現象であるので，図5.3に基づいて復習しておこう．材料の単軸引張試験において，真

応力をσ_1まで増加させて塑性伸びひずみを加えた後，一度除荷し，再び引張試験を継続すると，真応力がσ_1に到達したときに材料は再び塑性変形を開始し，その後の応力－ひずみ曲線は，引張試験を単調に継続したときに得られる応力－ひずみ曲線と一致する．すなわち，加工硬化という現象は，塑性変形に伴って材料の降伏応力が増大することの現れと解釈できる．

一般に，金属材料の加工硬化特性を定量的に評価する場合は，単軸引張試験，単軸圧縮試験，純粋せん断試験，液圧バルジ試験など，応力とひずみを直接測定できる材料試験法を用いる．一方，塑性加工で製造される実際の金属製品を考えると，材料は多軸応力状態で複雑な変形履歴を受ける場合が多い．しかもひずみや応力は一様ではなく，製品の部位毎に異なる．したがって材料の降伏応力（すなわち加工硬化の量）も必然的に部位毎に異なる．塑性加工された製品の部位毎の降伏応力を知ることは，製品の成形不良，強度，疲労などを予測する上で技術上極めて重要である．しかし，部位毎の降伏応力を直接測定することは一般には難しい．

複雑な変形履歴を受けた部位の降伏応力を定量的に評価する方法はないものだろうか．実は，以下に説明するように，相当応力と相当塑性ひずみの概念を用いれば，複雑な変形履歴を受けた部位の降伏応力を，上述のような単純な材料試験結果に基づいて計算することができるのである．本節では，その方法を説明する．

次の仮定をおく．

1. 材料の初期降伏応力をYとする．
2. 材料は，いかなる負荷履歴を経た後も等方性を保ち，かつミーゼスの降伏条件式に従う．
3. 単軸引張試験から測定された真応力－対数塑性ひずみ曲線は$\sigma_1 = H(\varepsilon_1^{\mathrm{p}})$で表せる．

ここで次のような思考実験をしてみよう．任意の負荷履歴を受けて塑性変形を継続している材料の，ある瞬間の降伏応力を定量的に評価するために，その材料から微小試験片を切り出して単軸引張（もしくは単軸圧縮）試験を行い，降伏応力$\bar{Y}$を測定したとする（材料は加工硬化しているので$\bar{Y} > Y$である）．ここで仮定1より，任意の塑性変形後も材料はvon Misesの降伏条件式に従うから，加工硬化後のこの材料の降伏条件式は，次のように与えられる．

$$\begin{aligned}\bar{Y} &= \frac{1}{\sqrt{2}}\sqrt{(\sigma_1-\sigma_2)^2+(\sigma_2-\sigma_3)^2+(\sigma_3-\sigma_1)^2}\\ &= \frac{1}{\sqrt{2}}\sqrt{(\sigma_{xx}-\sigma_{yy})^2+(\sigma_{yy}-\sigma_{zz})^2+(\sigma_{zz}-\sigma_{xx})^2+6(\sigma_{xy}^2+\sigma_{yz}^2+\sigma_{zx}^2)} \qquad (5.12)\end{aligned}$$

ここで，右辺に示される応力の計算式を特に$\bar{\sigma}$と表記し，相当応力(equivalent stress, effective stress)と呼ぶ．すなわち，

$$\begin{aligned}\bar{\sigma} &\equiv \frac{1}{\sqrt{2}}\sqrt{(\sigma_1-\sigma_2)^2+(\sigma_2-\sigma_3)^2+(\sigma_3-\sigma_1)^2}\\ &= \frac{1}{\sqrt{2}}\sqrt{(\sigma_{xx}-\sigma_{yy})^2+(\sigma_{yy}-\sigma_{zz})^2+(\sigma_{zz}-\sigma_{xx})^2+6(\sigma_{xy}^2+\sigma_{yz}^2+\sigma_{zx}^2)} \qquad (5.13)\end{aligned}$$

そして降伏条件式は次式で与えられる．

$$\begin{aligned} &\bar{\sigma} = \bar{Y}:\textbf{塑性状態} \\ &\bar{\sigma} < \bar{Y}:\textbf{弾性状態} \end{aligned} \tag{5.14}$$

つまり相当応力とは，材料を塑性変形させるのに必要な応力の大きさをスカラー量で表現したものであり，その値をその瞬間の材料の降伏応力 $\bar{Y}$ と比較することにより，材料が塑性変形状態にあるか否かを判定するために用いる．

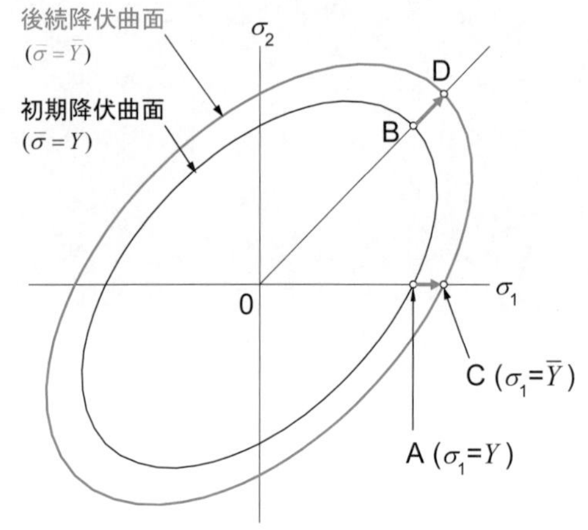

図 5.4　等方硬化モデル

平面応力状態（$\sigma_3=0$）を仮定して式(5.12)を図で表現すると図5.4のようになる．この材料の初期降伏応力をYとする．いまこの材料に等二軸引張変形を加え，応力が初期降伏曲面上の点Bに到達し塑性変形を開始したとする．そしてさらに等二軸引張応力を増加させて応力を点Dまで増加させたとすると，材料の降伏曲面は点Dを通るミーゼスの降伏曲面となる（これを後続降伏曲面(subsequent yield surface)と呼ぶ）．これは次のことを意味する．例えば，応力を点Dから原点に戻すことによりいったん除荷し，次に１軸方向に単軸引張変形を加えたならば，この材料は後続降伏曲面上の点Cに達したときに再び降伏するのである．すなわち，B→Dなる塑性変形によって，材料の単軸引張降伏応力は点Aから点Cまで，すなわち Y から $\bar{Y}$ まで増加するのである．このように，材料に塑性変形を加えたとき，その材料の降伏曲面が相似形状を保ちつつ原点を中心にして等方的に膨張すると仮定する加工硬化モデルのことを等方硬化モデル(isotropic hardening mode)と呼ぶ．等方硬化モデルは加工硬化の理論構築を簡単化するための大胆な仮定であって，実際の金属材料では，降伏曲面の形状は一般に塑性変形に伴って変化することが知られている[(6),(7)]．

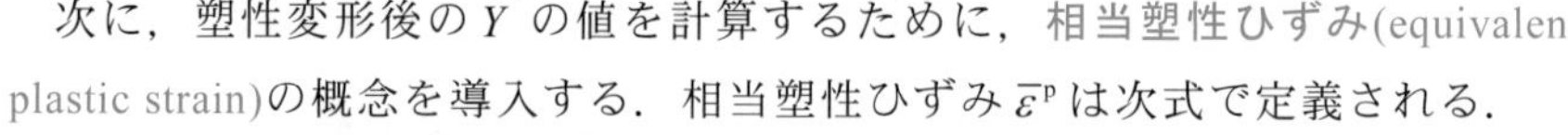

次に，塑性変形後の $\bar{Y}$ の値を計算するために，相当塑性ひずみ(equivalent plastic strain)の概念を導入する．相当塑性ひずみ $\bar{\varepsilon}^{\mathrm{p}}$ は次式で定義される．

$$\bar{\varepsilon}^{\mathrm{p}} = \int \overline{d\varepsilon}^{\mathrm{p}} \tag{5.15}$$

$$\begin{aligned} \overline{d\varepsilon}^{\mathrm{p}} &= \sqrt{\frac{2}{3}}\sqrt{(d\varepsilon_x^{\mathrm{p}})^2+(d\varepsilon_y^{\mathrm{p}})^2+(d\varepsilon_z^{\mathrm{p}})^2+2\left\{(d\varepsilon_{xy}^{\mathrm{p}})^2+(d\varepsilon_{yz}^{\mathrm{p}})^2+(d\varepsilon_{zx}^{\mathrm{p}})^2\right\}} \\ &= \frac{\sqrt{2}}{3}\Big[(d\varepsilon_{xx}^{\mathrm{p}}-d\varepsilon_{yy}^{\mathrm{p}})^2+(d\varepsilon_{yy}^{\mathrm{p}}-d\varepsilon_{zz}^{\mathrm{p}})^2+(d\varepsilon_{zz}^{\mathrm{p}}-d\varepsilon_{xx}^{\mathrm{p}})^2 \\ &\qquad +6\left\{(d\varepsilon_{xy}^{\mathrm{p}})^2+(d\varepsilon_{yz}^{\mathrm{p}})^2+(d\varepsilon_{zx}^{\mathrm{p}})^2\right\}\Big]^{\frac{1}{2}} \end{aligned}$$

$$\left(\begin{aligned} \because 0 &= (d\varepsilon_{xx}^{\mathrm{p}}+d\varepsilon_{yy}^{\mathrm{p}}+d\varepsilon_{zz}^{\mathrm{p}})^2 \\ &= (d\varepsilon_{xx}^{\mathrm{p}})^2+(d\varepsilon_{yy}^{\mathrm{p}})^2+(d\varepsilon_{zz}^{\mathrm{p}})^2+2(d\varepsilon_{xx}^{\mathrm{p}}d\varepsilon_{yy}^{\mathrm{p}}+d\varepsilon_{yy}^{\mathrm{p}}d\varepsilon_{zz}^{\mathrm{p}}+d\varepsilon_{zz}^{\mathrm{p}}d\varepsilon_{xx}^{\mathrm{p}}) \end{aligned}\right)$$

$$\begin{aligned} &= \frac{\sqrt{2}}{3}\sqrt{(d\varepsilon_1^{\mathrm{p}}-d\varepsilon_2^{\mathrm{p}})^2+(d\varepsilon_2^{\mathrm{p}}-d\varepsilon_3^{\mathrm{p}})^2+(d\varepsilon_3^{\mathrm{p}}-d\varepsilon_1^{\mathrm{p}})^2} \\ &= \sqrt{\frac{2}{3}}\sqrt{(d\varepsilon_1^{\mathrm{p}})^2+(d\varepsilon_2^{\mathrm{p}})^2+(d\varepsilon_3^{\mathrm{p}})^2} \end{aligned} \tag{5.16}$$

ここで，$\overline{d\varepsilon}^{\mathrm{p}}$ は相当塑性ひずみ増分(equivalent plastic strain increment）とよば

れる．$\int \overline{d\varepsilon}^{\mathrm{p}}$ は，微小変形増分ごとに $\overline{d\varepsilon}^{\mathrm{p}}$ を計算し，材料が受けたすべての変形履歴に対してその総和を取ることを意味する．

【例題5・4】　＊＊＊＊＊＊＊＊＊＊＊＊＊＊＊＊＊＊＊＊＊＊

単軸引張変形における引張塑性ひずみを $\varepsilon_1^{\mathrm{p}}$ とするとき，$\bar{\varepsilon}^{\mathrm{p}}=\varepsilon_1^{\mathrm{p}}$ となることを示せ．

【解答】等方性材料の単軸引張変形においては，体積一定条件より $d\varepsilon_2^{\mathrm{p}}=d\varepsilon_3^{\mathrm{p}}=-d\varepsilon_1^{\mathrm{p}}/2$ となるので，$\overline{d\varepsilon}^{\mathrm{p}}=d\varepsilon_1^{\mathrm{p}}$ である．よって次式を得る．

$$\therefore \bar{\varepsilon}^{\mathrm{p}}=\varepsilon_1^{\mathrm{p}} \tag{5.17}$$

すなわち，単軸引張（もしくは単軸圧縮）変形においては，相当塑性ひずみは荷重軸方向の塑性ひずみの絶対値に等しくなる．

＊＊＊＊＊＊＊＊＊＊＊＊＊＊＊＊＊＊＊＊＊＊

5・1・5　塑性仕事等価説と $d\lambda$ の計算 (equivalence of plastic work and calculation of $d\lambda$)

現象論的塑性論では，「加工硬化後の材料の降伏応力 $\bar{Y}$ は，材料に加えられた仕事によって一義的に決まる」と仮定する．この仮説は塑性仕事等価説(equivalence of plastic work)と呼ばれている．塑性仕事等価説が成り立つ場合，材料に加えられた相当塑性ひずみ $\bar{\varepsilon}^{\mathrm{p}}$ とそれに対応する降伏応力 $\bar{Y}$ との関係曲線（加工硬化式）は，その材料を単軸引張（もしくは単軸圧縮）して測定される引張応力 σ_1 と引張対数塑性ひずみ $\varepsilon_1^{\mathrm{p}}$ の関係曲線 $\sigma_1=H(\varepsilon_1^{\mathrm{p}})$ と一致することが証明できる．そこで本節では，塑性仕事の計算方法と塑性仕事等価説に基づく加工硬化則の定式について述べる．

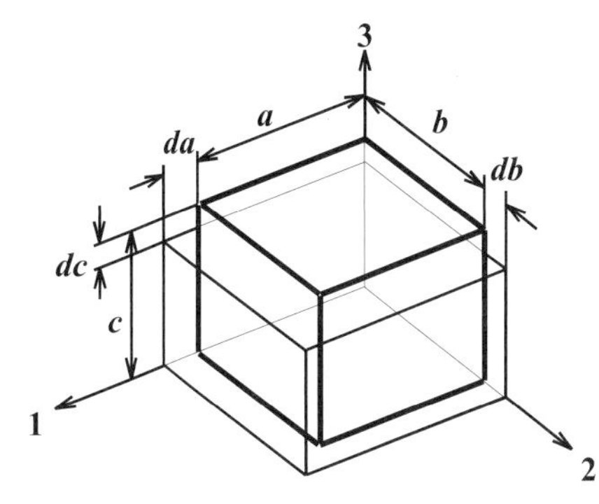

図 5.5　応力の主軸と平行な稜線を有する微小直方体の変形

応力の主軸と平行な稜線を持つ微小直方体要素を考える（図5.5）．このとき各面に作用する力は $\sigma_1 bc, \sigma_2 ca, \sigma_3 ab$ である．これらの力によって各面の間隔が da, db, dc だけ変化するとき，材料になされる仕事は次式で計算される．

$$dW=\sigma_1 bc\times da+\sigma_2 ca\times db+\sigma_3 ab\times dc \tag{5.18}$$

よって単位体積当たりになされる仕事増分 dw は，

$$\begin{aligned} dw &= \frac{dW}{abc}=\sigma_1\frac{da}{a}+\sigma_2\frac{db}{b}+\sigma_3\frac{dc}{c}=\sigma_1 d\varepsilon_1+\sigma_2 d\varepsilon_2+\sigma_3 d\varepsilon_3 \\ &= \sigma_1 d\varepsilon_1^{\mathrm{e}}+\sigma_2 d\varepsilon_2^{\mathrm{e}}+\sigma_3 d\varepsilon_3^{\mathrm{e}}+\sigma_1 d\varepsilon_1^{\mathrm{p}}+\sigma_2 d\varepsilon_2^{\mathrm{p}}+\sigma_3 d\varepsilon_3^{\mathrm{p}} \end{aligned} \tag{5.19}$$

$\sigma_1=\sigma_1'+\sigma_{\mathrm{m}}, \sigma_2=\sigma_2'+\sigma_{\mathrm{m}}, \sigma_3=\sigma_3'+\sigma_{\mathrm{m}}$ を代入すれば，

$$\begin{aligned} dw &= \sigma_1' d\varepsilon_1^{\mathrm{e}}+\sigma_2' d\varepsilon_2^{\mathrm{e}}+\sigma_3' d\varepsilon_3^{\mathrm{e}}+\sigma_{\mathrm{m}}(d\varepsilon_1^{\mathrm{e}}+d\varepsilon_2^{\mathrm{e}}+d\varepsilon_3^{\mathrm{e}}) \\ &\quad +\sigma_1' d\varepsilon_1^{\mathrm{p}}+\sigma_2' d\varepsilon_2^{\mathrm{p}}+\sigma_3' d\varepsilon_3^{\mathrm{p}}+\sigma_{\mathrm{m}}(d\varepsilon_1^{\mathrm{p}}+d\varepsilon_2^{\mathrm{p}}+d\varepsilon_3^{\mathrm{p}}) \end{aligned} \tag{5.20}$$

を得る．右辺の1行目は弾性変形により蓄えられるエネルギーを，2行目は塑性変形により消費されるエネルギーを表す．後者は塑性仕事増分(incremental

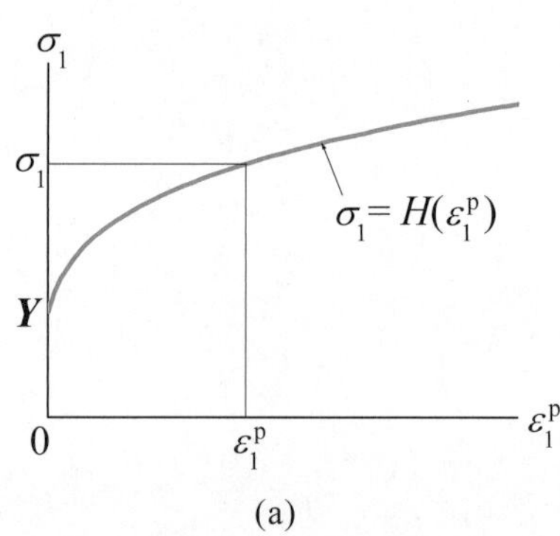

(a)

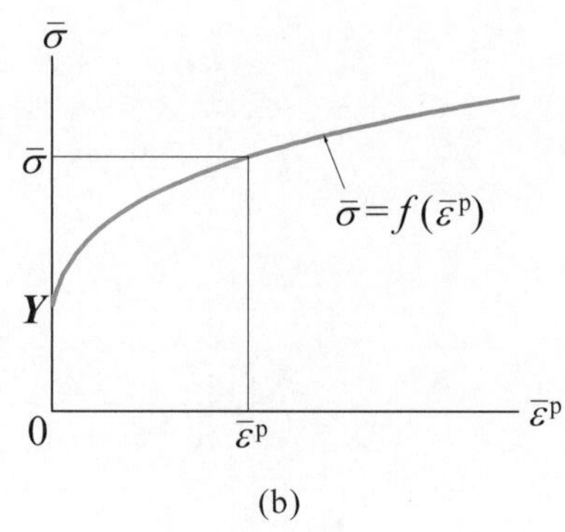

(b)

図5.6 (a) 単軸応力試験から得られた真応力－対数塑性ひずみ曲線 $\sigma_1 = H(\varepsilon_1^{\mathrm{p}})$ と(b)相当応力－相当塑性ひずみ曲線 $\bar{\sigma} = f(\bar{\varepsilon}^{\mathrm{p}})$ の等価性

plastic work)とよばれ，以下 dw^{p} と表す．体積一定条件より，次式を得る（$d\varepsilon_1^{\mathrm{p}} + d\varepsilon_2^{\mathrm{p}} + d\varepsilon_3^{\mathrm{p}} = 0$ であるから）．

$$dw^{\mathrm{p}} = \sigma_1' d\varepsilon_1^{\mathrm{p}} + \sigma_2' d\varepsilon_2^{\mathrm{p}} + \sigma_3' d\varepsilon_3^{\mathrm{p}} = \sigma_1 d\varepsilon_1^{\mathrm{p}} + \sigma_2 d\varepsilon_2^{\mathrm{p}} + \sigma_3 d\varepsilon_3^{\mathrm{p}} \tag{5.21}$$

さらに式(5.8)を代入すれば次式を得る．

$$\begin{aligned} dw^{\mathrm{p}} &= \sqrt{\sigma_1' d\varepsilon_1^{\mathrm{p}} + \sigma_2' d\varepsilon_2^{\mathrm{p}} + \sigma_3' d\varepsilon_3^{\mathrm{p}}}\sqrt{\sigma_1' d\varepsilon_1^{\mathrm{p}} + \sigma_2' d\varepsilon_2^{\mathrm{p}} + \sigma_3' d\varepsilon_3^{\mathrm{p}}} \\ &= \sqrt{\frac{3}{2}}\sqrt{(\sigma_1')^2 + (\sigma_2')^2 + (\sigma_3')^2} \times \sqrt{\frac{2}{3}}\sqrt{(d\varepsilon_1^{\mathrm{p}})^2 + (d\varepsilon_2^{\mathrm{p}})^2 + (d\varepsilon_3^{\mathrm{p}})^2} \\ &= \bar{\sigma}\overline{d\varepsilon^{\mathrm{p}}} \end{aligned}$$

したがって，塑性仕事増分は次式で与えられる．

$$dw^{\mathrm{p}} = \bar{\sigma}\overline{d\varepsilon}^{\mathrm{p}} \tag{5.22}$$

一方，

$$dw^{\mathrm{p}} = \sigma_1' d\varepsilon_1^{\mathrm{p}} + \sigma_2' d\varepsilon_2^{\mathrm{p}} + \sigma_3' d\varepsilon_3^{\mathrm{p}} = \left\{(\sigma_1')^2 + (\sigma_2')^2 + (\sigma_3')^2\right\} d\lambda = (2/3)\bar{\sigma}^2 d\lambda$$

であるから，

$$d\lambda = \frac{3}{2}\frac{\overline{d\varepsilon}^{\mathrm{p}}}{\bar{\sigma}} = \frac{3}{2H'}\frac{d\bar{\sigma}}{\bar{\sigma}} \tag{5.23}$$

ここで $H' = d\bar{\sigma}\big/\overline{d\varepsilon}^{\mathrm{p}}$ である．次節で述べるように，$\bar{\sigma}$ と $\bar{\varepsilon}^{\mathrm{p}}$ の関係曲線は，その材料を単軸引張（もしくは単軸圧縮）試験から測定される塑性流動応力 σ_1 と対数塑性ひずみ $\varepsilon_1^{\mathrm{p}}$ の関係曲線 $\sigma_1 = H(\varepsilon_1^{\mathrm{p}})$ と一致する．従って，$\sigma_1 = H(\varepsilon_1^{\mathrm{p}})$ が測定されていれば，H' は $d\sigma_1\big/d\varepsilon_1^{\mathrm{p}}$ として計算することができる．

5・1・6　加工硬化則 (work hardening law)

前節で述べた塑性仕事等価説に基づいて，材料の加工硬化則を定式化しよう．相当応力 $\bar{\sigma}$ は，材料要素がそれまでの変形履歴において受けた単位体積当たりの全塑性仕事 w^{p} のみの関数で定まると仮定したから，

$$\bar{\sigma} = F(w^{\mathrm{p}}),\ w^{\mathrm{p}} \equiv \int dw^{\mathrm{p}} = \int \bar{\sigma}\overline{d\varepsilon}^{\mathrm{p}} \tag{5.24}$$

と表記できる．$\int \bar{\sigma}\overline{d\varepsilon}^{\mathrm{p}}$ は $\bar{\sigma}$ と $\bar{\varepsilon}^{\mathrm{p}}$ の関係曲線の下部の面積に等しいので，式(5.24)は次のようにも書ける．

$$\bar{\sigma} = f\left(\int \overline{d\varepsilon}^{\mathrm{p}}\right) = f(\bar{\varepsilon}^{\mathrm{p}}) \tag{5.25}$$

これは，「材料の塑性変形（材料の降伏）が継続している応力状態では，相当応力は相当塑性ひずみの関数として一義的に決まる」ことを意味する．

$\bar{\sigma} = f(\bar{\varepsilon}^{\mathrm{p}})$ はひずみ経路にかかわらず成り立つと仮定したから，単軸引張（もしくは単軸圧縮）試験から $\bar{\sigma}$ と $\bar{\varepsilon}^{\mathrm{p}}$ の関係曲線を決定するのが最も簡便である．式(5.13)および(5.15)，(5.16)より，単軸応力試験においては $\bar{\sigma} = |\sigma_1|$，$\bar{\varepsilon}^{\mathrm{p}} = |\varepsilon_1^{\mathrm{p}}|$ であるから，$\bar{\sigma} = f(\bar{\varepsilon}^{\mathrm{p}})$ は単軸応力試験より得られる真応力 σ_1 と対

数塑性ひずみ $\varepsilon_1^{\mathrm{p}}$ との関係曲線 $\sigma_1 = H\left(\varepsilon_1^{\mathrm{p}}\right)$ に一致する（図5.6）．すなわち，塑性仕事等価説が正しければ，多軸応力下で塑性変形する材料の加工硬化特性は，相当応力と相当塑性ひずみの関係に換算することにより，単軸応力試験より得られる真応力－対数塑性ひずみ曲線から予測することが可能である．

特別な場合として，ひずみ増分の主軸が物体要素に相対的に回転せず，かつひずみ増分の成分比がつねに一定となる純粋比例負荷(pure, proportional loading)を考えよう．このとき，

$$
\begin{aligned}
d\varepsilon_2^{\mathrm{p}} &= \rho\, d\varepsilon_1^{\mathrm{p}} \\
d\varepsilon_3^{\mathrm{p}} &= -d\varepsilon_1^{\mathrm{p}} - d\varepsilon_2^{\mathrm{p}} = -(1+\rho)d\varepsilon_1^{\mathrm{p}}
\end{aligned}
\tag{5.26}
$$

ゆえに，

$$
\begin{aligned}
\overline{d\varepsilon}^{\mathrm{p}} &= \frac{2}{\sqrt{3}}\sqrt{1+\rho+\rho^2}\, d\varepsilon_1^{\mathrm{p}} \\
\therefore\ \bar{\varepsilon}^{\mathrm{p}} &= \int \overline{d\varepsilon}^{\mathrm{p}} = \frac{2}{\sqrt{3}}\sqrt{1+\rho+\rho^2}\, \varepsilon_1^{\mathrm{p}}
\end{aligned}
\tag{5.27}
$$

よって，純粋比例負荷においては相当応力と相当塑性ひずみの関係式は次のように書ける．

$$
\bar{\sigma} = H(\bar{\varepsilon}^{\mathrm{p}}) = H\left(\frac{2}{\sqrt{3}}\sqrt{1+\rho+\rho^2}\,\varepsilon_1^{\mathrm{p}}\right)
\tag{5.28}
$$

【例題5・5】 ＊＊＊＊＊＊＊＊＊＊＊＊＊＊＊＊＊＊＊＊＊＊＊＊

A sheet metal is loaded under balanced biaxial tension such that $\sigma_1 = \sigma_2$, $\sigma_3 = 0$. (a) Show that $\bar{\sigma} = \sigma_1 = \sigma_2$ and $\bar{\varepsilon}^{\mathrm{p}} = -\varepsilon_3^{\mathrm{p}}$ for balanced biaxial tension, where $\varepsilon_3^{\mathrm{p}}$ is the plastic strain component in the thickness direction. (b) If $\sigma_1 = 500\times(0.002+\varepsilon_1^{\mathrm{p}})^{0.3}$ (MPa) applies to the metal in a uniaxial tension test, compute the equivalent stress when the tensile strains $\varepsilon_1^{\mathrm{p}} = \varepsilon_2^{\mathrm{p}} = 0.3$ are given to the metal.

【解答】 (a) It is readily shown that $\bar{\sigma} = \sigma_1 = \sigma_2$ from Eq.(5.13). Substituting $\rho = 1$ into Eq.(5.27), we obtain $\bar{\varepsilon}^{\mathrm{p}} = 2\varepsilon_1^{\mathrm{p}} = -\varepsilon_3^{\mathrm{p}}$.
(b) Since the equivalent strain given to the metal is $\bar{\varepsilon}^{\mathrm{p}} = 2\varepsilon_1^{\mathrm{p}} = 0.6$,

$$\bar{\sigma} = 500\times(0.002+0.6)^{0.3} = 429 \ \text{MPa}$$

＊＊＊＊＊＊＊＊＊＊＊＊＊＊＊＊＊＊＊＊＊＊＊＊

【例題5・6】 ＊＊＊＊＊＊＊＊＊＊＊＊＊＊＊＊＊＊＊＊＊＊＊＊

Figure 5.7 shows a schema of a plane-strain tension test. Denoting the loading direction is 1, the width direction 2, and the thickness direction 3, express the equivalent stress, $\bar{\sigma}$, and equivalent plastic strain, $\bar{\varepsilon}^{\mathrm{p}}$, as functions of σ_1 and $\varepsilon_1^{\mathrm{p}}$.

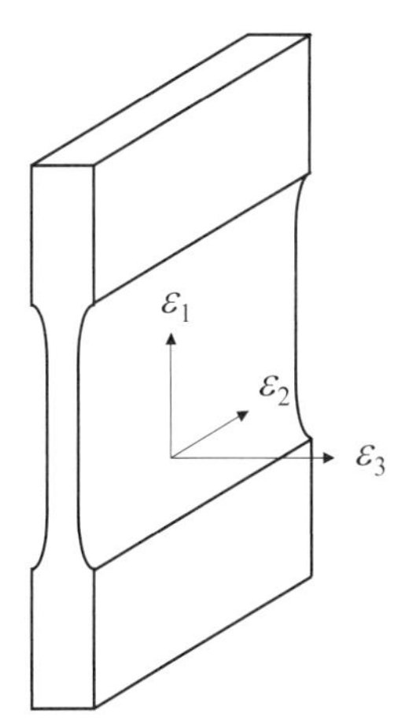

図5.7 平面ひずみ引張試験片

【解答】 Because this is plane strain deformation, and there is no force applied in direction 3, $d\varepsilon_2^{\mathrm{p}} = 0$ and $\sigma_3 = 0$, so $\sigma_2 = (\sigma_1+\sigma_3)/2 = \sigma_1/2$, see Eq.(5.8) and $\varepsilon_1^{\mathrm{p}} = -\varepsilon_3^{\mathrm{p}}$ ($\rho = 0$ in Eq.(5.27)). Using Eqs. (5.12)and(5.27),

$$\bar{\sigma} = \frac{\sqrt{3}}{2}\sigma_1 \quad \text{and} \quad \bar{\varepsilon} = \frac{2}{\sqrt{3}}\varepsilon_1^{\mathrm{p}}$$

＊＊＊＊＊＊＊＊＊＊＊＊＊＊＊＊＊＊＊＊＊＊＊＊

【例題5・7】　＊＊＊＊＊＊＊＊＊＊＊＊＊＊＊＊＊＊＊＊＊＊＊＊

単軸引張試験から測定される真応力－対数塑性ひずみ曲線が $\sigma_1 = 700 \times (0.005 + \varepsilon_1^{\mathrm{p}})^{0.2}$ (MPa)で与えられる等方性の金属薄板がある．この金属板に $\varepsilon_1^{\mathrm{p}} = \varepsilon_2^{\mathrm{p}} = 0.1$ の等二軸引張変形を加えていったん除荷し，次に，この金属板の面内のある方向（2軸方向）の主ひずみ増分を0に保ちつつ（$d\varepsilon_2^{\mathrm{p}} = 0$），それと直交する方向（1軸方向）に $\Delta\varepsilon_1^{\mathrm{p}}$ の塑性ひずみ増分を加える．このとき，金属板がミーゼスの降伏条件式に従うと仮定して，①金属板が再降伏する瞬間における1軸方向の真応力 Y_{P}，② $\Delta\varepsilon_1^{\mathrm{p}} = 0.1$ に達したときの1軸方向の真応力（塑性流動応力）$\sigma_{1\mathrm{P}}$ を求めよ．

【解答】 ①金属板に加えられた相当塑性ひずみは $\bar{\varepsilon}^{\mathrm{p}} = 2\varepsilon_1^{\mathrm{p}} = 0.2$ であるから，この時点での金属板の相当応力は

$$\bar{\sigma} = 700 \times (0.005 + 0.2)^{0.2} = 509.9(\mathrm{MPa}).$$

$d\varepsilon_2^{\mathrm{p}} = 0$ のとき，式(5.8)より $\sigma_2' = 0$．よって $\sigma_2 = \sigma_1 / 2$．したがって金属板が降伏する瞬間において $\sigma_1 = Y_{\mathrm{P}}$，$\sigma_2 = Y_{\mathrm{P}} / 2$．これらを式(5.13)に代入すると，

$$Y_{\mathrm{P}} = (2/\sqrt{3})\bar{\sigma} = 589(\mathrm{MPa}).$$

② $\Delta\varepsilon_1^{\mathrm{p}} = 0.1$ に達したときの相当塑性ひずみ増分は $\overline{\Delta\varepsilon}^{\mathrm{p}} = 0.1155$．よって，この時点での金属板の相当応力は

$$\bar{\sigma} = 700 \times (0.005 + 0.2 + 0.1155)^{0.2} = 557.5(\mathrm{MPa}).$$

$$\therefore \sigma_{1\mathrm{P}} = (2/\sqrt{3})\bar{\sigma} = 644\,(\mathrm{MPa}).$$

＊＊＊＊＊＊＊＊＊＊＊＊＊＊＊＊＊＊＊＊＊＊＊＊

5・1・7 実験検証手法 (experimental verification)

塑性理論の発展においては，精緻な実験検証が必要不可欠である．実際，塑性力学の発展に伴い多くの優れた実験研究が行われてきた．実験塑性学の発展に関しては，文献(8)～(10)を参照されたい．

5・2 塑性加工の力学解析手法 (analytical methods for metal forming)

5・2・1 塑性加工の力学解析手法の種類と用途 (variety and application of analytical methods for metal forming)

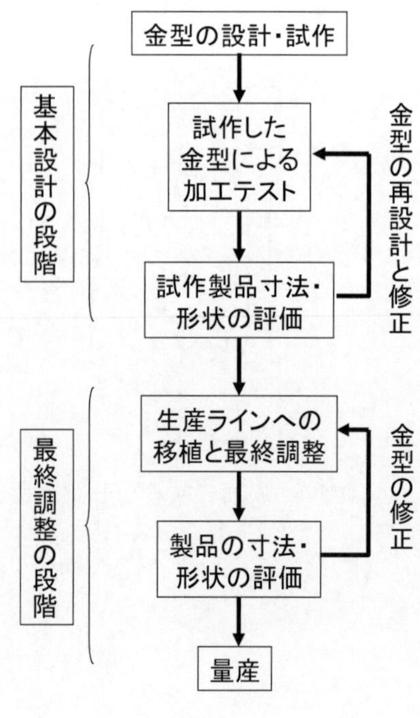

図 5.8　塑性加工工程・金型の設計

塑性加工技術の開発において，加工する対象である金属材料の塑性変形特性や負荷特性の解析は重要な意味を持っている．たとえば，塑性加工に利用する金型を製作する場合には，金型の内部で材料が適切に塑性変形し，必要とされる製品の形状寸法精度が得られるのかを予測しなければならない．この要求に叶う最も単純かつ明快な方法は，金型を試作し，試作した金型を利用した実験を行うことである．図 5.8 に実験を利用した金型設計の手順を示す．最初に試作した金型での塑性加工がうまくことは期待できないであろうから，実験した結果をもとに金型の不具合を修正し，再度実験を行い，また

金型を修正し，といったサイクルを多数繰り返すことになろう．熟練した金型設計者は，このサイクルを普通の技術者に比べて少ない回数で終えることができるであろうが，この繰り返しサイクルは時間の浪費と金型設計・開発費用の増加を必ずともなうものである．

21 世紀に入った今日では，金型を含めた塑性加工工程全般の設計や塑性加工技術開発は，以前に増して短い時間で行うことが求められており，同時にコストも低減し，より良質な製品を市場に供給することが求められている．そのためには，たとえば先に述べた金型設計の方法も抜本的に変えざるを得ない．そのための有効なツールが，塑性加工の力学解析手法(analytical methods for metal forming)であり，現在最も進んだ力学解析手法は有限要素法である．

塑性加工の力学解析が十分な精度によって簡単に行える場合には，金型設計の手順のうち実験の部分を，力学解析をもとにした数値実験(numerical experiment)に置き換えて，図 5.8 の手順で行うことも可能である．この場合，金型設計の手順は，CAD システムによる作図と塑性加工の力学解析を２つの要素としつつ，主として計算機上で行うことになる．この手順のほうが短時間で，良い金型の設計をできるはずであり，また金型設計にかかるコストも低減される．

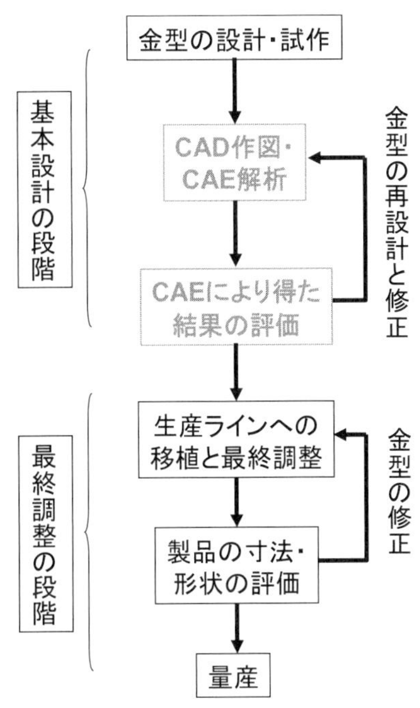

図 5.9　塑性加工 CAE を利用した工程・金型の設計

図 5.9 に示した CAE(computer aided engineering)システムは，既に塑性加工法については実用化されている．CAE システムの根幹は，塑性加工の力学解析手法である．つまり，塑性加工の力学解析手法が十分に利用できる塑性加工法では CAE システムも適用ができ，塑性加工の力学解析手法が十分に利用できない塑性加工法では，CAE システムの適用も進んでいない．

塑性加工の力学解析法は，塑性加工技術の開発において最も重要な要素のひとつであり，過去１世紀にわたりさまざまな研究開発が行われてきた．この間，開発されてきた塑性加工の力学解析法は，いくつかのグループに分類できる．

・初等理論(elementary theory)　塑性変形している材料内部の応力分布を仮定し，材料内部に想定した微小要素またはスラブ要素(slab element)についての釣合い条件を，材料の降伏条件と連立させて解く方法である．この方法は，最も古くから塑性加工の力学解析手法として利用されてきたものであり，変形が比較的単純で応力分布の近似が容易である問題について，応力を見積もるのに適している．たとえば，板圧延，単純圧縮加工，引抜きといった問題については，２次元応力場の計算に現在でもよく利用されている．また板圧延については３次元応力解析も行われている．

・エネルギー法(energy method)　塑性変形している領域について変形場もしくは応力場を仮定し，塑性変形に要するエネルギーの極限を求めることで変形場もしくは応力場を求める方法である．変位境界条件と体積一定条件を満足する変形を仮定した場合，塑性変形によって消散されるエネルギーは正解のエネルギーより必ず高くなる（上界定理(upper bound theorem)）ので，できるだけエネルギーを低くする変形場を見出すことで正解に近づける．これを上界法(upper bound method)と呼ぶ．この方法によって計算されるエネルギーは正解より必ず高いので，エネルギーより計算される加工荷重も正解より高めに見積もられる．応力境界条件を満足する応力場を仮定する場合には，塑性変形によって消散されるエネルギーは正解のエネルギーより必ず低くなる（下界定理(lower bound theorem)）．これを下界法(lower bound method)と呼ぶ．これらのエネルギー法は，材料内部の応力の見積もりには向いていないので，現在ではあまり利用されなくなった．

・すべり線場法(slip line theory)　平面ひずみ状態にある材料について，力の釣合い条件，降伏条件，変位の適合条件をもとに，外力に相当して塑性変形している材料内部の応力場を求めようとする方法である．ここでいうすべり線(slip line)とは，その接線方向が最大せん断応力の方向と一致する曲線群のことで，材料内部の応力場は，塑性変形している材料内部に多数描かれたすべり線の集合によって代表される．この方法は，応力の分布状況を大雑把につかむのに向いてはいるが，適用できる問題が限られているため現在ではあまり利用されていない．

・有限要素法(finite element method)　塑性変形している材料の内部を多数の要素に分割し，それぞれの要素の内部のひずみ，ひずみ速度，変位を，節点(nodal point)での変位または速度によって表すことで，まず塑性変形している材料の内部の変形場を表す．変形場はマトリックスで表示される．次に，力の釣合い条件の積分形表示である仮想仕事の原理(virtual work principle)に変形場と材料構成式，体積一定条件を代入すると，節点での変位または速度と，節点での力を，ばね定数で関係付けたマトリックス方程式が得られる．これを電子計算機によって解くことにより，変形場，応力場の解を得る．材料構成式に弾性変形成分を考慮する場合には弾塑性有限要素法(elastic-plastic finite element method)，弾性変形成分を無視する場合を剛塑性有限要素法(rigid-plastic finite element method)と呼ぶ．これらの方法によれば，複雑な塑性変形をしている加工についても解析を行うことができ，精度も高い．欠点は計算時間であるが，現在では計算機の演算速度も十分高速化されているため，数多くの塑性加工法に盛んに利用されている．図 5.10 は剛塑性有限要素法によって得られた，圧延加工の 3 次元解析例である．

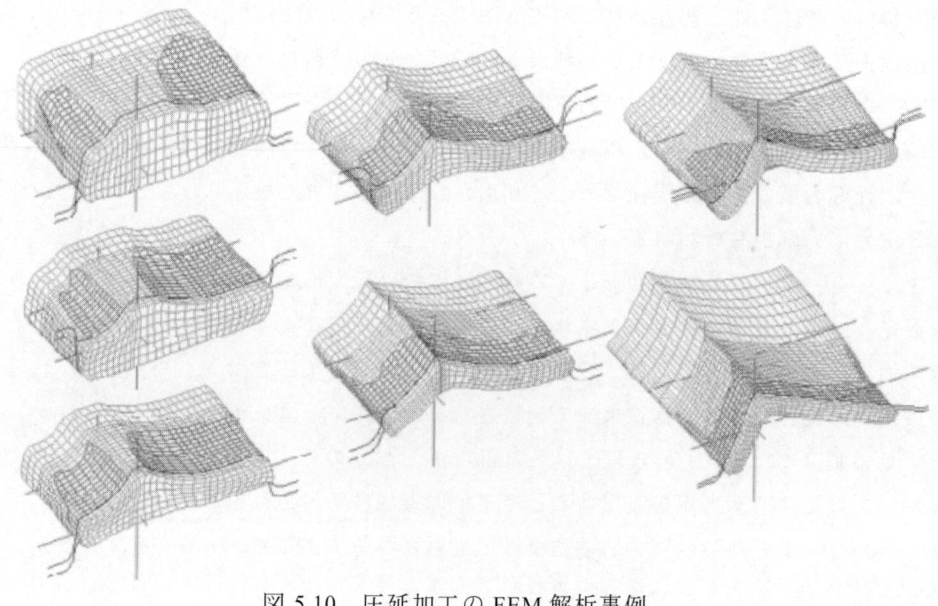

図 5.10　圧延加工の FEM 解析事例

5・2・2　鍛造加工を対象とした初等理論 (elementary theory for forging)

図 5.11 に示す円柱を，平工具によって圧縮する場合を考え，必要な荷重ならびに変形を初等理論によって見積もる．円柱の初期の高さを h_0，半径を r_0 とし，半径方向，高さ方向，周方向をそれぞれ r, z, θ とする．また，半径方向応力を σ_{rr}，周方向応力を $\sigma_{\theta\theta}$，軸方向応力を σ_{zz} とする．

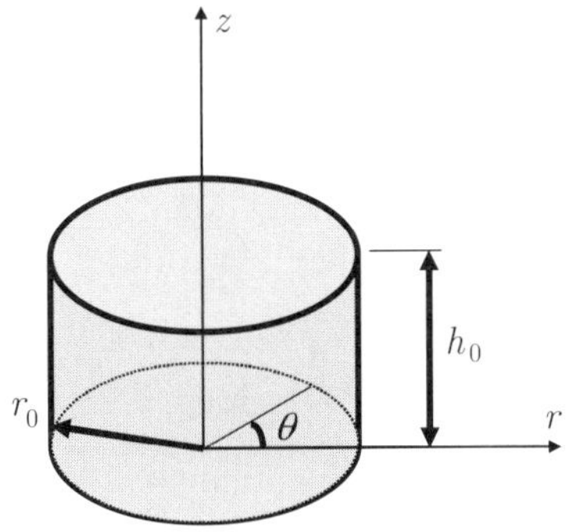

図 5.11　円柱ビレット

・均一変形の場合のひずみ成分　変形前に半径方向位置が R であった点が，変形中のある段階において半径方向位置 r の位置にあるものとする．この時点での円柱の半径を，図 5.12 に記されている通り a と置き，微小要素の変形前後での半径方向幅をそれぞれ dR, dr とする．半径方向のひずみは，式 (5.29) で与えられる．

$$\varepsilon_{rr} = \ln\left(\frac{dr}{dR}\right) \tag{5.29}$$

円周方向ひずみは，微小要素の周の長さをもとに，式(5.30)で計算できる．

$$\varepsilon_{\theta\theta} = \ln\left(\frac{2\pi r}{2\pi R}\right) = \ln\left(\frac{r}{R}\right) \tag{5.30}$$

塑性変形は体積一定の条件下で起こるので，高さ方向ひずみ ε_{zz} は，式(5.31) を満足する．

$$\varepsilon_{rr} + \varepsilon_{\theta\theta} + \varepsilon_{zz} = 0 \tag{5.31}$$

したがって，式(5.29)，式(5.30)を式(5.31)に代入すると，

$$\ln\left(\frac{dr}{dR}\right) + \ln\left(\frac{r}{R}\right) + \varepsilon_{zz} = 0 \tag{5.32}$$

この式を積分すると，

$$R^2 = r^2 \exp(\varepsilon_{zz}) + C \tag{5.33}$$

ここで C は積分定数である．変形の前後で，円柱の中心線の位置は不変であるので，$r = 0$ で $R = 0$ であり，積分定数 $C = 0$ となる．したがって，

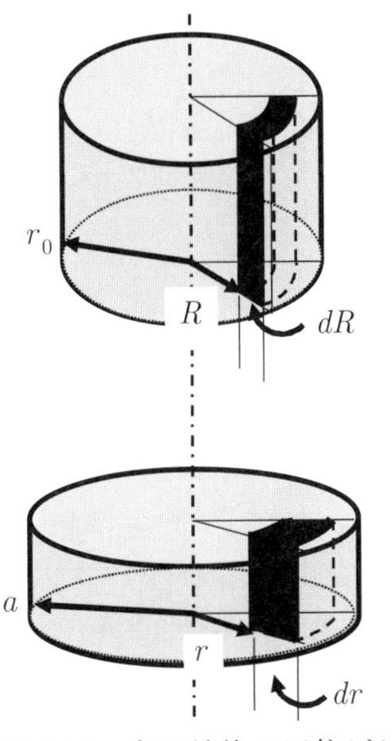

図 5.12　変形前後の円柱ビレット

$$R^2 = r^2 \exp(\varepsilon_{zz}) \tag{5.34}$$

$$\varepsilon_{zz} = 2\ln\left(\frac{R}{r}\right) \tag{5.35}$$

この関係を，式(5.29)，式(5.30)に代入すると，半径方向ひずみ ε_{rr} と周方向ひずみ $\varepsilon_{\theta\theta}$ が，軸方向ひずみとの関係式(5.36)，(5.37)として表現できる．

$$\varepsilon_{rr} = \ln\left(\frac{dr}{dR}\right) = -\frac{1}{2}\varepsilon_{zz} \tag{5.36}$$

$$\varepsilon_{\theta\theta} = \ln\left(\frac{r}{R}\right) = -\frac{1}{2}\varepsilon_{zz} \tag{5.37}$$

・応力成分と釣合い式　Hencky の方程式によれば，ひずみ成分と偏差応力テンソル

$$\frac{\varepsilon_{rr}}{\sigma'_{rr}} = \frac{\varepsilon_{\theta\theta}}{\sigma'_{\theta\theta}} = \frac{\varepsilon_{zz}}{\sigma'_{zz}} = \lambda \tag{5.38}$$

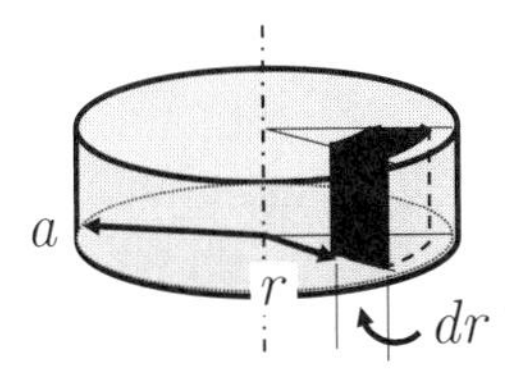

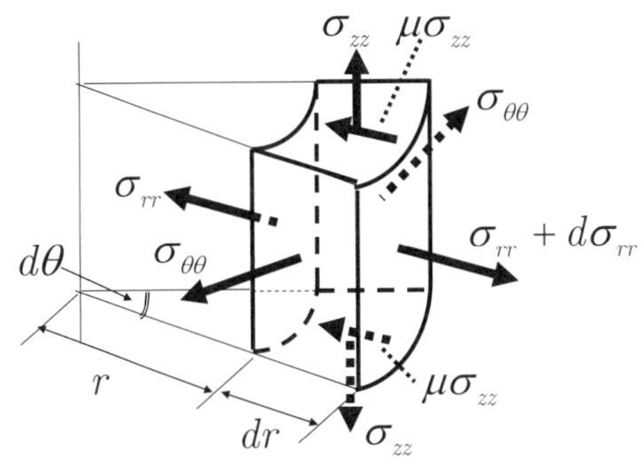

図 5.13　微小要素についての釣合い条件

であるので，$\sigma'_{rr}=\sigma'_{\theta\theta}$ すなわち $\sigma_{rr}=\sigma_{\theta\theta}$ が成立している．

図 5.13 に示す微小要素について，半径方向の力の釣合いを考える．微小要素は，4 種類，合計 6 つの面によって構成されている．それぞれの面に作用している半径方向力は，以下の通りである．

a)外周面：　$h(\sigma_{rr}+d\sigma_{rr})(r+dr)d\theta$

b)内周面：　$-h\sigma_{rr}rd\theta$

c)周方向断面（2 面の合計）：　$-2h\sigma_{\theta\theta}dr\left(\dfrac{d\theta}{2}\right)$

d)軸方向断面（2 面の合計）：　$2\mu\sigma_{zz}rdrd\theta$

よって，力の釣合い式は次式によって表現される．

$$h(\sigma_{rr}+d\sigma_{rr})(r+dr)d\theta+2\mu\sigma_{zz}rdrd\theta-h\sigma_{rr}rd\theta-2h\sigma_{\theta\theta}dr\left(\frac{d\theta}{2}\right)=0 \tag{5.39}$$

すなわち，

$$\frac{d\sigma_{rr}}{dr}+\frac{\sigma_{rr}-\sigma_{\theta\theta}}{r}+\frac{2\mu\sigma_{zz}}{h}=0 \tag{5.40}$$

が，半径方向力の釣合い式である．

・降伏条件と高さ方向応力の半径方向分布　この場合の降伏条件は，トレスカの降伏条件，ミーゼスの降伏条件どちらの場合でも，式(5.41)で表される．

$$\sigma_{rr}-\sigma_{zz}=Y \tag{5.41}$$

つまり $d\sigma_{zz}=d\sigma_{rr}$ である．また，$\sigma_{rr}=\sigma_{\theta\theta}$ であるので，これらの関係式を釣合い式(5.40)に代入すると，次式(5.42)が得られる．

$$\frac{d\sigma_{zz}}{dr}=-\frac{2\mu\sigma_{zz}}{h} \tag{5.42}$$

この式を積分し，外半径 $r=a$ で $\sigma_{rr}=0$ すなわち $\sigma_{zz}=-Y$ という条件を用いると，高さ方向応力の半径方向分布は次式(5.43)によって表される．これは，円柱の圧縮加工の際に工具に作用する圧力分布を表している．

$$\sigma_{zz}=-Y\exp\left[\frac{2\mu}{h}(a-r)\right] \tag{5.43}$$

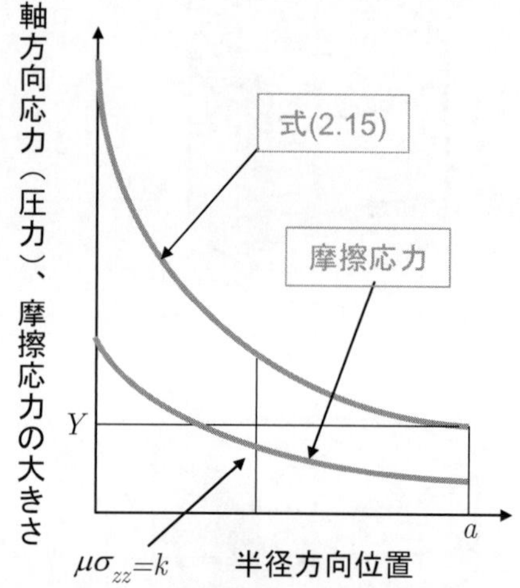

図 5.14　円柱圧縮時の圧力分布と摩擦力分布（すべり状態）

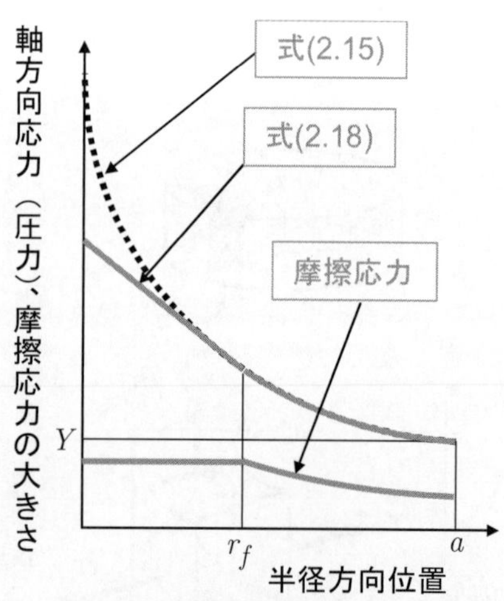

図 5.15　円柱圧縮時の圧力分布と摩擦力分布（固着状態）

図 5.14 に，式(5.43)によって計算される圧力分布と摩擦応力分布を示す．なお，式(5.43)はすべり状態に対する式である．仮に摩擦力係数 μ が大きくなると，摩擦応力 $\mu\sigma_{rr}$ の値も高くなるがこの摩擦応力は，せん断降伏応力 k を超えることは無い.仮に，$r=r_f$ より内周側で摩擦応力がせん断降伏応力 k を上回るとすれば，ミーゼスの降伏条件を利用することにより，

$$-\mu\sigma_{zz}\big|_{r=r_f}=k=\frac{Y}{\sqrt{3}} \tag{5.44}$$

であるので，これを式(5.15)に代入して r_f の値を求めると，次式(5.45)が得られる．

$$r_f = a - \frac{h}{2\mu}\ln\left(\frac{1}{\sqrt{3}\mu}\right) \tag{5.45}$$

この半径 r_f より内側の領域では，摩擦力は式(5.44)に従う（この状態を固着状態と呼ぶが，材料と工具の間にすべりが無いということではない）．式(5.42)に，式(5.44)を代入して積分すると，固着状態についての圧力分布が得られる．

$$\sigma_{zz} = -\left[\frac{2Y}{\sqrt{3}h}\left(r_f - r\right) + \frac{Y}{\sqrt{3}\mu}\right] \tag{5.46}$$

図 5.15 に，すべり－固着が共存する場合についての圧力分布と摩擦力分布を示す．

5・2・3　圧延加工を対象とした初等理論 (elementary theory for rolling)

1925 年に発表された Karman の微分方程式は，古典的圧延理論において Orowan の方程式と並ぶ基本的な方程式である．以下に，現在でも広く利用されている，圧延加工を対象とした Karman の方程式，Karman の圧延理論と，これの Nadai による近似解析解について述べる．

・圧延加工の特徴と幾何学的関係　圧延加工においては，被圧延材は上下一対のロールによって，引き込まれながら同時に加工される．つまり圧延に利用されるロールは，塑性加工のための工具であると同時に素材を引き込むためのフィーダーとしての役割をも担っている．ここで，図 5.16 に示すとおり，入口での板厚を h_2，出口での板厚を h_1，ロールの半径を R とすれば，ロールと被圧延材との接触長さ L_d は $L_d = \sqrt{R\left(h_2 - h_1\right)}$，圧下率 r は $r = \left(h_2 - h_1\right)/h_2$，せん断変形を無視した場合の相当塑性ひずみは $1.15 \times \ln\left(1 - r\right)$ で与えられる．また被圧延材の入口速度を v_2，出口速度を v_1 とすれば，体積流れ一定の条件から，$v_2 h_2 = v_1 h_1$ が成立している．図 5.16 中，▼はロールと材料の速度が一致する点（中立点）である．

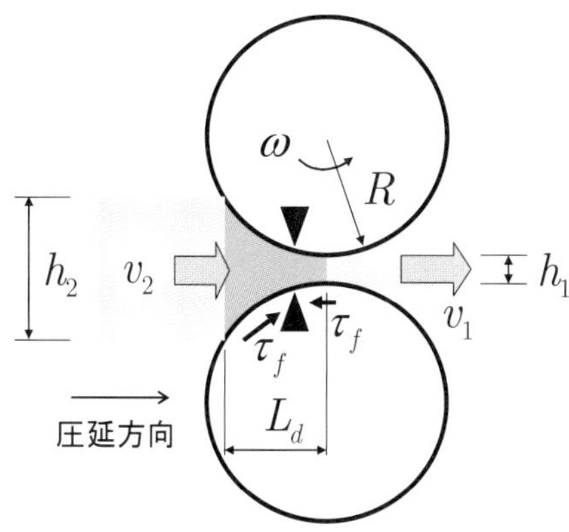

図 5.16　圧延加工を特徴づけるパラメータ

・圧延方向の力の釣り合い　ワークロールにより挟まれているロールバイト領域について，図 5.16 に示す通りの微小要素を考える．微小要素には，圧延方向前後面に圧延方向応力 σ_{xx}，ワークロールとの接触面にロールからの圧延圧力(rolling pressure) p，ワークロールとの接触面に摩擦応力(friction stress) τ_f が作用しており，またこれらの力は釣合っているはずである．摩擦力は，ロールの速度が被圧延材より速い領域では被圧延材がロールによって引き込まれているのであるからロールの回転方向に作用し，ロールの速度より被圧延材の速度が速い領域ではロールの回転方向とは逆に作用している．つまり図 5.17 に示すとおり，被圧延材が圧延されていく過程ではまず引込み方向の摩擦力が作用し（この領域を後進域：backward slip zone とよぶ），ついで逆方向の摩擦力が作用する（この領域を先進域：forward slip zone とよぶ）で隔てられている．

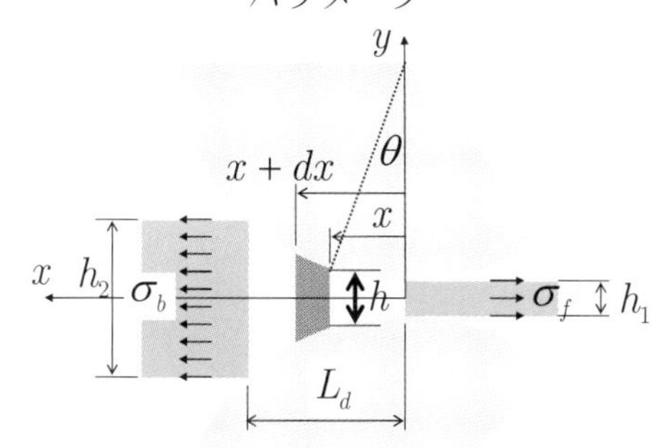

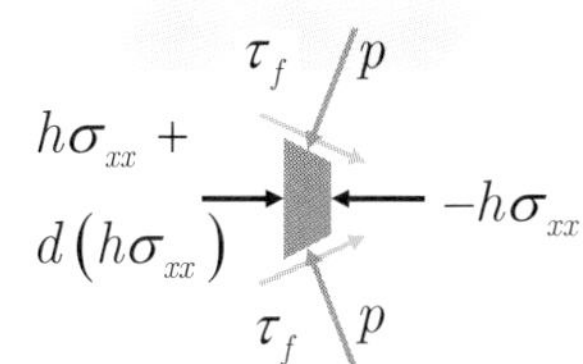

図 5.17　微小要素についての釣合い条件

微小要素を構成する 4 つの面に作用している力の圧延方向（x 方向）の分力

は，

a)圧延方向前面：$-h\sigma_{xx}$

b)圧延方向後面：$h\sigma_{xx}+d\left(h\sigma_{xx}\right)$

c)圧延圧力：$p\sin\theta\dfrac{dx}{\cos\theta}$

d)摩擦応力：後進域で$-\alpha\tau_f\cos\theta\dfrac{dx}{\cos\theta}$，先進域で$\alpha\tau_f\cos\theta\dfrac{dx}{\cos\theta}$

である．微小要素の圧延方向に見た幅は dx なので，ワークロールと被圧延材との接触面の長さは，$dx/\cos\theta$ となることを，c)d)を導く際に利用している．さらに，圧延方向応力 σ_{xx} は，塑性力学の慣例に従い圧縮側を負，引張り側を正としている．ここでは，ロールバイトにおいて，被圧延材厚さ方向に見た応力分布は一様であると考え，さらに被圧延材内部のせん断応力は無視されている．

摩擦力がクーロンの法則に従うものとすれば，以下の通りに表される．

$$\tau_f=\mu p \tag{5.47}$$

微小要素についての圧延方向力の釣り合い条件は，この要素に作用する力の合計がゼロとなることである．これを数式にて表示すると，

$$d\left(h\sigma_{xx}\right)+2p\frac{dx}{\cos\theta}\sin\theta\mp2\mu p\frac{dx}{\cos\theta}\cos\theta=0 \tag{5.48}$$

が得られる．若干式を変形することにより，

$$\frac{d\left(h\sigma_{xx}\right)}{dx}+2p\left(\tan\theta\mp\mu\right)=0 \tag{5.49}$$

の微分方程式が得られるから，これを適切な境界条件のもとで解くことにより，ロールバイト内部での応力分布や圧延圧力分布が得られる．この式を，Karman の（圧延）方程式と呼ぶ．符号 $\mp$ は，上側は後進域，下側は先進域を表す．

ただし式(5.49)のままでは，変数が圧延方向応力 σ_{xx} と圧下力 p の 2 個含まれているため，どちらか一方を消去しないと解くことができない．また，式(5.49)には被圧延材が塑性変形しているとの条件が含まれていない．

ロールバイト内の被圧延材は塑性変形をしている．降伏条件は，塑性変形している材料が満足すべき，応力についての条件である．現在考えている問題は平面ひずみ問題であって，せん断応力 σ_{xy} は無視されているので，この場合についてのトレスカの降伏条件は，

$$\sigma_{xx}-\sigma_{yy}=Y \tag{5.50}$$

と表される（ミーゼスの降伏条件でも式は同じ形となる）．ただし，σ_{yy} は板厚方向応力，Y は一軸降伏応力であり，トレスカの降伏条件では一軸降伏応力 Y はせん断降伏応力 k の 2 倍である．

ワークロールと被圧延材との接触弧長 L_d は，実際の圧延ではロール半径 R と比較して十分に小さいから，角度 θ も十分に小さい．この場合，圧下力

p は板厚方向応力とほぼ等しく，$\sigma_{yy}=-p$ と近似することができる．従って式(5.50)は

$$\sigma_{xx}+p=Y \tag{5.51}$$

に置き換えることができる．これを式(5.49)に代入することにより，圧延方向応力 σ_{xx} を圧下力 p で置き換えて消去すると，

$$\frac{d\left(h\left(Y-p\right)\right)}{dx}+2p\left(\tan\theta\mp\mu\right)=0 \tag{5.52}$$

式(5.52)を p について解くことにより，ロールバイト内部の任意の位置 x での圧延圧力 p を得ることができる．

ナダイ(Nadai)による解　ワークロールと被圧延材との接触弧長 L_d は，ワークロール半径 R と比較して十分に小さい場合，すなわちワークロール半径と比較して板厚が十分小さい場合には，角度 θ について以下の近似を行うことができる．

$$\tan\theta\approx\sin\theta\approx\frac{x}{R} \tag{5.53}$$

さらに，この場合には，ワークロール円弧を放物線により近似することができるので，任意の位置 x でのロールバイト高さ h を以下の式にて表すことができる．

$$h=h_1+\frac{x^2}{R} \tag{5.54}$$

仮に一軸降伏応力 Y が場所 x によらず一定であるとすれば，式(5.52)は，

$$\begin{aligned}&\frac{d\left(h\left(Y-p\right)\right)}{dx}+2p\left(\tan\theta\mp\mu\right)\\&=\left(Y-p\right)\frac{dh}{dx}-h\frac{dp}{dx}+2p\left(\tan\theta\mp\mu\right)=0\end{aligned} \tag{5.55}$$

と書き直すことができる．式(5.55)に式(5.53)，式(5.54)を代入して整理すると，式(5.56)が得られる．

$$\left(h_1+\frac{x^2}{R}\right)\frac{dp}{dx}\pm2\mu p-2\frac{x}{R}Y=0 \tag{5.56}$$

幸いにして式(5.56)は，巧みな変数変換によって解くことができる．まず，$z\equiv x/\sqrt{Rh_1}$，$g\equiv p/Y$，$a\equiv2\mu\sqrt{R/h_1}$ とおいて(5.56)式に代入すると，

$$\left(1+z^2\right)\frac{dg}{dz}\pm ag=2z \tag{5.57}$$

が得られる．さらに $z=\tan v$ とおけば，$dz/\left(1+z^2\right)=dv$ であるから，

$$\frac{dg}{dv}\pm ag=2\tan v \tag{5.58}$$

と変形され，この式は積分できる．その結果を積分定数を K としてあらわすと，以下の式(5.31)が得られる．

$$g=\exp\left(\mp av\right)\left[K+2\int\exp\left(\pm av\right)\tan v\,dv\right] \tag{5.59}$$

ここで，$z \equiv \tan v \equiv x/\sqrt{Rh_1} = (x/R)\sqrt{R/h_1} = \tan\theta\sqrt{R/h_1}$ であるので，θ と v を同じオーダーとみなし $\tan v \approx v$ と近似して式(5.59)を積分すると，式(5.60)が得られる．

$$g = K\exp(\mp av) - \frac{2(1\mp av)}{a^2} \tag{5.60}$$

積分定数 K はロールバイト入口面・出口面での前後方張力により定まる．図5.17に示されている通り，前方張力（出口面側より作用している張力）を σ_f，後方張力（入口面側より作用している張力）を σ_b とすれば，境界条件は，

入口面　$x = L_d$ で $\sigma_{xx} = \sigma_b$ すなわち $g = g_b = \dfrac{p|_{x=L_d}}{Y} = \dfrac{Y-\sigma_b}{Y}$

出口面　$x = 0$ で $\sigma_{xx} = \sigma_f$ すなわち $g = g_f = \dfrac{p|_{x=0}}{Y} = \dfrac{Y-\sigma_f}{Y}$

であることから積分定数 K を決めると，無次元化圧延圧力 $g \equiv p/Y$ は以下の通りに与えられる．ただし，$v = \tan^{-1}\dfrac{x}{\sqrt{Rh_1}}$，$v_b = \tan^{-1}\dfrac{L_d}{\sqrt{Rh_1}}$，$a = 2\mu\sqrt{R/h_1}$ である．

後進域において：

$$g = \frac{p}{Y} = \left(g_b + \frac{2(1-av_b)}{a^2}\right)\exp\left[a(v_b - v)\right] - \frac{2(1-av)}{a^2} \tag{5.61}$$

先進域において：

$$g = \frac{p}{Y} = \left(g_f + \frac{2}{a^2}\right)\exp(av) - \frac{2(1+av)}{a^2} \tag{5.62}$$

入口面側より後進域については式(5.61)を，出口面側より先進域については式(5.62)を用いて計算を行い圧延圧力 p の分布を求める．両者により計算される圧延圧力が一致する位置 $v_n = \tan^{-1}\dfrac{x_n}{\sqrt{Rh_1}}$ により定まる x_n が中立点位置である．

・限界噛み込み角　後進域では圧延圧力の圧延方向成分は，摩擦による被圧延材の引き込み力とは逆の方向に作用する．圧延圧力の圧延方向成分が摩擦力より大きくなると，被圧延材がロールバイト内に噛み込まれないという現象が起こる．被圧延材がワークロールに噛み込まれるためには，噛み込み開始点での角度 θ_b について，

$$\alpha\tau_f\cos\theta_b\frac{dx}{\cos\theta_b} \ge p\sin\theta_b\frac{dx}{\cos\theta_b} \tag{5.63}$$

である必要がある．式(5.35)を変形して得られる式(5.64)

$$\mu \ge \tan\theta_b \approx \frac{L_d}{R} \tag{5.64}$$

が圧延が成立するための必要条件である．噛み込み開始点での角度 θ_b は被圧延材とロールとの幾何学的条件によって定まるが，この角度 θ_b は $\tan^{-1}\mu$ を下まわっていなければならない．

5・2・4　深絞り加工を対象とした初等理論 (elementary theory for deep drawing)

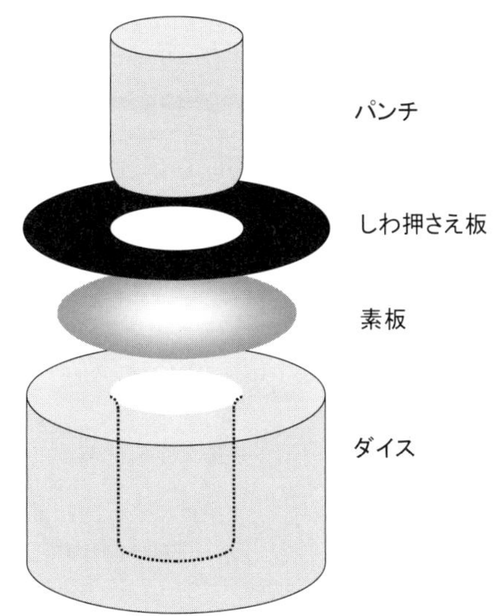

図 5.18　深絞り加工

図 5.18 に示されている深絞り加工について，深絞り力を初等理論によって見積もる．深絞り前の素板は円形であり，絞った後に円筒の容器が成形される．成形の際，素板の中央部分はパンチによって下方向に移動する．そのため，素板の外周部分はパンチ，ダイス方向に引き込まれる．この外周部分をフランジと呼ぶ．フランジ部ではパンチによる引き込みの結果，板厚が増加する．またこの部分では円周方向に圧縮の応力が作用するので，フランジ部にはしばしばしわ(wrinkle)が発生する．しわの発生を抑制するために，しわ押さえ板(blank holder)が用いられる．

図 5.19 は，深絞り加工の最終段階での素板の形状である．この段階での深絞りに必要な力は，以下の 3 つの力の合計である．

a)フランジ部の材料をダイス穴に絞り込むのに必要な力
b)フランジ部とダイス肩部における材料との間の摩擦力
c)ダイス肩部での材料の塑性変形に必要な力

これらの力を，初等理論を利用して見積る．ただし，初等理論による深絞り加工の厳密な解析は不可能であるので，素板の板厚変化を無視し，さらに，しわ押さえ板に作用する力は，素板の最外周に集中して作用すると考える．第 1 の仮定は正しい仮定とは言えず，現実には，ダイス肩部での板厚は半径方向に作用する張力によって減少し，フランジ部の板厚は深絞り加工中に増加する．フランジ部での板厚増加の割合は外周部ほど顕著になるので，しわ押さえ板と素板との接触は最外周において最も起こりやすい．このことが，第 2 の仮定の根拠になっている．以後の初等理論による解析では，半径方向を r，円周方向を θ，板厚を t とする．しわ押さえ力 Q は，図 5.20 に示されている通り，素板の最外周 r_0 に集中して作用していると考える．図 5.20 に，深絞り加工の解析に利用する，形状寸法記号をまとめて示す．深絞り前の素板半径を R_0，ダイス肩部の外半径を r_1，素板がダイスより離れる位置の半径を r_2，ダイス肩部の半径を ρ とする．

・フランジ部での力の釣合い　図 5.21 に，フランジ部分の微小要素に作用している応力成分を示す．この要素の半径方向釣合いは，鍛造加工の初等理論の釣合い式(5.39)と同じく，次式(5.65)で表される．

$$\begin{aligned} &t\left(\sigma_{rr}+d\sigma_{rr}\right)\left(r+dr\right)d\theta+2\mu\sigma_{zz}rdrd\theta \\ &-t\sigma_{rr}rd\theta-2t\sigma_{\theta\theta}dr\left(\frac{d\theta}{2}\right)=0 \end{aligned} \tag{5.65}$$

ただし深絞り加工の初等理論では，しわ押さえ力は最外周において集中して作用していると考えるので，式(5.65)中の摩擦力の項は釣合い式からは除外する．さらに高次の微小項を省略して整理すると，以下の式が得られる．

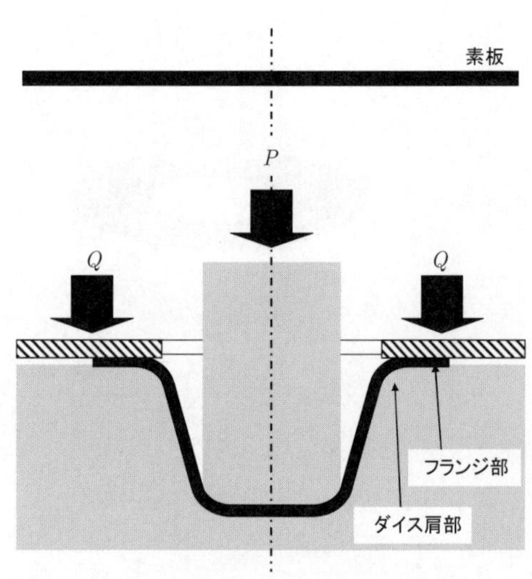

図 5.19　深絞り加工最終段階での素板の形状

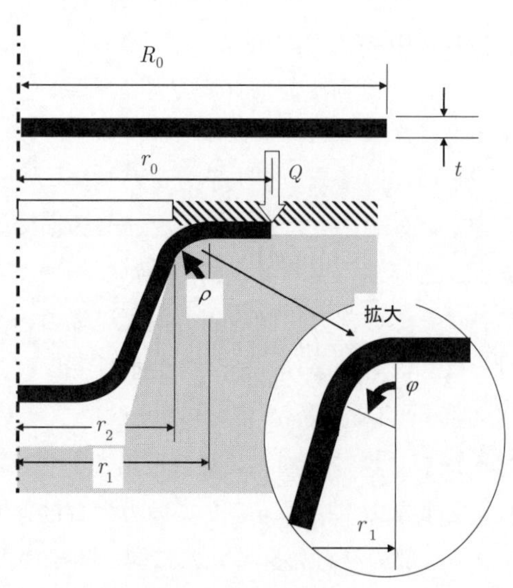

図 5.20　素板に作用している力と記号の定義

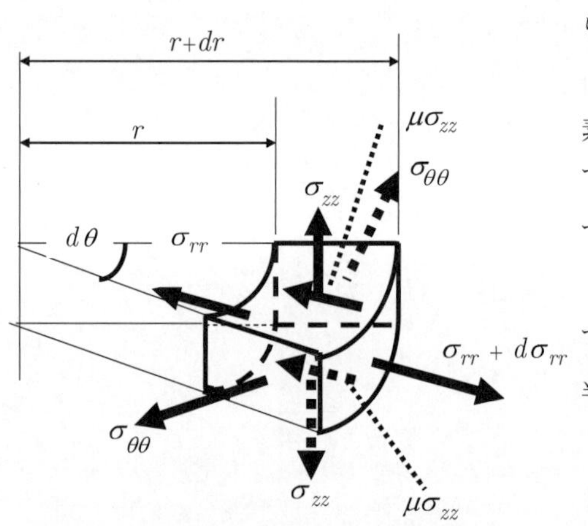

図 5.21　微小要素についての釣合い条件

$$\frac{d\sigma_{rr}}{dr}+\frac{\sigma_{rr}-\sigma_{\theta\theta}}{r}=0 \tag{5.66}$$

・フランジ部での半径方向応力分布　降伏条件は，$\sigma_{rr}-\sigma_{\theta\theta}=Y$ で表されるのでこれを式(5.66)に代入して積分すると，半径方向応力は，以下の式で与えられる．

$$\sigma_{rr}=C-Y\ln r \tag{5.67}$$

素板最外周 r_0 での半径方向応力を仮に $\sigma_{rr}{}^0$ とすれば，これは最外周に集中して作用しているしわ押さえ力 Q に対応した摩擦力 $2\mu Q$ と釣合っているはずである．したがって，

$$2\pi r_0\sigma_{rr}{}^0 t=2\mu Q \tag{5.68}$$

である．この式より得られる $\sigma_{rr}{}^0$ をもとに，式(5.67)の積分定数を決定すると，半径方向応力分布は以下の通りに表される．

$$\sigma_{rr}=Y\ln\left(\frac{r_0}{r}\right)+\sigma_{rr}{}^0=Y\ln\left(\frac{r_0}{r}\right)+\frac{\mu Q}{\pi r_0 t} \tag{5.69}$$

・ダイス肩部での半径方向応力分布　この部分での素板半径方向の応力分布は，フランジ部と同様に素板を絞るために必要な応力と，ダイス肩部での摩擦力に分離して求める．フランジ部の半径方向応力分布より，図 5.21 に示されるフランジ肩部最外周 $r=r_1$ での半径方向応力 $\sigma_{rr}{}^1$ は次式(5.70)によって表される．

$$\sigma_{rr}{}^1=Y\ln\left(\frac{r_0}{r_1}\right)+\sigma_{rr}{}^0 \tag{5.70}$$

さてベルト摩擦の考え方（図 5.22）によれば，ダイス肩部での角度 φ での摩

擦力に応じて素板半径方向に発生する応力は，フランジ肩部最外周 $r=r_1$ での半径方向応力 $\sigma_{rr}{}^1$ の $\exp(\mu\varphi)$ 倍になる．また，ダイス肩部での絞り変形に必要となる半径方向応力は，前項と同じ考え方（式(5.71)）で求めることができる．結局，ダイス肩部の半径方向位置 r（肩の角度位置 φ）で素板に作用する半径方向応力 σ_{rr} は，以下の式によって与えられる．

$$\begin{aligned}\sigma_{rr} &= \exp(\mu\varphi)\sigma_{rr}{}^1 + Y\ln\left(\frac{r_1}{r}\right)\\ &= \exp(\mu\varphi)\left(Y\ln\left(\frac{r_0}{r_1}\right)+\sigma_{rr}{}^0\right)+Y\ln\left(\frac{r_1}{r}\right)\end{aligned} \tag{5.71}$$

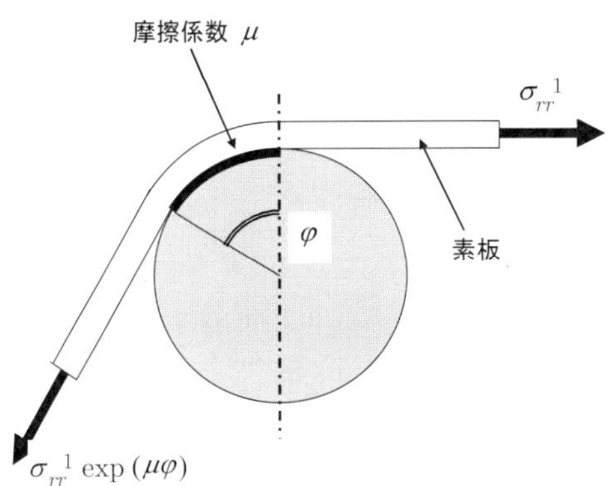

図 5.22　ベルト摩擦

・ダイス肩部での曲げ・曲げ戻しによる応力の増加　素板がフランジ部を通過してダイス肩部に差し掛かると，素板は曲げ変形を受ける．この曲げ変形に必要な応力を見積もる．

図 5.24 は，断面が全て塑性変形状態にあるときの，板厚方向応力分布であり，軸方向応力（曲げ応力と呼ぶことがある）のみが発生する場合を考えている．板に作用している軸方向応力 σ_t の大きさは，降伏応力 Y と一致しており，作用している方向は板の厚さ中心を境にして反転している．

曲げモーメント M_t を与える一般式は，

$$M_t = b\int_{-\frac{1}{2}t}^{\frac{1}{2}t}\sigma_t y'dy' \tag{5.72}$$

で与えられる．ただし b は板の幅（紙面垂直方向の幅），y' は板の厚さ中心からの距離である．この場合の応力分布を代入すると，

$$M_t = 2bY\int_0^{\frac{1}{2}t}y'dy' = 2bY\left[\frac{y'^2}{2}\right]_0^{\frac{1}{2}t} = \frac{bt^2}{4}Y \tag{5.73}$$

として，断面が全て塑性変形状態にあるときの曲げモーメントがもとめられる．

さて現在考えている，深絞り加工のダイス肩部には，素板には半径方向に引張り応力が作用している．また，深絞り加工の半径方向応力を求めるために今まで述べてきた理論では，板の厚さ方向には半径応力 σ_{rr} が分布しないことを前提としている．さらに，式(5.73)は平面ひずみ変形について与えられているが，深絞りで対象としているのは軸対象変形である．そこで，曲げモーメント M_t と半径方向応力 σ_{rr} との関係をエネルギー法的な考え方を導入し，平面ひずみ変形との前提のもとで，以下に示すとおりに与える．図 5.24 はフランジ部よりダイス肩部にいたる間に素板に発生する曲げ変形であると考えると，「素板に発生する曲げ仕事」＝「素板の両端に作用する付加応力 $\sigma_{rr}{}^{add.}$ が素板に対してなす仕事」と考えることができる．なおこの付加応力 $\sigma_{rr}{}^{add.}$ は常に素板の半径方向に作用しており，ダイス肩部では，空間に固定された円柱座標系の半径方向とは作用方向が若干異なる．以下素板に固定された座標系について，素板に沿った半径方向に作用する応力について議論を進める．ダイス肩部の，ダイスと素板とが離れる位置 $r=r_2$ での角度を φ_2（図 5.20：この角度をなじみ角と呼ぶことがある），ダイス肩部の微小角度を $d\varphi$

とし，フランジ部より半径方向長さ dr であった素板の一部が常に付加応力 $\sigma_{rr}^{add.}$ を受けつつ，ダイス肩部に沿って流れ，$d\varphi$ の領域を占めたとする．この場合，素板になされた仕事の収支は，

$$Md\varphi = \sigma_{rr}^{add.} tdr \tag{5.74}$$

であり，さらに，

$$\left(\rho + \frac{1}{2}t\right)d\varphi = dr \tag{5.75}$$

である．なお，ρ は既に定めてあるとおり，ダイス肩部の半径である．したがって曲げ変形に必要な付加応力 $\sigma_{rr}^{add.}$ は，

$$\sigma_{rr}^{add.} = \frac{M}{t\left(\rho + \frac{1}{2}t\right)} \tag{5.76}$$

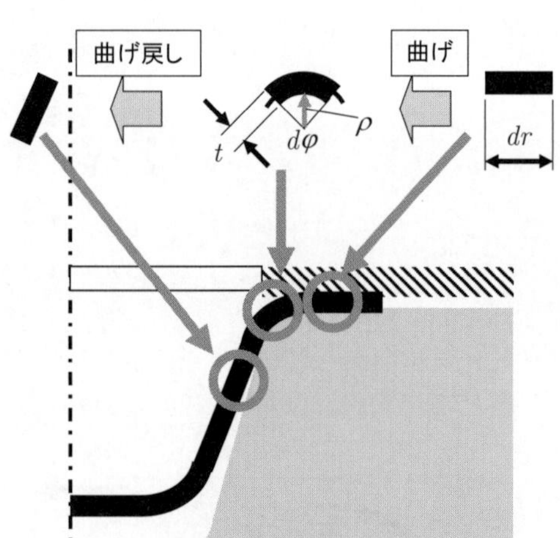

図 5.23　全塑性状態の応力と曲げモーメント

と与えられる．この曲げ変形の過程において，素板の板厚方向前面に亘り塑性変形となっているので，モーメント M は式(5.73)で与えられるものを代入すると，

$$\sigma_{rr}^{add.} = \frac{t}{4\left(\rho + \frac{1}{2}t\right)}Y \tag{5.77}$$

が成り立つ．さらに，ベルト張力の考え方に基づき摩擦力を補正項すると，曲げ変形に必要な素板半径方向の付加応力は，次式で与えられる．

$$\sigma_{rr}^{add.} = \exp(\mu\varphi_2)\frac{t}{4\left(\rho + \frac{1}{2}t\right)}\sigma_0 \tag{5.78}$$

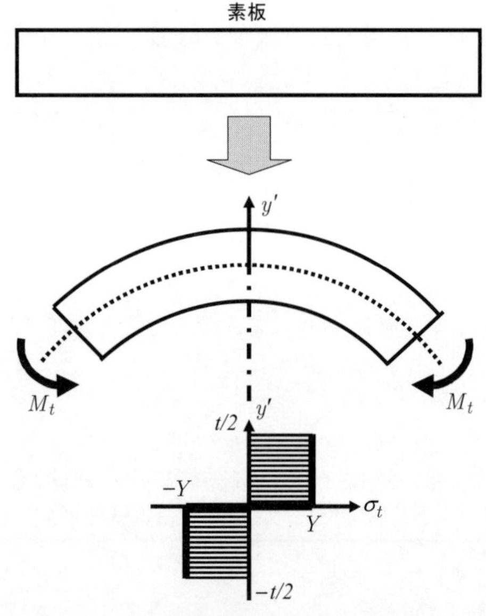

図 5.24　深絞り加工時に素板が受ける曲げ変形・曲げ戻し変形

また，曲げ戻しに必要な付加応力も式(5.77)で与えられるとする．したがって，曲げ－曲げ戻しに必要な付加応力の総計は，次式(5.79)となる．

$$\sigma_{rr}^{add.} = \frac{t}{4\left(\rho + \frac{1}{2}t\right)}Y + \exp(\mu\varphi_2)\frac{t}{4\left(\rho + \frac{1}{2}t\right)}Y \tag{5.79}$$

・パンチに作用する力　式(5.71)，式(5.79)より素板がダイス肩と離れる位置 $r = r_2$ での素板半径方向応力が，付加応力を含めた形で次式にて求められる．

$$\sigma_{rr} = \exp(\mu\varphi_2)\left(Y\ln\left(\frac{r_0}{r_1}\right) + \frac{\mu Q}{\pi r_0 t}\right) + Y\ln\left(\frac{r_1}{r_2}\right) + \frac{t}{4\left(\rho + \frac{1}{2}t\right)}Y\left(1 + \exp(\mu\varphi_2)\right) \tag{5.80}$$

この応力は $r = r_2$ にて素板半径方向に作用している．この部分での断面積 $2\pi r_2 t$ に式(5.80)で与えられる素板半径方向応力を掛け合わせると，素板半径方向の合力が得られるがこの合力に $\sin\varphi_2$ を乗じた分成分がパンチに作用する．すなわち，パンチに作用する力 P は，素板外半径 r_0，ダイス肩部の寸法 r_1, ρ，素板とダイスのなじみ角 φ_2 と半径位置 r_2，摩擦係数 μ，しわ押さえ力 Q の関数として，次式で表される．

$$P = 2\pi r_2 t \sin\varphi_2 \exp(\mu\varphi_2)\left(Y \ln\left(\frac{r_0}{r_1}\right) + \frac{\mu Q}{\pi r_0 t}\right)$$
$$+ 2\pi r_2 t \sin\varphi_2 Y \ln\left(\frac{r_1}{r_2}\right) \tag{5.81}$$
$$+ 2\pi r_2 t \sin\varphi_2 \frac{t}{4\left(\rho + \frac{1}{2}t\right)} Y\left(1 + \exp(\mu\varphi_2)\right)$$

5・2・5 引抜き加工を対象とした初等理論 (elementary theory for wire drawing)

ここでは，図 5.25 に示す，丸棒から丸棒への引抜き加工を対象とした．初期半径を r_2，引抜き後の素材半径を r_1，引抜き方向座標を逆向きに z，この位置でのダイス表面位置を r，ダイスに作用する垂直圧縮応力を p，摩擦係数を μ，ダイス半角を θ とする．

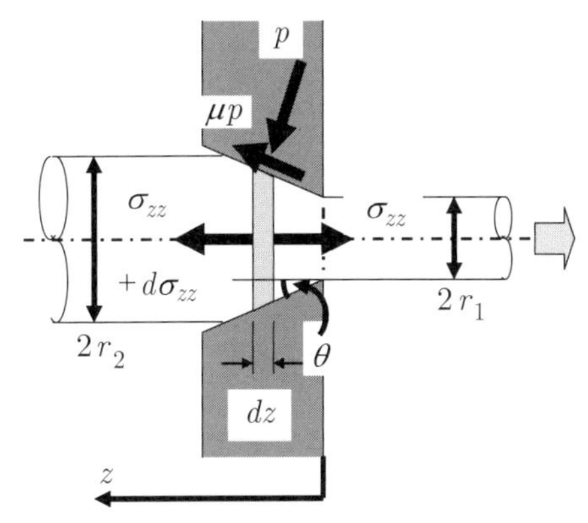

図 5.25　丸棒の引き抜き加工と微小要素についての釣合い条件

$z=z$ と $z=z+dz$ で挟まれる領域のスラブ要素についての力の釣合いは，次式(5.82)で表される．

$$\pi(r+dr)^2(\sigma_{zz}+d\sigma_{zz}) - \pi r^2\sigma_{zz}$$
$$+2\pi rp\sin\theta\frac{dz}{\cos\theta} + 2\pi r\mu p\cos\theta\frac{dz}{\cos\theta} = 0 \tag{5.82}$$

式(5.82)を整理し高次の微小項を省略すると，式(5.83)が得られる．

$$\pi r^2 d\sigma_{zz} + 2\pi r dr\sigma_{zz} + 2\pi rp(\mu + \tan\theta)dz = 0 \tag{5.83}$$

さて，$\tan\theta = dr/dz$ であるから $dz = \cot\theta dr$ であるのでこれを代入すると，以下の釣合い式が得られる．

$$\pi r^2 d\sigma_{zz} + 2\pi r dr\left[\sigma_{zz} + p(1+\mu\cot\theta)\right] = 0 \tag{5.84}$$

さて，ダイス半角 θ が小さい場合には，$\sigma_{zz},\sigma_{rr},\sigma_{\theta\theta}$ を主応力と考えることができ，さらに軸対称性より $\sigma_{rr} = \sigma_{\theta\theta}$ である．ゆえに，トレスカもしくはミーゼスの降伏条件は，

$$\sigma_{zz} - \sigma_{rr} = Y \tag{5.85}$$

で与えられ，さらに $\sigma_{rr} \approx -p$ と近似できる．これらを式(5.56)に代入して整理すると，

$$\frac{2dr}{r} = \frac{dp}{Y+\beta p} \tag{5.86}$$

が得られる．ただし，$\beta = \mu\cot\theta$ と置いた．式(5.58)を積分すると，式(5.59)が得られる．

$$p = \frac{1}{\beta}\left(Cr^{2\beta} - Y\right) \tag{5.87}$$

ここで積分定数は，入口（$r = r_2$）での境界条件より決定される．ここでは $\sigma_{zz} = 0$，すなわち $p = Y$ なので，積分定数 C を求めて式(5.87)に代入すると，式(5.88)が，さらに降伏条件より式(5.89)が得られる．

$$p = \frac{Y}{\beta}\left\{(1+\beta)\left(\frac{r}{r_2}\right)^{2\beta} - 1\right\} \tag{5.88}$$

$$\sigma_{zz} = Y\frac{1+\beta}{\beta}\left\{1-\left(\frac{r}{r_2}\right)^{2\beta}\right\} \tag{5.89}$$

＝＝＝＝　練習問題　＝＝＝＝＝＝＝＝＝＝＝＝＝＝＝＝＝＝＝＝＝＝＝＝＝＝

【5・1】　図 5.14 をもとに，円柱圧縮の際に工具面に作用する合計力とその平均値を求めよ．

【5・2】　図 5.15 をもとに，円柱圧縮においてすべりと固着が共存する場合について，圧縮の際に工具面に作用する合計力とその平均値を求めよ．

【5・3】　冷間圧延条件を調べこの場合の圧延圧力分布を求めて作図せよ．

【5・4】　深絞り加工条件を調べ，この場合のパンチ荷重変化を求めて，その変化を作図せよ．

【5・5】　引抜きに必要な力および平均応力を与える式を導け．

【解答】

5・1　合計力を P とする．P は式(5.43)を元に下記の通り計算できる．

$$P = \int_0^a 2\pi r\|\sigma_{zz}\|dr = 2\pi Y\int_0^a r\exp\left[\frac{2\mu}{h}(a-r)\right]dr$$

5・2　半径 r_f の内側では，軸方向応力は式(5.46)で表されることに注意する．

$$P = 2\pi Y\left\{\int_{r_f}^a r\exp\left[\frac{2\mu}{h}(a-r)\right]dr + \int_0^{r_f}\left[\frac{2}{\sqrt{3}h}(r_f - r) + \frac{1}{\sqrt{3}\mu}\right]rdr\right\}$$

5・3　圧延条件は第 3 章に記した圧延機の形式毎に異なるが，ワークロールの直径は 4 段圧延機では 500mm 程度，摩擦係数は 0.1 程度，入口板厚 2.0mm で圧下率は 15%程度，降伏応力 Y は 200MPa 程度と考えることができる．前後方張力を 60MPa と仮定して，Karman の理論の解，式(2.33)(2.44)に代入して圧延圧力分布ならびに中立点の位置を求めることができる．

5・4　素板半径(r_0)200mm，ダイス半径(r_2)100mm，ダイス肩半径(ρ)10mm，板厚(t)1mm，摩擦係数(μ)は 0.1 とし，式(2.71)を利用しなさい．しわ押さえ板に作用する圧力は，降伏応力（もしくは破断応力，あるいは両者の平均）の平均の 1%程度となることが推奨されているので，降伏応力 Y を 200MPa とすると，$Q = \pi\left(100^2 - 55^2\right)Y \times 0.01$ で，しわ押さえ力 Q は 44000N 程度となる．但し，素板とダイスのなじみ角 φ_2 は $\pi/2$ とし，この場合 $r_1 = r_2 + \rho$ であることを利用していることに留意する．

5・5　式(2.89)を積分することで，引抜き力 F を求め，これをさらに出口断面積で除すことで，平均引抜き応力が求められる．

$$F = \int_0^{r_1} 2\pi r \sigma_{zz} dr = 2\pi Y \frac{1+\mu\cot\theta}{\mu\cot\theta} \int_0^{r_1} \left\{ 1 - \left(\frac{r}{r_2} \right)^{2\mu\cot\theta} \right\} r dr$$

第5章の参考文献

(1) Saint-Venant, B. de, Comptes Rendus Acad. Sci. Paris, 70 (1870), 473; Journ. de math. pures et appl., 16 (1871), 308; Comptes Rendus Acad. Sci. Paris, 74 (1872), 1009 and 1083.

(2) Lévy, M., Comptes Rendus Acad. Sci. Paris, 70 (1870), 1323; Journ. de math. pures et appl., 16 (1871), 369.

(3) Von Mises, R., Mechanik der festen Körper im plastich-deformablen Zustant, Göttinger Nachrichten Math.-Phys. Klasse, (1913), 582-592.

(4) Prandtl, L., Proc. 1st Int. Cong. Appl. Mech., Delft, (1924), 43.

(5) Reuss, A., Z. angew. Math. Mechanik, 10 (1930), 266-274.

(6) Hecker, S.S., Experimental studies of yield phenomena in biaxially loaded metals. In: J.A. Stricklin, K.H. Saczalski (Eds.), Constitutive Equations in Viscoplasticity: Computational and Engineering Aspects, (1976), ASME, New York, 1-33.

(7) 池上皓三，材料, 24-261 (1975), 491-504; 24-263 (1975), 709-719.

(8) Bell, J.F., The Experimental Foundations of Solid Mechanics, Mechanics of Solids vol.I, (1984), Springer, Berlin.

(9) Szczepiński, W. (Ed.), Experimental methods in mechanics of solids, (1990), Elsevier, Amsterdam.

(10) Kuwabara, T., Int. J. Plasticity, 23 (2007), 385-419.

第6章
加工機械と生産システム
Production machine and production system

6・1 プレス機械 (press machine)

6・1・1 プレス機械概論 (overview of press machine)

圧延や引抜などを別として，殆どの塑性加工はプレス機械（あるいは単にプレス(press)）で行われる．プレスの基本形態は，固定されたベッドに対し直線往復運動をするスライド(slide)（あるいはラム(ram)ともいう），スライドをガイドするフレームと動力源である原動機と伝動装置からなっている．図6.1 に典型的なプレスの例としてCフレームクランクプレスの概略を示す．スライドの往復運動で加工（仕事）を行う．ベッドとフレームが力学的に切り離されている場合には，ハンマー(hammer)といい，プレスとは区別する．すなわち，加工の反力がフレームに伝達され，力が閉じている場合にはプレスであり，反力がフレームに伝達されず，基礎に伝達される場合にはハンマーという（図 6.2）．

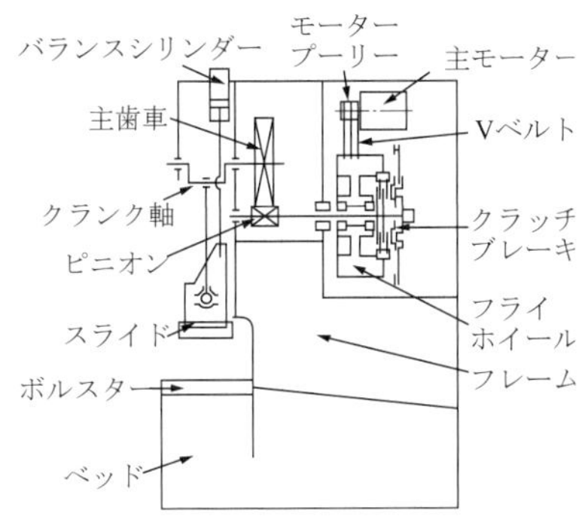

図 6.1 プレス機械の概略[1]

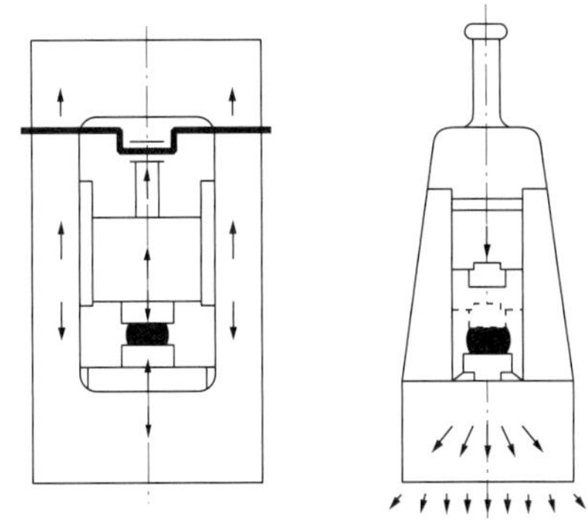
図 6.2 プレス(左)とハンマー(右)[2]

塑性加工の種類は多く，対応するプレスも様々である．例えば，押出に用いられる押出プレスは一般に，横置きで，スライドは水平に往復運動し，力は油圧によることが多い．

本項では，板の成形やブロックの鍛造に用いられているメカニカルプレスについて述べることにする．

プレスではスライドとベッド上のボルスター(bolster)の間に金型をいれ，金型で素材を加工することが多い．原動機は一般に回転運動をしているが，スライドは往復運動を行う．従って，原動機の回転運動をスライドの往復運動に変換する機構（メカニズム）が必要である．

回転運動を直線運動に変換する機構の代表的なものは，クランクとねじ（スクリュー）である．図 6.3 にスクリュープレスの例を示す．

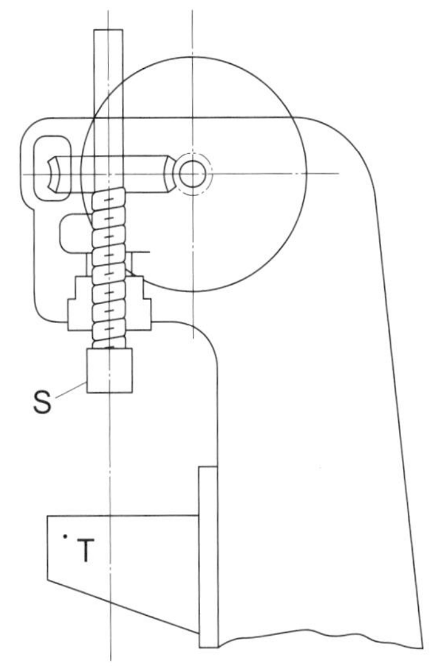

図 6.3 スクリュープレスの例[2]

クランクを用いると，回転運動は往復直線運動に変換される．一方，スクリューは回転を1方向の直線運動に変換するので，スクリューを用いてスライドを動かすには，スクリューを正転／逆転と回転方向を変える必要がある．このことから，これまで，プレスにはクランク機構が用いられることが多かった．というのは，原動機としてモータが用いられていたため，スクリューを用いるためには，モータを正転／逆転と切り替える必要があったためである．モータの1方向の回転でスクリューを正／逆転する方法を用いたのが，図 6.4 に示すフリクションプレスである．このプレスでは，左右の摩擦板はモータで駆動され同じ方向に回転している．この一対の摩擦板は左右に移動する．例えば，右側の摩擦板とフライホイールを接触させるとフライホイールが摩擦により回転し，これによりスクリューが廻り，スライドが下降する．オペレータは下死点で摩擦板を左に移動させると，今度は左の摩擦板がフラ

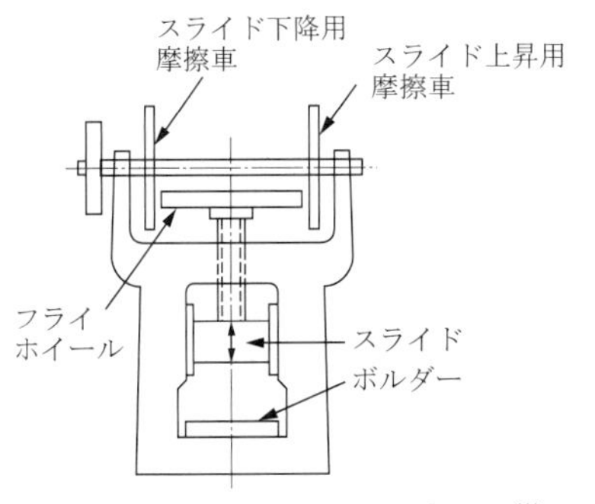

図 6.4 フリクションプレス[1]

イホイールに接触し，回転が逆方向となり，スライドが上昇する．即ち，1方向の回転を正転，逆転させるために，摩擦板を左右に移動させている．大変巧妙な機構ではあるが，下死点をオペレータが決めるため，オペレーションに熟練が必要とされ，しばしば金型に過負荷が加わり，破損したとのことで，現在はあまり使用されていない．

6・1・2　プレス機械の分類 (classification of press machine)

プレス機械の用途は様々であり，それぞれの用途に適したプレス機械が開発された結果，様々なプレス機械が存在している．従って，その分類法も様々である．回転運動を直線往復運動に変換するメカニズムから分類すると

1)　クランクプレス
2)　クランクレスプレス
3)　ナックルジョイントプレス（トグルプレスともいう）
4)　フリクションプレス
5)　スクリュープレス（ラックプレスを含む）
6)　リンクプレス
7)　カムプレス

に分けられるが，このうちフリクションプレスとスクリュープレス（ラックプレス）を除くと，偏芯円を回転させ，これにコネクティング・ロッドを取付け，直線往復運動に変換している．クランクプレスはさらにクランク軸により分類ができる．図 6.5 にクランク軸の種類を示す．なお，クランクレスプレスとは，図 6.6 に示すように，クランクシャフトの代わりに，偏芯円を取付けたもので，回転運動の変換ということでは同じである．ナックルジョイントプレスは図 6.7 に示すように，クランク機構にトグル機構を組合わせたもので，クランク機構のみよりも加圧力が高くなる．鍛造加工で多く用いられている．

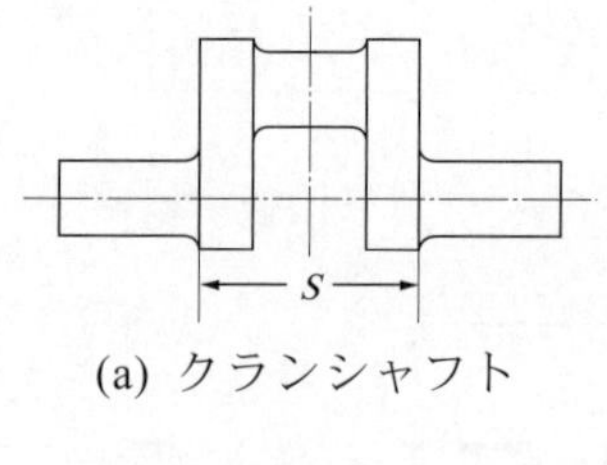

(a) クランシャフト

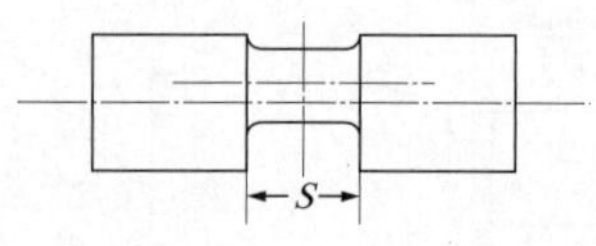

(b) 偏心軸（ショートストローク）

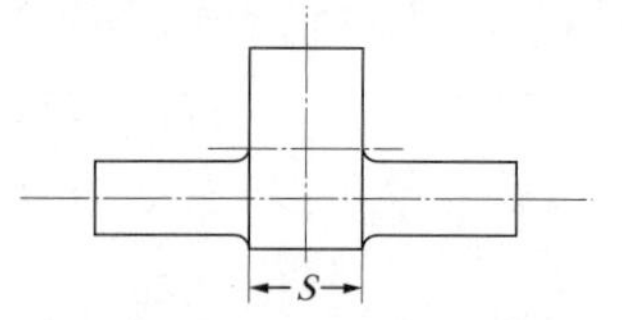

(c) 偏心軸（ロングストローク）

図 6.5　クランク軸の種類 (2)

フリクションプレス（前述）とスクリュープレス（ラックプレス）では何らかの形でスクリュー（あるいはピニオン）を逆転させる必要がある．最近，サーボモータを用い，モータの回転を正・逆転と切り替えることにより，スクリューの特性を生かしたプレスが市販されている．

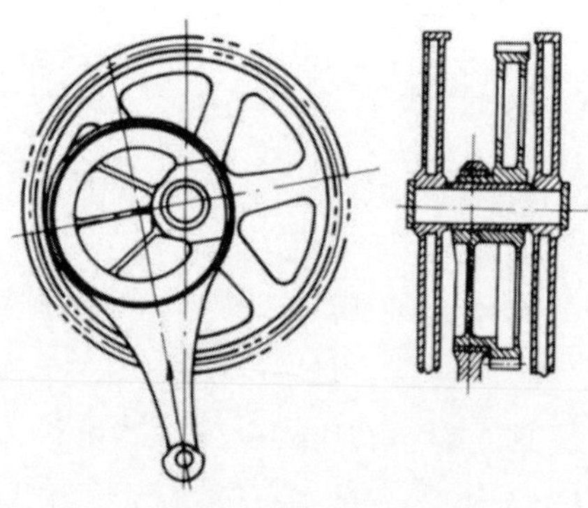

図 6.6　クランクレスの機構(2)

フレームの構造によって分類する方法（図 6.8）もある．

(a)　Cフレーム
(b)　ストレートサイド
(c)　アーチ型
(d)　Oフレーム

などがあり，特にCフレームとストレートサイドが多用されている．Cフレームはさらにオープンバック（ボルスターを2枚のCフレームで挟み込む構造）とソリッドバック（Cフレームの一体構造）等細分化することもできる．Cフレームではオープンバックが最も多用されているが，荷重が加わると，Cフレームの開口部が開くことは避けられない．従って，高精度あるいは高剛性のプレスはストレートサイドを採用する．
多くのプレスは以上の二つの分類法の組合せからなる．

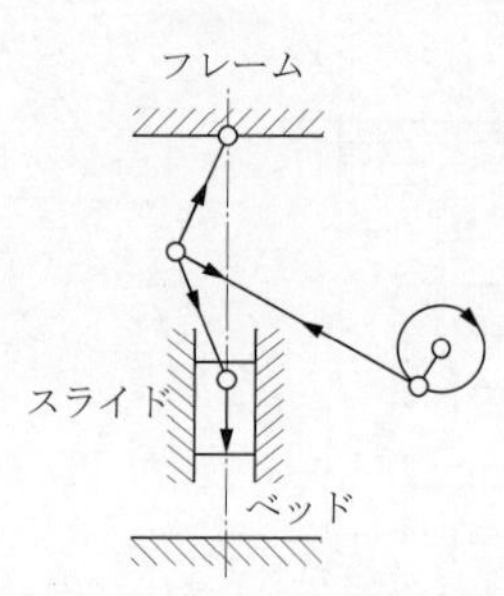

図 6.7　トグル機構 (1)

6・1・3 クランクプレスの行程と荷重 (stroke and load of crank press)

現在，もっとも多用されているクランクプレスの行程(stroke)と荷重(load)について調べてみよう．図 6.9 にクランク機構を示す．P_0をクランクアームの始点とし，時計廻りに角度θだけ回転した時のストロークをsとする．クランク半径R，コネクティングロッドの長さをL，コネクティングロッドと垂直軸のなす角度をϕとおくと，

$$\begin{aligned} R\sin\theta &= L\sin\phi \\ s &= L\cos\phi - R\cos\theta - (L-R) \end{aligned} \tag{6.1}$$

s=0（P_0’の位置） を上死点(top dead point, upper dead point)，s=2R（P_B’の位置)を下死点(bottom dead center, lower dead point)という．従ってストロークsは次式で表される．

$$s = R(1-\cos\theta - \lambda\sin^2\theta/2) \tag{6.2}$$

ただし $\lambda = R/L$

クランク角θにおいて接線方向の力をFt，コネクティング・ロッドに伝達される力をF_L，スライドに伝わる力をFとすると

$$\begin{aligned} F_L\sin(\theta-\phi) &= F_t \\ F &= F_L\cos\phi \end{aligned} \tag{6.3}$$

クランクに働くトルクをTとすると

$T = F_t \cdot R$

であるから

$$F = \frac{T(1-\lambda^2\sin^2\theta/2)}{R\sin\theta(1-\lambda\cos\theta-\lambda^2\sin^2\theta/2)} \tag{6.4}$$

ただし，θ=0,π で ϕ=0となり，式(6.3)は成立しないので(6.4)式も成立していないことは注意を要する．クランクプレスではスライド力Fは下死点では定めることができない．そこで下死点の上の定点または角度を定めて，そこでのスライド力Fを求めてプレスの能力としている．また,普通の機械プレスでは，トルクTはモータから直接伝達される値ではなく，フライホイールに蓄えられていることに注意を払う必要がある．しかしサーボプレスではモータから伝達されるトルクと考えてよい．

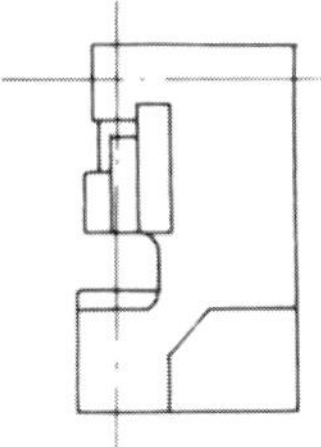

(a) Cフレーム

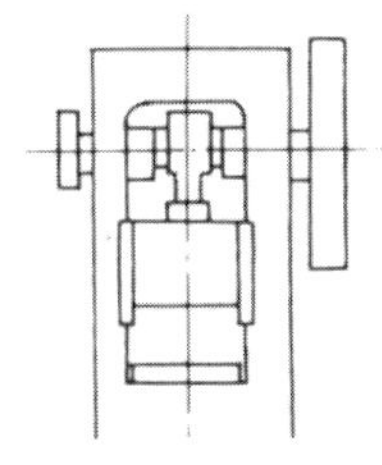

(b) ストレートサイド

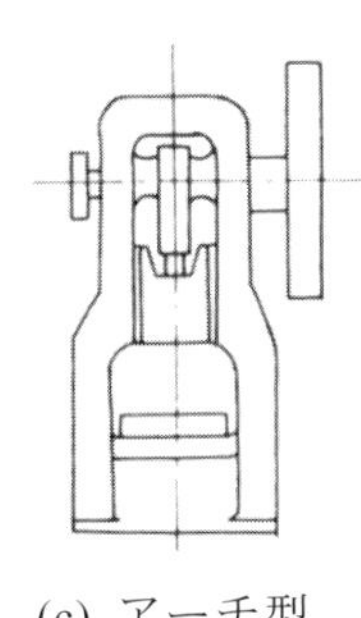

(c) アーチ型

図 6.8 プレス機械のフレーム(2)

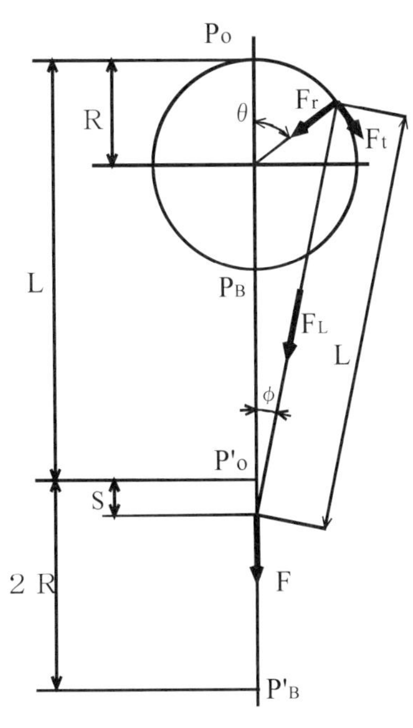

図 6.9 クランク機構

6・1・4 プレス機械の今後 (press machine of the future)

ACサーボモータがプレスの動力源として用いることができるようになり，プレスが大きく変わりつつある．サーボモータの特性を利用して，単なる力源・パワー源でしかなかったプレスが機械としての機能を果たすことができるようになった．従来のクランクプレスのスライド運動は，基本的には正弦曲線（サインカーブ）であり，リンク機構を用いてこれを変えることができても，一つの機械で一種類のスライド運動しか実現できなかった．サーボプ

レスではNC プログラムを変えるだけで，様々なスライド運動をさせることが可能であり，従来は困難であった，加工の最適化を図ることができる．従来のプレスでは加工できなかった製品を，スライド運動を変えることにより，加工ができるようになった．

加工の最適化のためのスライド運動を求めるためのデータベースが必要となり，NC プログラム化が必要となる．また，金型技術とスライド運動をセットで考えることにより，金型図面が流出しても，プログラムを保持することにより，技術流出を防ぐことができる．さらに，NC 装置をネットワークにつなぐことにより，プレス機械を群管理することが可能になり，システム化による省人化，無人化への道が開ける．（システム化については第4節を参照すること．）また，NC 装置を利用したモニター機能を利用すれば品質管理などにも用いることができる．プレスのサーボ化は日本のオリジナル技術であり，今後の更なる発展が期待できる．

6・2　金型 (die)

6・2・1　型とは (what is die)

a.　型による部品製造法

部品の製造法は図 6.10 に示すように，変形加工，除去加工，付加加工の 3 つに大別される．これら加工法の内，変形加工は材料の変形または流動を利用するため転写加工とも呼ばれ，部品製造法の主流をなしており，いずれも「型」を製造手段の主要道具（マザーツール：mother tool）としている．

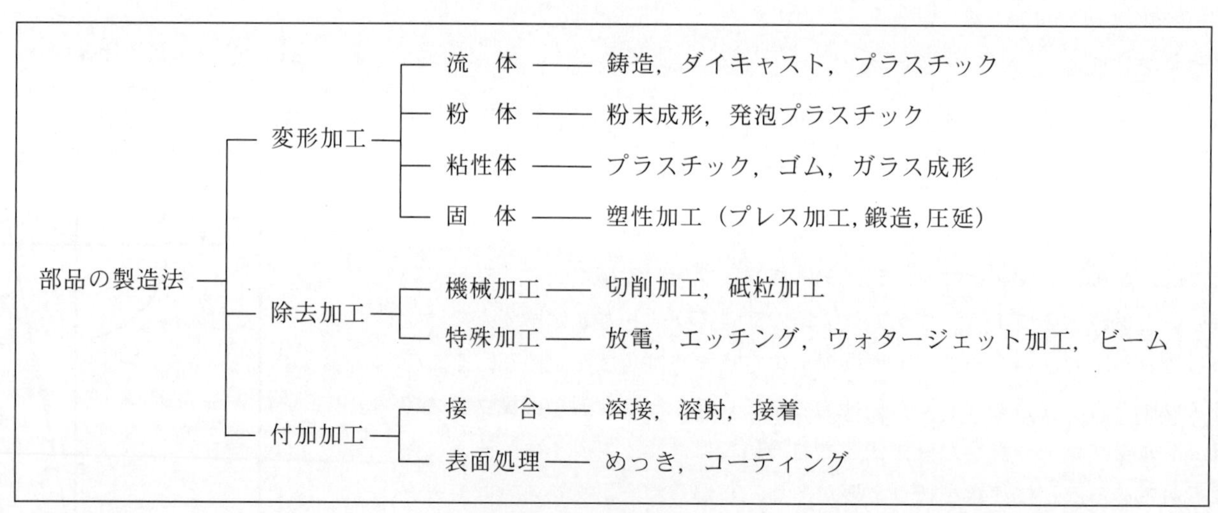

図 6.10　部品製造法の分類

本節は主として金属板材を成形加工するプレス金型を対象にする．

b.　プレス金型による部品製造法の特徴

プレス金型による部品製造法の特徴を以下に示す．

（i）　高能率な多量生産

金型の形状を直接材料に与える（転写する）ため，除去加工に比べ極めて短時間，高能率に部品を生産できる．そのため家庭用品から工業用品まであらゆる部品が型を用いた変形加工で製造されている．

（ⅱ）　高精度，高品質な生産

高精度の金型を用いることにより，寸法形状および表面性状の良好な部品を安定して得る事ができる．

（ⅲ）　高強度部品の生産

材料を変形加工するため，除去加工のように材料組織を部分的に破壊する程度が少なく，また，塑性変形による材料の加工硬化が利用できるため強度上有利である．

（ⅳ）　少量生産には不利

金型の製作には時間とコストがかかり，少量生産には不利な場合がある．

（ⅴ）　高度な技術，技能が必要

金型の設計・製作には，高度な技術，技能を必要とする場合が多い．継続した技術，技能の育成と向上が欠かせない．

プレス機械　　金型

図 6.11　プレス機械と金型

6・2・2　プレス金型の種類 (variety of press die)

プレス部品はその形状により，抜き(blanking)，曲げ(bending)，絞り(deep drawing)等の幾つかのプレス加工工程を経て造られる．更にプレス部品の生産数量，寸法精度などから金型の種類は，単型(single die)，順送り型(progressive die)，トランスファ型(transfer die)および特殊な用途の複合金型(compound die)に分けられる．これらは何れもプレス機械に取付けて生産に使用される．（図 6.11）

(a)　単型

単型は人手作業により材料を金型に供給しプレス加工する．従って生産数量が少ない場合に適し，抜き型，曲げ型，絞り型などがある．

(b)　順送り型

通常汎用プレス機械を用い，コイル材料をつなげたまま連続稼動により全プレス加工工程を終了させる自動金型で，抜き順送り型（図 6.12），曲げ順送り型（図 6.13），絞り順送り型（図 6.14）等がある．

加工速度は 1,000SPM（stroke per minutes:プレス機械の毎分ストローク数）以上も可能で生産性に優れている．

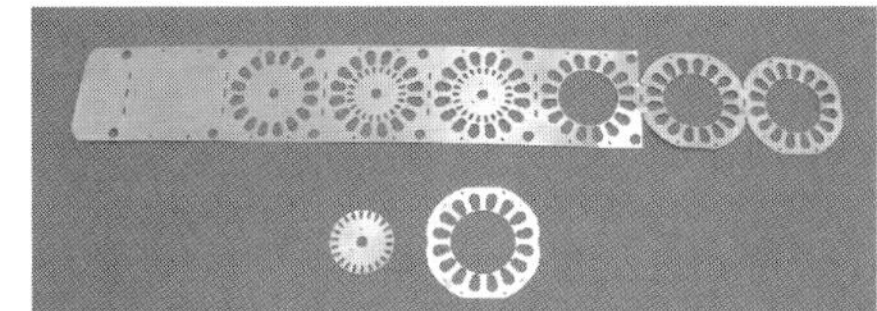

図 6.12　抜き順送り加工

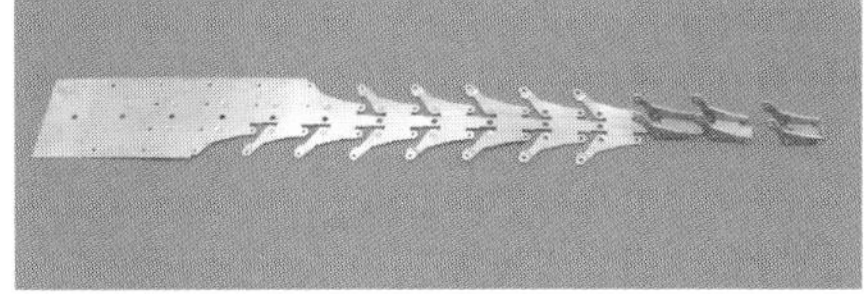

図 6.13　曲げ順送り加工

(c)　トランスファ型（図 6.15）

プレス加工途中の部品を自動搬送する機能を持つ専用のトランスファプレス機械(transfer press)を用い，加工速度は最高 200SPM 位である．最初にプレス加工する材料(blank)をコイル材料から打抜き分離して，以後の全プレス加工を自動で行う．一般に絞りや複雑な立体形状のプレス部品に適する．

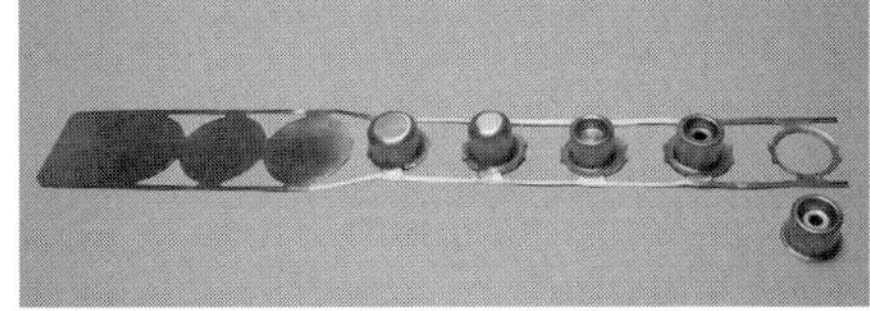

図 6.14　絞り順送り型

(d)　複合金型

複数の材料や部品を金型内に供給し，プレス加工(press working)だけでなくそれら部品のカシメ(mechanical joining)や溶接による結合，さらにタップ加工なども行う自動金型である．

図 6.16 は接点部品を生産する複合金型の例である．

表 6.1 に単型，順送り型，トランスファ型の主な特徴を示す．

図 6.15　絞りトランスファ加工

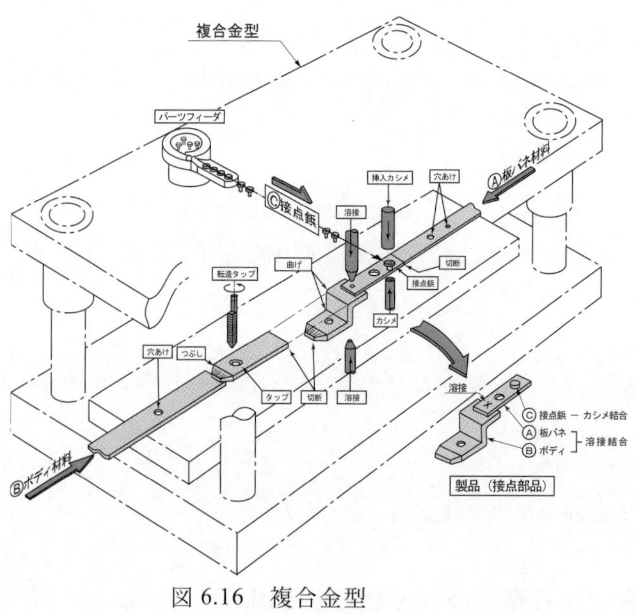

図 6.16　複合金型

表 6.1　金型の種類と特徴

項　目	単　型	順送り型	トランスファ型
金型金額	安価	高価	やや高価
材料，プレス加工品の搬送方法	人手作業	コイル材料に繋げた状態で自動搬送	材料から切離して自動搬送
材料利用率	良い	悪い	良い
生産性	悪い	非常に良い	良い
技術・技能レベル	普通	高い	やや高い
プレス加工工程数の制約	任意に設定できる	任意に設定できる	トランスファプレス機械のステージ数以内
設　備	汎用プレス機械で可能	汎用プレス機械で可能	専用のトランスファプレス機械が必要

6・2・3　単型の構造と機能 (structure and function of single die)

代表的な単型として抜き型，曲げ型，絞り型について金型構造と機能を説明する．

(a)　抜き型

図 6.17 は素材から長方形の部品を打抜く型の例である．　金型のパンチ(punch)とダイ(die)は，上型，下型に分かれて配置され，双方が互いに接近，更に噛み合うことにより材料から部品を打抜く．パンチとダイは双方の位置が正確に合致する事により，適切なせん断クリアランスを保つ事が重要である．

そのため金型は，通常上型と下型が一対になったダイセット(die set)と呼ばれるユニットを基準にしている．ダイセットは上・下型のプレートと，それらの動作位置を正確に保つように剛性の高いガイドユニットで構成されている．一般に抜き型のパンチは高精度に加工されたパンチプレートを介してダイセットの上型に，またダイは下型に各々正確に固定されている．

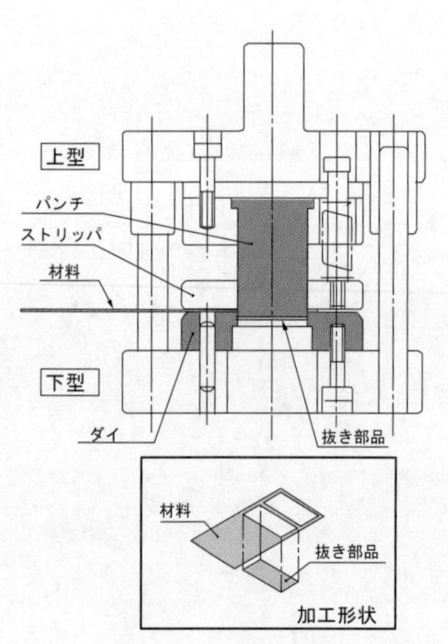

図 6.17　抜き型
（提供　㈱ミスミ）

ストリッパは打抜きに際し材料が移動しないようにダイに押し付ける働きと，パンチに食いついた材料を外す機能を持つ．

(b)　曲げ型

図 6.18 は長方形の板材の両側を折り曲げる通称“U曲げ”と呼ばれる曲げ型の例である．左側に加工前，右側に加工後の状態を示す．通常パンチは上型に，ダイは下型に各々正確に固定されている．

ダイには材料ガイドプレートと，曲げ加工に当り材料を保持し，曲げ加工後の曲げ部品をダイから排出するノックアウトが装着されている．

ノックアウトはスプリングで作動する．またストリッパはパンチに食い付いた曲げ部品を外す働きをする．

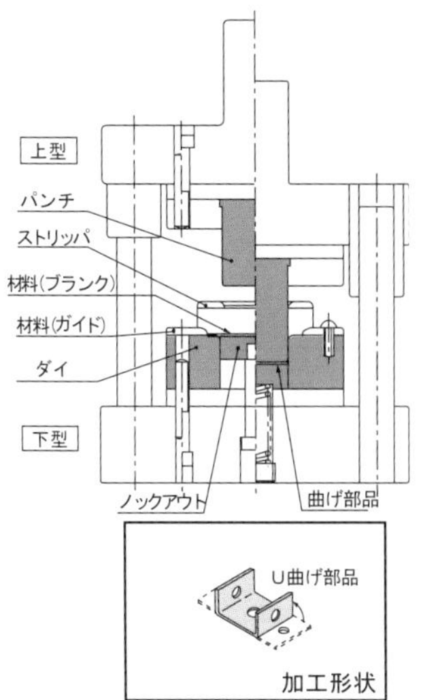

図 6.18　曲げ型
（提供　㈱ミスミ）

(c)　絞り型

図 6.19 は円筒カップの絞り型の例であり，予め打抜かれたブランクを供給して絞り加工を行う単型である．

先ずブランクホルダ(blank holder)にブランクを供給する．ブランクホルダはブランクの位置を決めるガイド機能と，絞り加工の過程でブランク外周部分に発生するしわを抑える働きをするため“しわ抑え”とも呼ばれる重要な部品である．ブランクホルダには下型の下面からスプリングによりしわが発生しない最小限の圧力を与える．

絞りダイはブランクを抑えながら下降し，絞り加工を行う．またノックアウトはダイに残った絞り部品を排出する働きをする．

図 6.20 はブランクの打抜きと絞り加工を同一型で行う抜き絞り型の例である．単型に分類されるが，コイル材料を自動送りする事により連続稼動もできる．

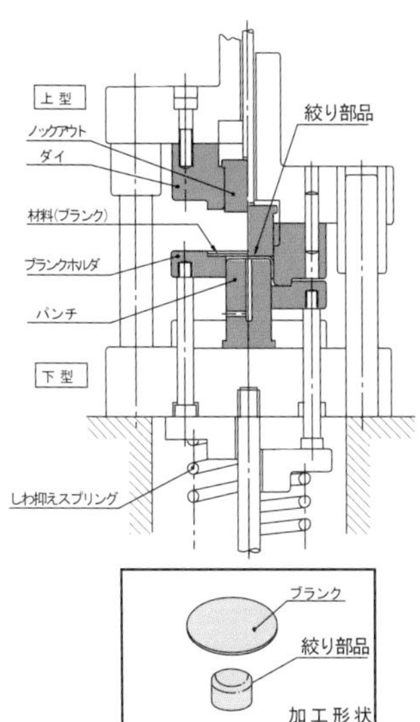

図 6.19　絞り型
（提供　㈱ミスミ）

6・2・4　順送り型の構造と機能 (structure and function of progressive die)

図 6.21 の抜きが主体の順送り型を例に，金型の構造と主要な部品の機能を説明する．単型と同様上型と下型が一対になったダイセットを基準にする．

下型のダイセットプレートにはダイプレートが固定され，打抜きダイブッシュや曲げダイ，サブガイドポストブッシュなどが正確に保持されている．また，下型のダイセットプレートには抜きかすの排出穴があけられ，更に材料がダイ面に張り付かない様にリフタユニット等が装着されている．

上型のパンチプレートは上型ダイセットプレートに固定され，打抜きパンチや曲げパンチ，材料位置決め用パイロットピン，サブガイドポストなどが取り付けられている．

バッキングプレートは細いパンチ類に加わる繰り返し荷重を受止める目的で，パンチプレートと上型ダイセットプレートの間に固定される．

ストリッパプレートは材料を押さえたり，パンチに食い付いた材料を外すために必要で，ストリッパボルトとスプリングがセットになったストリッパユニットにより作動する．またストリッパプレートにはストリッパブッシュやサブガイドブッシュが固定されるので，バッキングプレートを装着することもある．

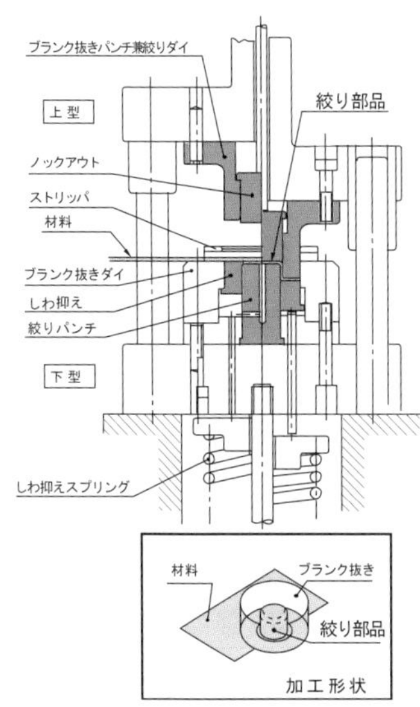

図 6.20　抜き絞り型
（提供　㈱ミスミ）

サブガイドポストとサブガイドブッシュは，ダイとパンチをより正確に位置決めする為に設けられる．

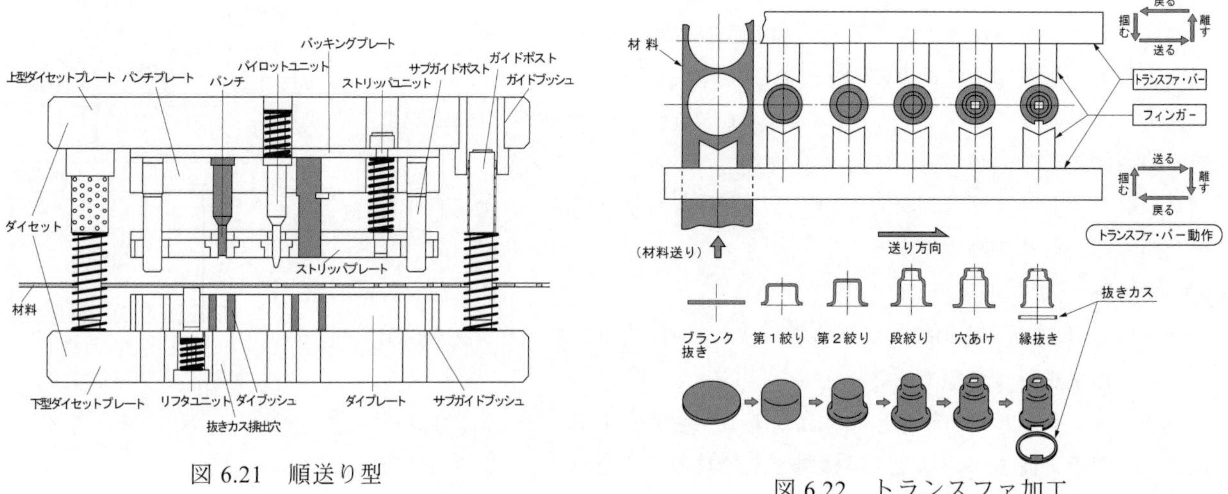

図 6.21　順送り型

図 6.22　トランスファ加工

6・2・5　トランスファ型の構造と機能 (structure and function of transfer die)

トランスファ型は，トランスファプレス機械専用の金型である．トランスファプレス機械はプレス加工途中の部品を自動的に次のプレス工程に運ぶ特殊な搬送装置（トランスファ・バーとフィンガ）を具備している．

金型の基本構造は，プレス加工工程順に単型に類似した金型を等ピッチで配置した構造である．

トランスファ型設計には，そのトランスファプレス機械の持つ搬送装置の動作やタイミング，プレス機械に取付けるための主要寸法，金型高さを揃えるなど，トランスファプレス機械を良く理解する事が必要である．
図 6.22 はトランスファ型による絞り部品の加工例を示す．

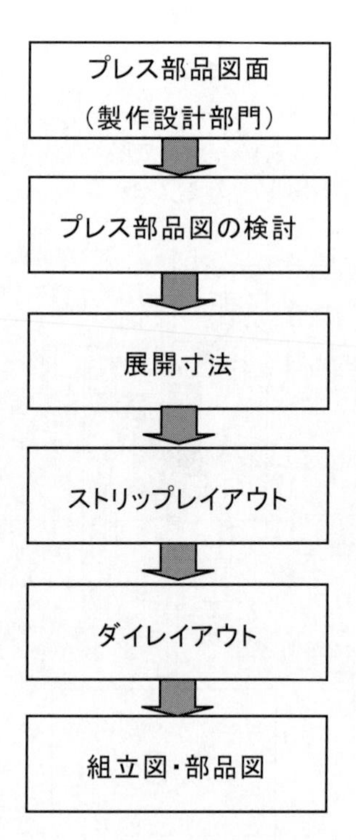

図6.23　金型設計のプロセス

6・2・6　金型設計のプロセス (process of die design)

せん断と曲げ加工主体のプレス部品，および絞りが主体の円筒部品を例として順送り型の設計手順を説明する(図 6.23).

(a) プレス部品図面（製品設計部門）

金型設計は製品設計部門から受け取ったプレス部品図面を基に開始される．
先ず生産数量，金型・プレス部品の目標コスト，納期などから金型の種類と使用するプレス機械の選択を行う．

(b) プレス部品図面の検討

プレス部品の形状と精度，バリの方向・大きさ・せん断面への指定(図 6.24)，指定なき角部へのＲの設定，材料圧延方向の指定，縁桟・送り桟の位置など，プレス部品の用途，必要機能を把握し，プレス加工上の問題点や改善点があれば製品設計サイドと事前に協議する事が大切である．

(c)　展開寸法（ブランク）（図 6.25，図 6.26）

プレス部品を平面に展開してブランクを求める．曲げ加工では特に曲げ方式と曲げ部の曲率を考慮，また絞り加工では絞り加工後の縁のトリミングを含む寸法設定や，絞り工程数による材料の伸びを見込んで計算する．

(d)　ストリップレイアウト（図 6.27）

ブランクをもとにプレス加工順序を設定し，それを板材に展開したストリップレイアウト(strip layout)を決定する．ストリップレイアウトでは，材用利用率，寸法精度，プレス加工荷重バランス等に配慮し，更に送り桟，縁桟，パイロットを設定する．特に送り桟の切離し部は，プレス部品の輪郭の一部として残る（マッチング部）ため製品設計サイドと予め協議し，位置，形状，大きさを明確にしておく必要がある．

図に示すように，通常最初に材料の位置決め用パイロット穴を打抜き，次の工程に最初のパイロットを設け，順次他の形状の打抜き，曲げ，穴あけ加工などを経て最後に切り離す．打抜き形状の設定では，抜きカスが浮上り易い単純形状は避ける事が大切である．

また図 6.28 の絞り加工では，材料の幅が絞り加工により小さくなり桟も狭くなるので，材料ガイドなど調整可能な構造が必要になる．

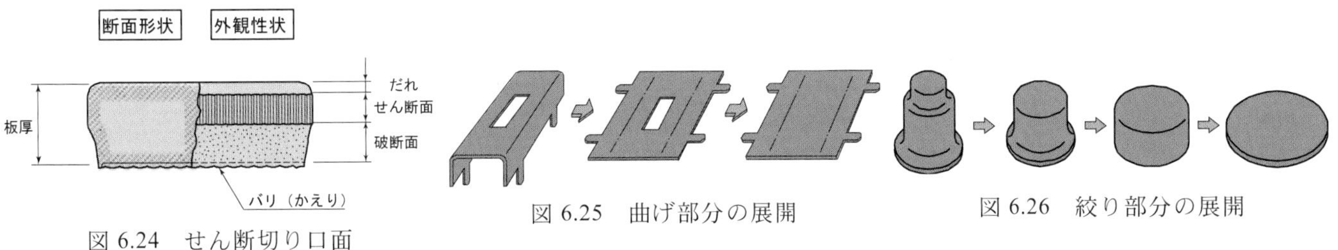

図 6.24　せん断切り口面

図 6.25　曲げ部分の展開

図 6.26　絞り部分の展開

ストリップ・レイアウト（順送り型）

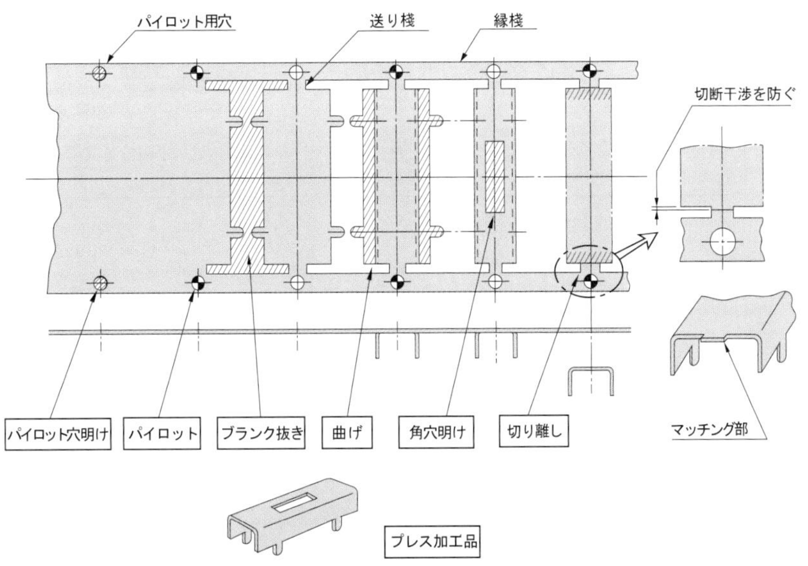

図 6.27　曲げ順送り型ストリップレイアウト

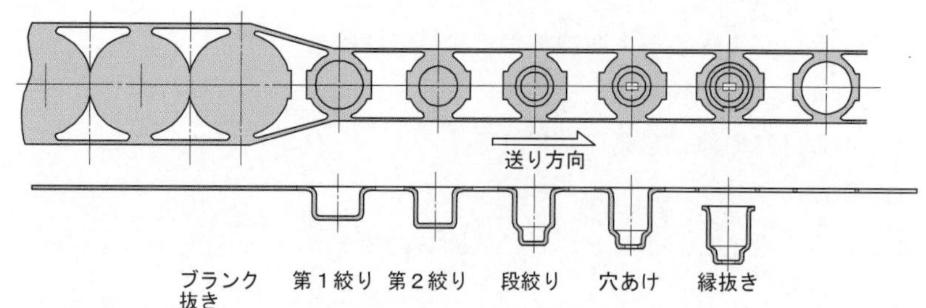

図 6.28　絞り順送り型ストリップレイアウト

(e)　ダイレイアウト（図 6.29）

パンチ，ダイやその配列を考えてダイレイアウト(die layout)を設計する．ダイレイアウトでは，加工方法を考慮した金型部品形状，強度・耐磨耗性など必要機能を満たす事と，抜きカスの処理，プレス部品の回収方法を明確にする．

更に金型を安価で短納期に製作するため，市販の標準部品・ユニットを採用し，またコンパクトに設計する事が大切である．

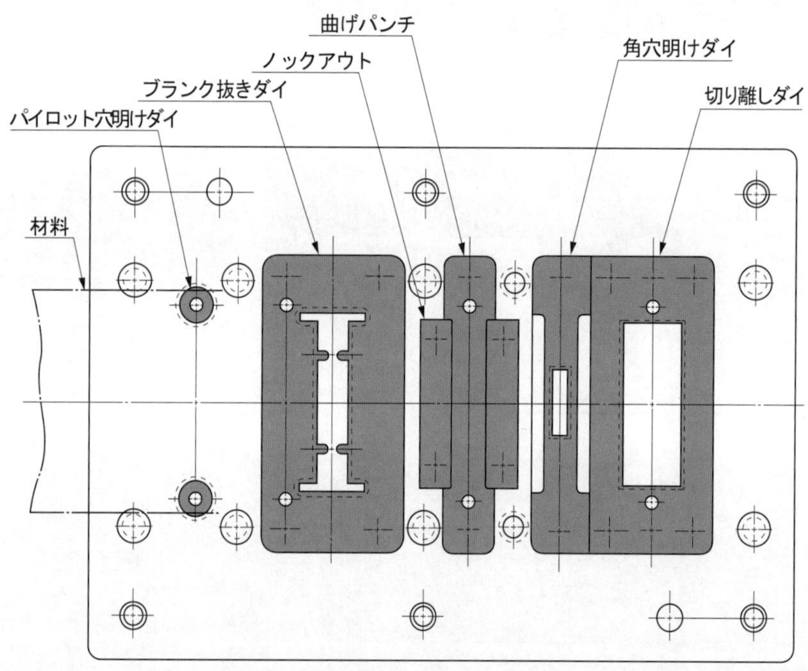

図 6.29　曲げ順送り型ダイレイアウト

(f)　組立図・部品図

組立図の設計では，プレス機械と関係する主要寸法（金型の縦・横・高さ，材料送り線高さなど）を確認する．更に曲げと打抜きのタイミング，曲げや絞り加工など途中工程の材料の動きに注意し，下死点でのパンチ・ダイの噛み合い量，ストリッパの可動量，材料のリフト量などを検討する．

金型部品図の設計では，加工方法を考慮した形状，寸法基準，仕上げ精度，面粗さ，更に仕上げ機械を適切に指定することが，高い精度の金型部品を製作するポイントとなる．

6・2・7　金型の加工 (processing of die)

図 6.30 に金型の加工工程を示す．金型部品には耐磨耗性と高強度が要求されるため，高硬度な焼入れ鋼(quenched steel)，超硬合金(cemented carbides)，更にセラミックスや硬質膜のコーティングが多く用いられる．また金型部品には非常に高い幾何精度（平面度，直角度，真円度など），寸法精度，面粗さが要求される．

鋼製の金型部品の場合，通常切削加工後に焼入れ焼戻しなどの熱処理が施される．切削加工には主に数値制御工作機械，マシニングセンタが用いられている．その後，温度制御された精密工作室にて研削加工，放電加工，更に研磨加工される．

研削加工には平面研削盤(surface grinding machine)，円筒研削盤(cylindrical grinding machine)，治具研削盤(jig grinding machine)，プロファイル研削盤などが用いられる．

放電加工には型彫り放電加工機(electrical discharge machine)とワイヤカット放電加工機(wire electrical discharge machine)が用いられる．これら精密機械加工機はＮＣ化されて自動加工が可能である．

また標準部品の追加工や超硬合金等を用いる場合は，研削加工や放電加工からスタートしている．

研磨，組立，調整に関しては依然人手に頼るところが多いのが現状である．

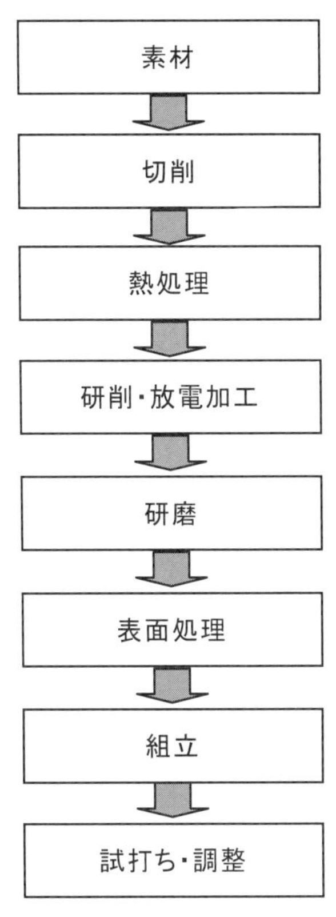

図6.30　金型加工のプロセス

6・2・8　金型の CAD/CAM (CAD/CAM of die)

金型の設計，製作の期間短縮とコスト低減を目的に，設計と加工のデータ作成をコンピュータ上で行う CAD/CAM が進んでいる．金型の CAD システムは金型の設計プロセスをコンピュータ上で行うものである．製品設計から受け取った部品図の修正，展開図の作成，ブランクレイアウト，ストリップレイアウト，ダイレイアウトの設定と，各パンチ，ダイ，ストリッパの寸法計算，図面作成作業などで設計者を支援する． また，金型の構造と構成部品，をデータベースから選択し，組立図，部品図，部品表を効率的に作成する．図 6.31

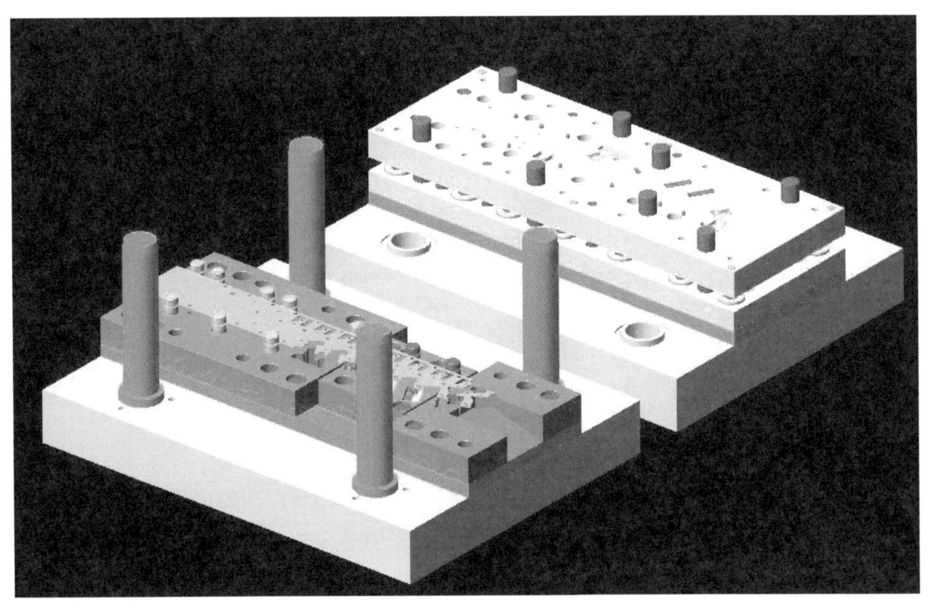

図 6.31　CAD による金型組立図
(提供　太陽メカトロニクス(株))

は CAD システムで作成かれた金型の組立図の例である.

金型の CAM システムは CAD システムからの図面データをもとに工作機械へ供給する加工データを作成する. 加工部品の材質, 寸法, 形状から加工データベースを参照して, 効率的な工具の選択, 加工条件の設定と工具の経路のデータを作成して, 工作機械に供給する.

【例題 6・1】　＊＊＊＊＊＊＊＊＊＊＊＊＊＊＊＊＊＊＊＊＊＊＊
プレス金型は上型と下型の相対位置が正確に保たれていなければならない. そのための金型の構造的な特徴を述べよ.

【解答】　ガイドユニットを用いて下型と上型との相対的な位置決めを行っている. また, 順送り型の場合はさらにサブガイドユニットを用いて, ダイプレート, パンチプレートの正確な位置決めを行っている

＊＊＊＊＊＊＊＊＊＊＊＊＊＊＊＊＊＊＊＊＊＊＊

【例題 6・2】　＊＊＊＊＊＊＊＊＊＊＊＊＊＊＊＊＊＊＊＊＊＊＊
Answer the following questions concerning the Table 3.7.1.

1) Explain why the stock utilization of the Transfer Die is better than the Progressive Die.
2) Explain why the process speed of the Transfer Die is slower than the Progressive Die.

【解答】

1) The Progressive Die needs rim bridge and feeding bridge around the developed shape of the product, because it is processed connecting the material. Therefore, its stock utilization is not so good.

2) In the case of the Progressive Die, the Press Die lifts the material and decides the position. Therefore, the only necessary function to add is feeding. The Transfer Die grips the material with the transfer bar and then follows the action of feeding, positioning, leaving and returning. That's why its speed is slow.

＊＊＊＊＊＊＊＊＊＊＊＊＊＊＊＊＊＊＊＊＊＊＊

【例題 6・3】　＊＊＊＊＊＊＊＊＊＊＊＊＊＊＊＊＊＊＊＊＊＊＊
せん断加工面にはバリ（かえり）が発生する. 型設計においてはその方向を考慮する必要がある. その理由を述べよ.

【解答】

1）バリは鋭いために人が手でさわると怪我をすることがある. そこで通常は製品の表面に露出しないようにする.

2）また, バリは突起になるために, 他の部材と接触する場合には他の部材を傷つけたり, 脱落して製品の故障の原因になることがある. そこで, 部材が摺動する面には用いないようにする.

＊＊＊＊＊＊＊＊＊＊＊＊＊＊＊＊＊＊＊＊＊＊＊

6・3　塑性加工におけるトライボロジー (tribology in metal forming)

6・3・1　摩擦 (friction)

摩擦に関しては，17 世紀末にアモントンにより研究が行われ，乾燥状態におけるすべり摩擦では，「(1)摩擦力は摩擦面間の垂直荷重に比例し，2 面の見掛け上の接触面積には無関係で，(2) 2 面のすべり速度にも無関係である.」と結論した．これは，後にクーロンによって確かめられ，アモントン・クーロンの摩擦法則(friction law)として知られている．特に，摩擦法則の(1)の解釈は，1946 年の図 6.32 に示す Holm の 2 物体の接触において真実接触面積(real contact area) A_r の導入により理解されるに至った．この真実接触面積 A_r は

$$A_r = \frac{P}{p_m} \tag{6.5}$$

として与えられる．ここで，P は垂直荷重，p_m は軟らかい方の材料の塑性流動圧力で $p_m \fallingdotseq 3Y$（Y：単軸降伏応力）で与えられる．そこでの摩擦係数(coefficient of friction)は

$$\mu = \frac{T}{P} = \frac{A_r \cdot \tau}{A_r \cdot p_m} = \frac{\tau}{p_m} \tag{6.6}$$

で与えられる．ここで T は摩擦力，τは真実接触領域でのせん断応力である．

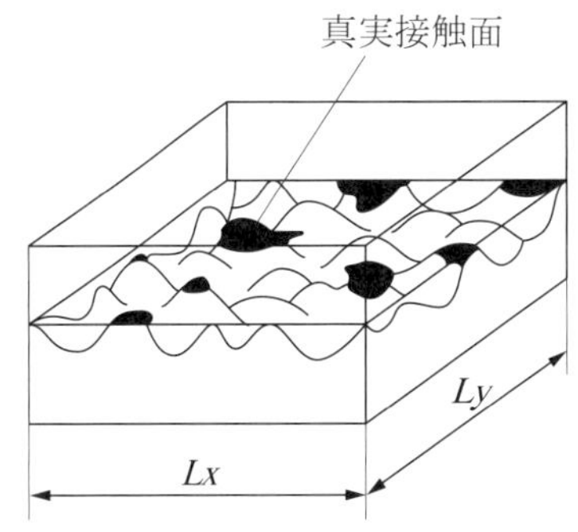

図6.32　真実接触面積Arと見かけの接触面積 Aa
Aa=Lx・Ly

6・3・2　潤滑 (lubrication)

相対運動している 2 物体間の界面に潤滑油を使用する場合のトライボロジー現象を理解するためには，図 6.33 に示すストライベック線図がよく用いられている．ストライベック線図においては 2 固体間に介在する潤滑油の油膜 h と固体表面の粗さ R によって潤滑メカニズムが分類され，油膜 h が粗さ R よりも非常に大きいときには摩擦係数が小さな流体潤滑となり，油膜 h が非常に小さいときには摩擦係数が高い一定の値の境界潤滑となり，これ二つの間の摩擦係数が低下する領域は混合潤滑となる．次に，それぞれの潤滑メカニズムについて説明する．

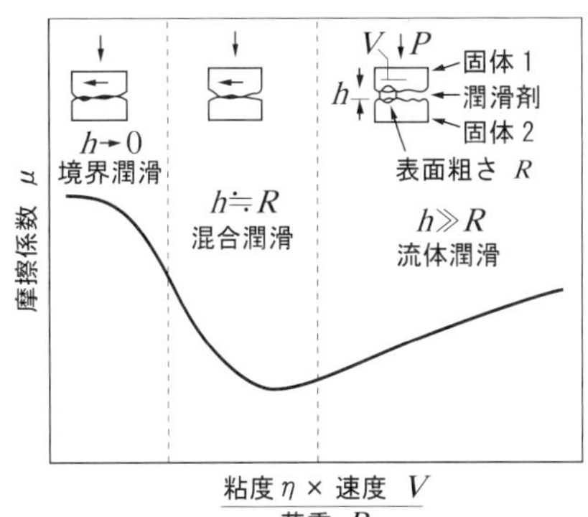

図 6.33　弾性接触に対するストライベック線図,ミクロ接触状況と潤滑メカニズム

(a)　流体潤滑 (hydrodynamic lubrication)

2 物体両面に流体膜を介在させ，その膜に生じる圧力で荷重を支えるのが流体潤滑であり，その圧力の発生種類によって動圧流体潤滑と静圧流体潤滑に分類され，動圧流体潤滑理論においては，次式の流体潤滑の基礎方程式

$$\frac{\partial}{\partial x}\left(h^3 \frac{\partial P}{\partial x}\right) = 6(U_1 - U_2)\eta \frac{\partial h}{\partial x} + 12\eta V \tag{6.7}$$

が用いられる．これが，2 次元のレイノルズ方程式(Reynolds equation)である．ここでηは潤滑油の粘度である．

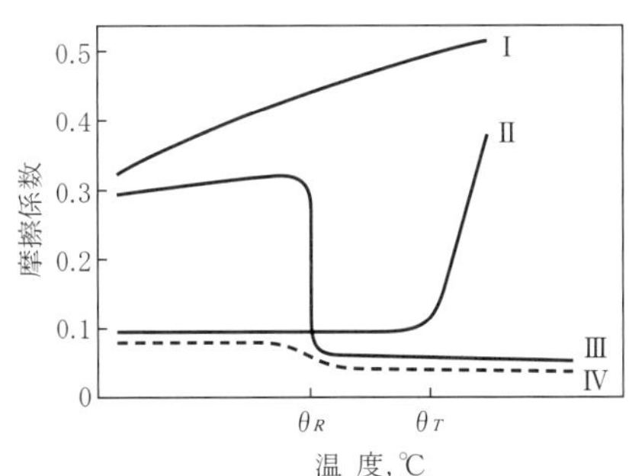

図6.34　添加剤の摩擦係数-温度特性のモデル図(3)

Ⅰ:無添加パラフィン油

Ⅱ:パラフィン油+油性向上剤

Ⅲ:パラフィン油+極圧剤

Ⅳ:パラフィン油+油性向上剤+極圧剤

(b)　境界潤滑 (boundary lubrication)

境界潤滑とはストライベック線図の左の領域で摩擦係数が一定のところで，固体間の表面には薄い膜が介在しているところである．境界潤滑領域でのせん断応力は，$\tau_b = \mu p_r$ によって表される．ここで，p_r は真実接触面積における面圧である．境界潤滑領域において固体表面に介在する膜としては，アルコールや酸やエステルの添加剤（油性向上剤）による化学吸着による境界潤

滑膜とサルファやリンの化合物の添加剤（極圧剤）による反応膜がある．それぞれの膜の温度依存性を図 6.34 に示す．油性向上剤(oiliness agent)はある転移温度以上では添加効果が無くなり，一方，極圧剤(extreme pressure agent)は化学反応温度以上でないと添加効果を示さないので，潤滑剤を設計するに当たっては適当な添加剤の配合を考慮しなければならない．

(c)　混合潤滑 (mixed lubrication)

混合潤滑領域とは，ストライベック線図からもわかるように境界潤滑と流体潤滑の間にあり，摩擦係数が $\eta V/P$ の増大とともに急激に減少するところである．一般に定性的にはこの領域は固体 2 面間の潤滑が境界潤滑と流体潤滑とから構成されていると考えられている．この領域のせん断応力は，接触面において β の割合が境界潤滑領域，$(1-\beta)$ の割合が流体潤滑として

$$\tau_m = \beta\tau_b + (1-\beta)\tau_f \tag{6.8}$$

として与えることが多い．ここで，τ_f は流体潤滑領域でのせん断応力である．

6・3・3　摩耗 (wear)

(a)　アブレシブ摩耗 (abrasive wear)

アブレシブ摩擦は硬い表面突起による切削作用による摩耗であり，サンドペーパーで金属表面をこするときに起こる現象である．そのメカニズムは微視的な切削であるので，図 6.35 に示すように円錐形の硬質な表面突起が長さ ℓ の距離だけ摩擦面を切削するので，Holm の真実接触モデルを用いると摩耗量 W は

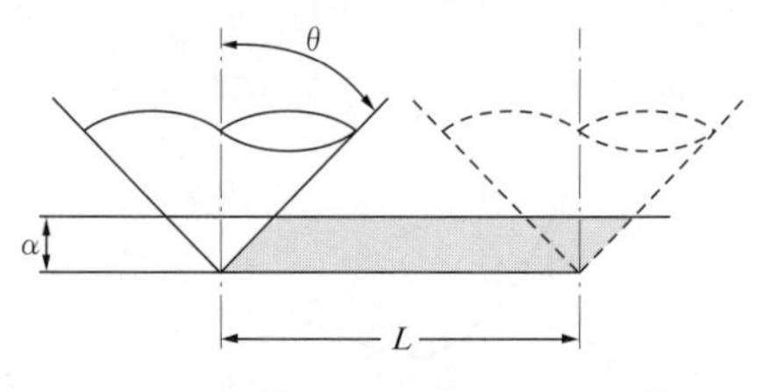

図 6.35　アブレッシブ摩耗モデル(3)

$$W = \tan\theta \frac{P\ell}{\pi p_m} \tag{6.9}$$

で与えられる．

(b)　凝着摩耗 (adhesive wear)

凝着摩耗は摩耗面で最も一般的に見られる摩耗で真実接触部での金属の付着・破壊現象によって発生する．接触面が繰り返し接触する場合，接触のたびに真実接触部で作用する垂直力と接線力によって接触部近傍に応力が作用し，その結果ひずみが蓄積され，金属の付着，破壊現象が発生するとされる考え方が発表されている．

(c)　腐食摩耗 (corrosion wear)

腐食環境にある摩擦面が腐食作用が支配的に摩耗を発生する現象をいう．特に，潤滑油の添加されている添加剤による金属表面での化学吸着膜や化学反応膜による作用は，一種の腐食作用と言える．

6・3・4　塑性加工におけるトライボロジーの特徴 (characterictics of tribology in metal forming)

(a)　塑性加工面の潤滑は一般に流体潤滑よりも境界潤滑に近い状態にある．

多くの塑性加工の界面の摩擦係数は，ほぼ 0.15～0.02 の間にあり，$\mu < 0.01$ の機械要素界面の摩擦係数よりもかなり高い値になっており，図 6.33 に示すストライベック線図から，境界潤滑と流体潤滑とが混在した混合潤滑状態にあることが言える．

(b) 塑性加工面が材料の弾性限をはるかに越えた高い面圧下にあり，しかもその面積がきわめて広い．

塑性加工面の潤滑油の動的破断は面圧よりも界面のすべり距離に大きく影響を受けるので，塑性加工面のように接触面積が大きい場合にはすべり距離が大きくなる．その増加により界面の摩擦面温度は高くなり，接触時間も長くなるため，機械要素面に比べ塑性加工面は油膜の動的破断が起こり易いと考えられる．

(c) 塑性加工面の温度が高い．

塑性加工面温度は，荷重，速度，すべり距離や摩擦係数に影響を受け，冷間圧延加工の場合には材料の加工熱も考慮すると 200℃以上にもなることがある．一方，潤滑油膜は特定の温度（転移温度）以上になると，潤滑能力が著しく低下することが知られている．この転移温度は潤滑油によって少し異なるが 200℃前後であるので，油膜破断の大きな原因となる．

(d) 塑性加工界面内ですべり速度が材料の塑性変形により部分的に変化し，しかもその方向も変化することがある．

軸受などの機械要素の接触面とは異なり，材料の塑性変形によりすべり方向に速度が変化することになる．これは，流体膜が形成しているときには負圧の原因となる．特に，圧延の場合には中立点ですべり速度がゼロとなり，方向を逆転する．

(e) 塑性加工界面で加工中に新生面(virgin surface)を露出する．

塑性加工界面でのトライボロジー特性を特徴づける最も大切な因子として，新生面の露出と材料の表面構造の変化が挙げられる．塑性変形により接触面が増大すれば，外部からの潤滑油の供給がなければ，その増加分につれて油膜は減少する．特に，表面膜拡大率の大きな鍛造加工や押出し加工においては新生面が露出する部分への潤滑油の保護が少なくなると，油膜破断を引き起こす原因となる．一方，界面での材料の表面構造の変化により多量の潤滑油が接触面に介在すると表面品位の劣化を引き起こす原因となる．

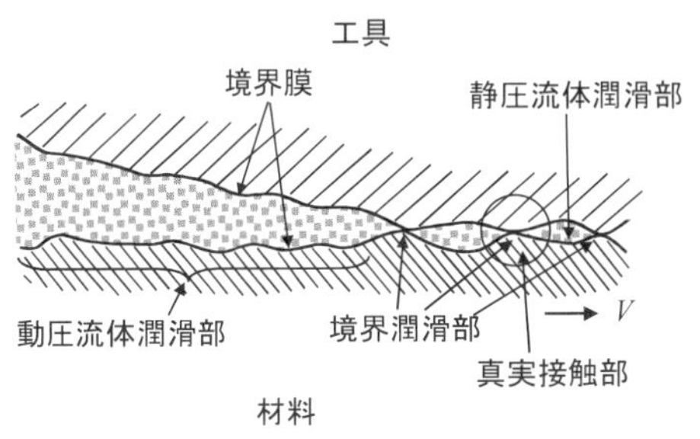

図 6.36　塑性加工界面の接触状況モデル

6・3・5　塑性加工界面のミクロ接触状況 (micro contact condition in metal forming)

塑性加工における潤滑問題を解決するためには工具と材料界面でのミクロ接触状況を理解することが大切である．界面のミクロ接触状況に関しては，従来から図 6.36 に示すような工具－材料が微視的に接触する境界潤滑領域，工具－材料界面の凹部において静水圧(hydrostatic pressure)を生じている流体潤滑領域及び静水圧を生じていない領域などが混在共存している混合潤滑状況にある概念図が古くから提案されている．このモデルから，加工条件が厳しくなると境界潤滑域が増加し局部的に金属接触が発生し，固体摩擦(solid friction)領域が出現することが予想できる．

最近，上記の静水圧を生じている凹部に封じ込められた潤滑油が接触域に侵出して，これまで境界潤滑領域であったところが流体潤滑作用する図 6.37 に示すミクロ塑性流体潤滑(micro plasto-hydrodynamic lubrication)が直接観察により検証されたので，図 6.36 のミクロ接触状況に図 6.37 のミクロ塑性流体潤滑を重ね合わせた接触状況を理解する必要がある．

図 6.37 ミクロ塑性流体潤滑の直接観察（ピラミッド型凹部を持った材料の引抜部の界面の連続直接観察写真）

ミクロ接触状況は，界面の油膜厚み h とロールと材料の表面粗さの和 R との関係から，次のように潤滑メカニズムによって分類することができる．

$h \to 0$ のとき　　境界潤滑と固体摩擦

$h \fallingdotseq R$ のとき　　流体潤滑，ミクロ塑性流体潤滑，
　　境界潤滑と固体摩擦

$h >> R$ のとき　　マクロ塑性流体潤滑

図 6.38 に各潤滑メカニズムのミクロ接触状況の概念図を理解しやすいように示しておく．

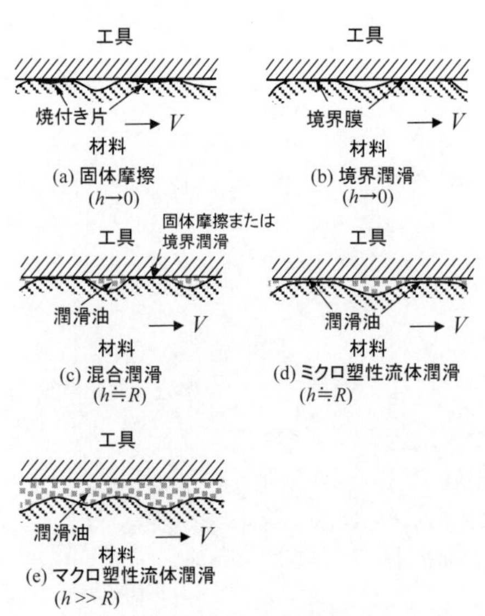

図 6.38　塑性加工界面における各種潤滑メカニズムのミクロ接触モデル

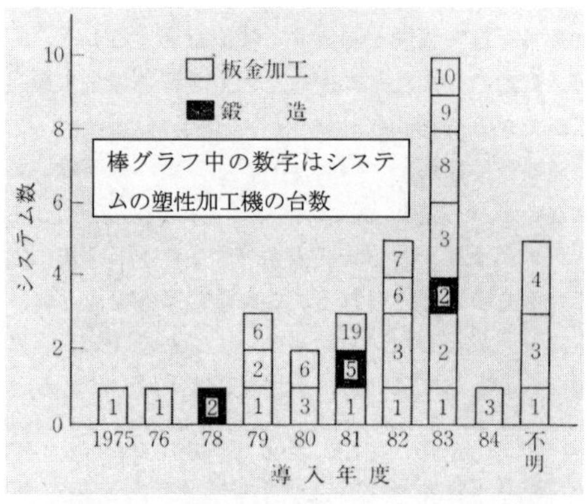

図 6.39　塑性加工 FMS の導入年度とシステム数

6・4　生産システム (manufacturing system)

6・4・1　生産システムとは？ (what is manufacturing system?)

ある目的を持って要素を組み合わせたものをシステムと呼ぶ．従って，生産システムとは“ある物”を作る目的を持って要素を組み合わせたものとなる．ここで，要素とは，加工機械＋αであって，加工機械のみでは生産システムと言うことはできないと考えるのが妥当である．

“＋α”（プラスアルファ）としては，例えば，機械のハンドリング機械/システムとか，金型の交換システムといったもの，あるいは，圧延システムにおける板の巻取り装置等の加工機械の周辺装置/機械を考えるとよい．

元来，塑性加工は大量生産に適した加工であり，従来の生産システムは単品を大量に製造するのに適していた．例えば，プレスの順送型に板送り装置を付けた，プレスシステムはその代表例である．

1980 年代になり，多品種少量生産が必要となり，FMS(Flexible Manufacturing System)が普及し始めた．図 6.39 に塑性加工 FMS が導入された年度とその数の調査結果を示している．この調査では，圧延等のシステムについては，調査の対象から外している．圧延システムでは，1 システムで板厚の異なる圧延が可能ではあるが，調査の対象とした，例えば板金加工システム（後述）に比べると加工のフレキシビリティに欠けると判断したからである．図の棒グラフの長さは導入年におけるシステム数を表し，棒の内側に記した数は，そのシステムの加工機の数を表している．また，白い棒は板金加工システムを，黒い棒は鍛造システムを表している．

1975 年のプレス成形システムは国の大型プロジェクトの補助金を基にしたスタンピングセンターと呼ばれるシステムで，汎用プレスに金型の自動交換装置等の周辺機器を付けている．このタイプのシステムは汎用プレスの QDC(Quick Die Change)システムとして普及したが，FMS としては殆ど普及しなかった．

1976 年の板金加工システムはタレットパンチプレスに周辺機器を付けたシステムで，これ以降の板金加工システムの雛型となった．

1979 年の鍛造システムは 1975 年のプレス加工システムと同様に，国の大型プロジェクトの補助によるものである．鍛造 FMS はその後も増えていない．このように,プレス加工システムや鍛造システムが FMS として普及しないのは，金型と製品の形状が 1 対 1 に対応する転写加工であるためで，加工のフレキシビリティに欠けるからである．

1979 年以降板金（加工）FMS が急増している．この理由は

1） FMS に適合した加工機械が存在する．

2） 板金加工がもともと小ロット生産を行っていた．

3） 自動化が必要とされていた．

等が考えられる．塑性加工の分野で，これほど多くの FMS が実用化された加工は他にない．

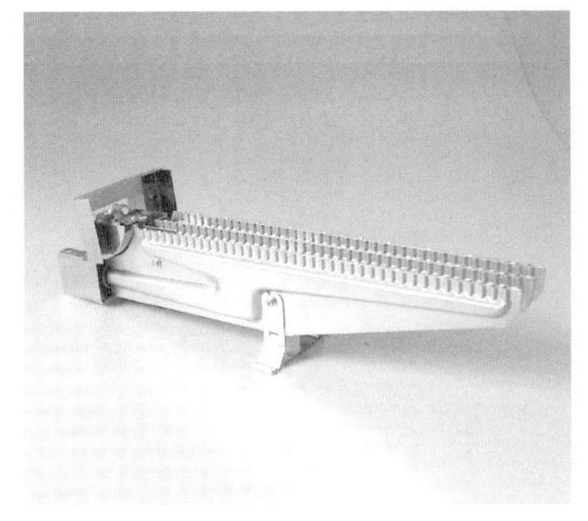

図 6.40 板金加工製品の例
（提供 職業訓練法人アマダスクール）

6・4・2 板金加工 (sheet metal fabrication)

板金加工とは，薄板のせん断/切断，曲げ，溶接の複数の加工法を含んでいる業界用語であり，主として板から筐体を作るような加工をいい，タッピング，バーリング等の加工を含むことがある．板のプレス成形では，金型と製品が 1 対 1 に対応する転写加工であるのに対し，金型形状と製品形状が一致しないことを特徴としている．図 6.40 に板金加工の製品例を示す．

プレス加工と板金加工の違いを説明する．図 6.41 に示すように，A x B の長方形板に Cmm ϕ の穴を二つあける場合を考える．プレス加工では，抜かれた直径 Cmm の円盤を製品と考えるので，製品形状と金型形状は一致する．この場合穴を抜かれた長方形板はスクラップとされる．

一方，板金加工では，抜かれた円盤をスクラップと考え，残った長方形板を製品とする．従って，抜かれた二つの穴の位置が異なれば，それらは別々の製品となる．従って，金型形状と製品形状は 1 対 1 に対応しない．このような穴明け加工にはタレットパンチプレス(turret punch press)が用いられることが多い．図 6.42 にタレットパンチプレスとその構造の 1 例を示す．

プレス成形における曲げ加工では，汎用プレスに金型を付けて曲げるが，板金加工では，通常，プレスブレーキ(press brake)という曲げ加工の専用機を用いる．プレスブレーキの 1 例を図 6.43 に示す．プレスブレーキは，特に長尺板を曲げるのに適した構造を持っており，曲げ型も汎用性を有している．

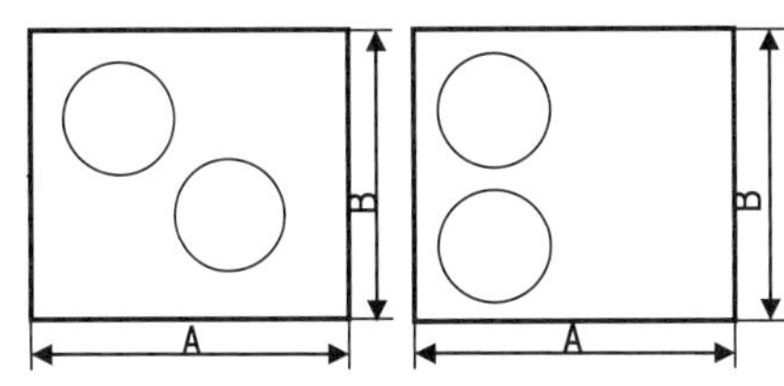

図 6.41 長方形板からの円板の打抜き

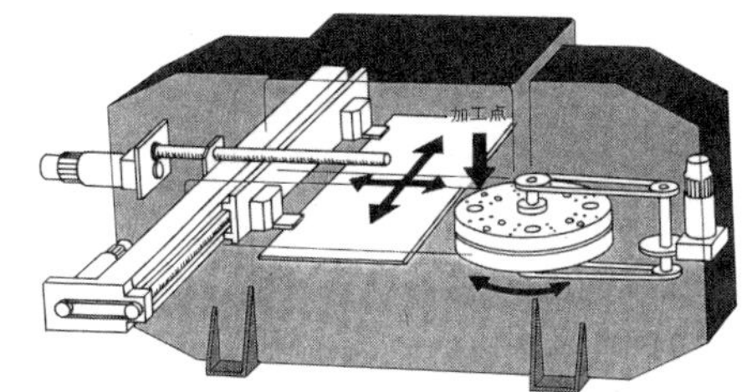

図 6.42 タレットパンチプレスの 1 例

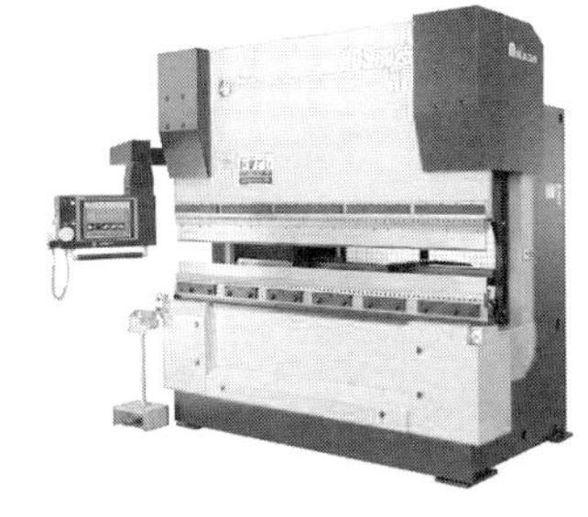

図 6.43 プレスブレーキ

6・4・3 板金加工 FMS 導入の目的と効果 (objects and effects of installing sheet metal fabrication)

システムを導入するに当っては，当然，目的がある筈である．図 6.44 に 1980 年代における板金加工 FMS 導入の目的を，図 6.45 に 1990 年代における導入の目的をそれぞれ示す．

1980 年代における板金加工 FMS 導入の目的は，製品の多様化への対応と省人化であった．この時期に多品種少量生産が言われ始め，これへの対応が大きな目的であった．1990 年代における板金加工 FMS 導入の主たる目的は省人化であり，次いで，生産量の増大への対応，リードタイムの短縮と続く．製品の多様化への対応も目的の 1 つにはなっているが，1980 年代に比べると少ない．これはこの 10 年における環境，特に経済環境の変化を反映している．

1980 年代の日本は非常に好景気にあり，Japan as No.1 などと浮かれていた時代であった．1990 年代はその初頭のいわゆる「バブルの崩壊」により深刻な不況にあえぎ，一方で中国を始め東南アジアへの生産拠点の移転に伴い，国内の製造業は生産コストの大幅な削減を求められた．我が国の人件費は世界一高いとされており，人件費を削減し，コストを下げることが製造業に求

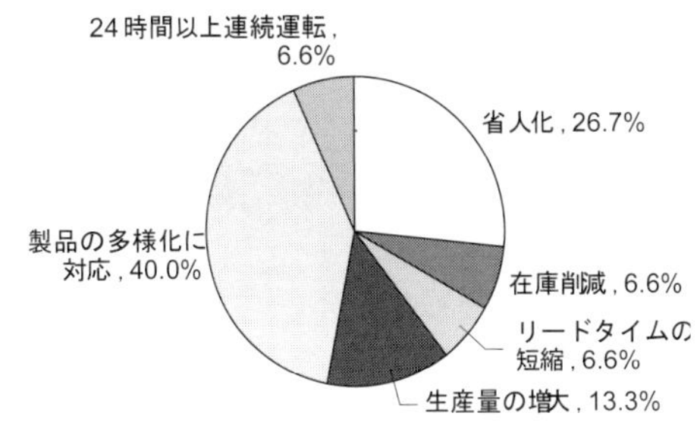

図 6.44 1980 年代の FMS 導入目的

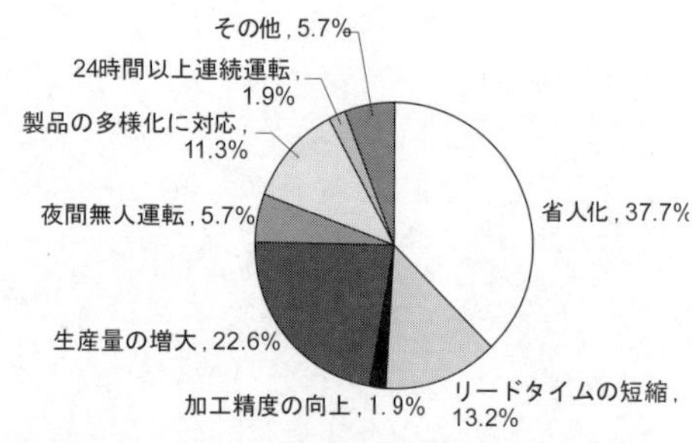

図 6.45　1990 年代の FMS 導入目的[4]

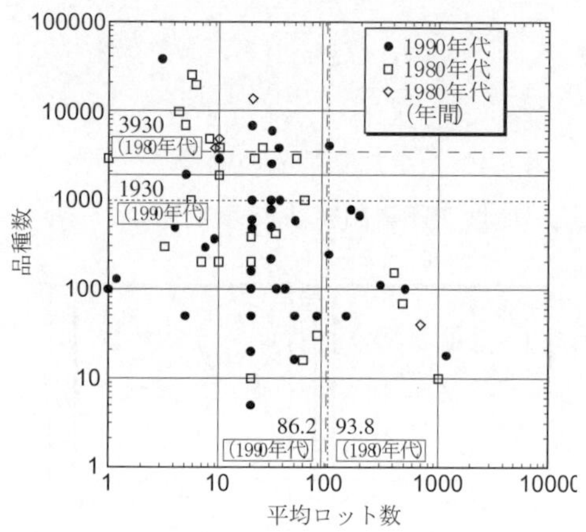

図 6.46　板金加工 FMS のパーフォーマンス[5]

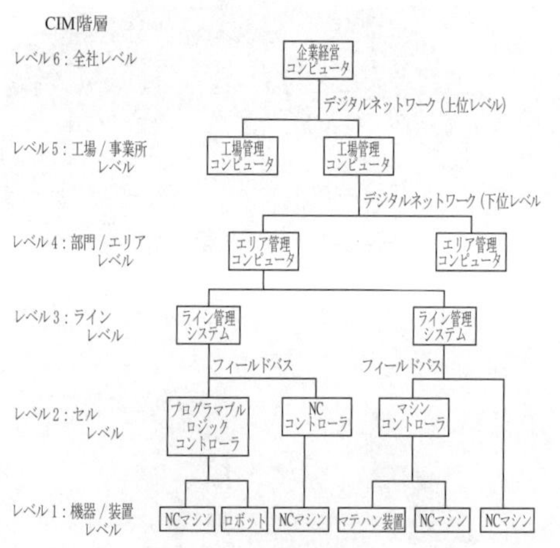

図 6.47　CIM 6 階層モデル[4]

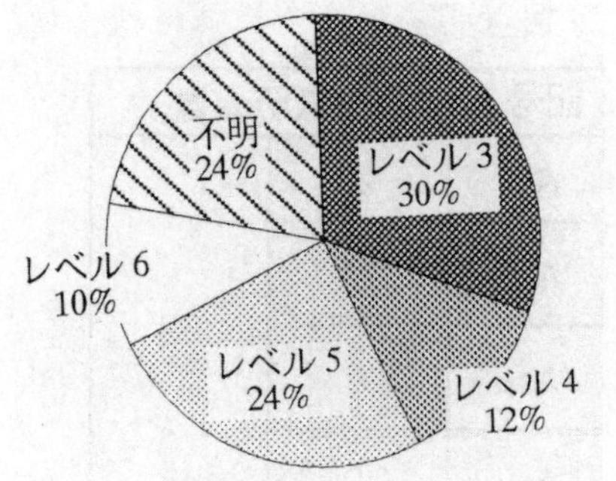

図 6.48　板金加工 FMS のレベル[4]

められ，各企業の努力が傾けられた．図 6.45 はこれらの状況を反映している．

生産活動は経済と直結しているので，生産科学・生産工学の学習においては，生産の原理を学ぶだけでなく，経済に対しても十分な洞察力を養うことは極めて重要である．

塑性加工は，基本的には大量生産の手段であるから，塑性加工 FMS が多品種少量生産に適合しているかどうかは極めて重要である．図 6.46 は横軸にロット数（一回に生産する製品の個数），縦軸に製品の品種数を，それぞれ対数軸で示している．製品の品種数については，1 日単位でとった場合，1 週間単位でとった場合，1 月単位でとった場合，1 年単位でとった場合でそれぞれ異なる．1 月単位の数を 12 倍したからといって，1 年単位でとった数になるわけではない．集計の時間単位が異なるだけである．平均ロット数の平均値は 1980 年代が 94，1990 年代は 86 であり，殆ど変わらない．品種数の平均値は 1980 年代は 3930，1990 年代は 1930 である．品種数が減少している．図 6.45 によれば，1990 年代における FMS 導入の目的に，24 時間以上の連続運転，あるいは夜間無人運転をあげている企業が少なくない．多品種にするほど，無人運転や連続運転は難しくなる．また，多品種にするほど，一般にコストは上昇する．コスト削減を導入目的とした企業が多いことを考え併せると，品種をある程度絞込み，経済的に最適なロット数，品種数での生産を行っていることが窺える．いずれにせよ，板金加工 FMS は多品種少量生産に適合していることは明らかである．ロット数 100 という数は普通の塑性加工では達成不可能な数字である．

1980 年代から 1990 年代で板金加工 FMS がどのように進化したであろうか．図 6.47 は CIM(Computer Integrated Manufacturing)の 6 階層モデルを示す．FMS という以上はレベル 3 以上が要求される．1980 年代ではエリア管理をコンピューターで行うことが限度であった．即ち，レベル 4 が当時の限界であった．図 6.48 は 1990 年代における分布を示している．低レベルのレベル 3 が 30％で約 1/3 弱あるが，レベル 5 が 24％で約 1/4，最高のレベル 6 が 10％で，レベル 5 以上とすると 1/3 強となる．即ち，システムは明らかに進歩している．

図 6.49 に 1990 年代における各企業のコンピュータとネットワークの利用状況を示す．CAM のみが 30％程度で，これは図 6.10 の低レベルに留まっている企業に対応している．一方，CAD/CAM が 1/3，工場内 LAN が 33％，企業 LAN が 14％でこれらは図 6.48 のレベル 5 以上に大体対応している．スケジューリング，即ち加工製品の加工順序の最適化をコンピューターで行っている企業は 50％になっている．1980 年代から 1990 年代に向けて，いわゆる IT 化が FMS あるいは CIM を進歩させていることがわかる．この傾向は当分続くであろう．

板金加工 FMS の加工内容について，1980 年代と 1990 年代の調査結果を図 6.50，図 6.51 に示す．両図から明らかなように，板金加工 FMS ではせん断/切断が主な加工であり，次いで曲げ加工が行われている．1980 年代と 1990 年代では加工内容には大きな変化はみられない．

せん断/切断については前述のタレットパンチプレスあるいはレーザー切断機といった FMS 適合機があること，曲げ加工についてはプレスブレーキあるいはパネルベンダーといった加工のフレキシビリティを有し，かつ自動化がなされた機械が存在していることが主な理由である．他の加工法にはこのような FMS 適合機がない．板金加工に限らず，FMS の加工内容を拡げるためには，適合機の開発が不可欠である．

加工内容には1980年代と1990年代では大きな差は見受けられないが，個々についての進歩がないわけではない．例えば，1980 年代にはレーザー加工機は FMS では殆ど使用されていなかったが，1990 年代では主力機械の一つになっており，加工のフレキシビリティを拡げている．また，1980 年代における曲げ加工の自動化は極めて初歩的なものであったが，1990 年代にはかなり進歩し，プレスブレーキのハンドリング用のロボットも普及しだしている．

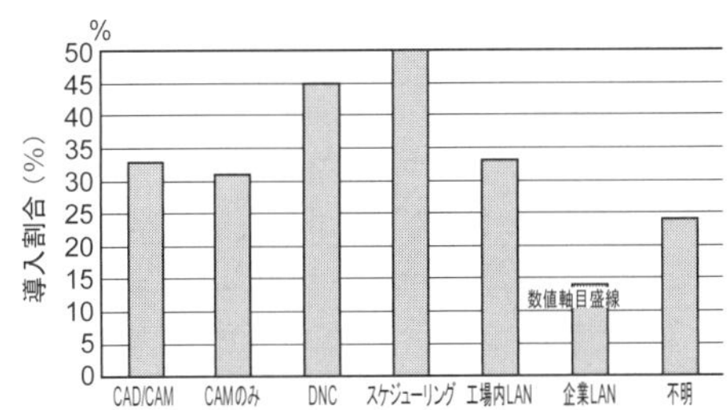

図 6.49　コンピュータとネットワークの利用状況

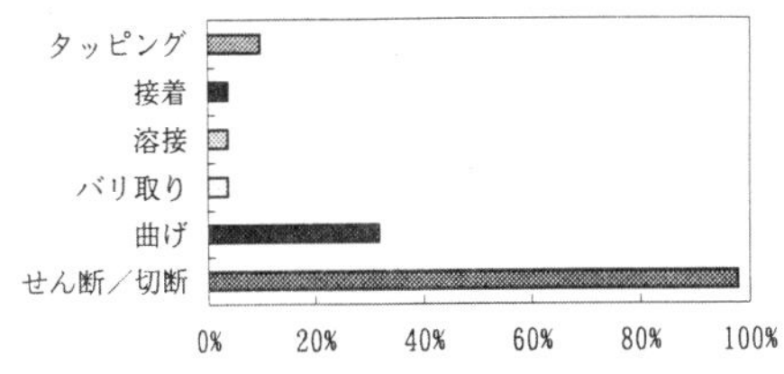

図 6.50　1990 年代の板金加工 FMS の加工内容[4]

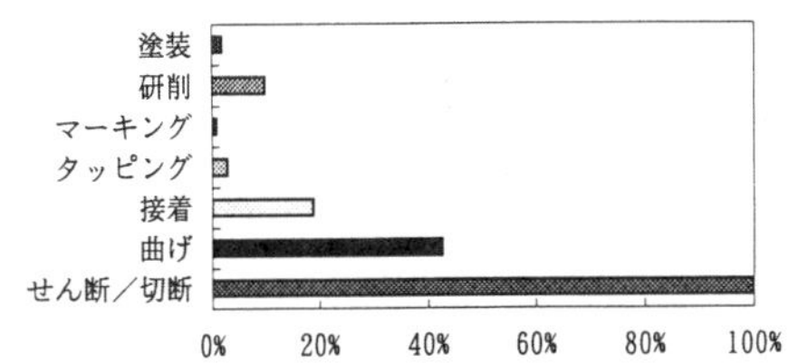

図 6.51　1980 年代の板金加工 FMS の加工内容[4]

6・4・4　加工機械の知能化 (intelligent machine)

我が国の製造業は極めて苦しい立場にある．日本の人件費は世界一高いと言われており，生産拠点が人件費の安い東南アジア，特に中国に移転しつつある．前述のように，FMS 導入の目的の 1 つが省人化をあげているのは，この事実を反映している．

加工機械の自動化/システム化は相当すすんでいる．例えば，タレットパンチプレスに板のローディング/アンローディング装置を取り付ければ，ほぼ無人で加工が可能となる．これをさらに推し進めたものが板金加工 FMS である．ところが，どんなに自動化/システム化し，生産現場を無人化できたとしても，人間の関与は必要である．上述の例で考えれば，タレットパンチプレスとその周辺機器には NC プログラミングが必要であり，プログラミングは人間が行わざるをえない．

タレットパンチプレスの場合には，加工条件，例えば，抜くべき穴の形状と寸法，クリアランス（板厚と穴径で定まる）により，金型の選択はある程度自動的に行うことができる．しかし，プレスブレーキによる曲げ加工では，加工条件の設定には多分に技能が要求される．ハンドリングロボットを用いる場合でも，曲げ加工条件の設定はオペレーターにまかされているのが普通である．

このような状況の基で，機械そのものを知能化しようという試みがなされている．ところで，知能化機械とはどのようなものであろうか？

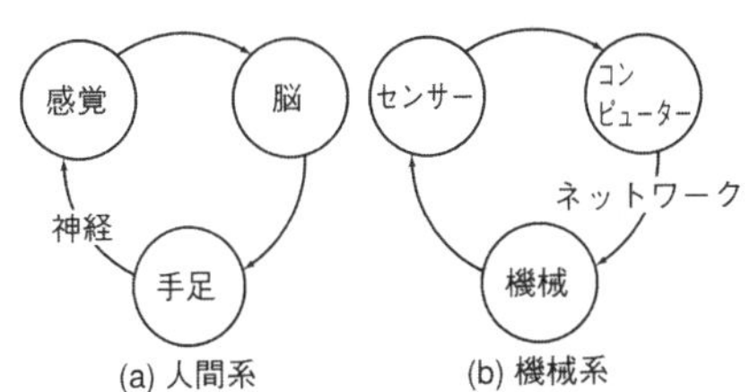

図 6.52　知能化機械の概念[6]

図 6.52 は知能化機械の概念を人間になぞらえて示している．眼，耳，鼻等の器官は視覚，聴覚，嗅覚，触覚等，センサーの役割を果たし，信号は神経細胞によって脳に送られる．脳はそれらの信号を処理して，認識，判断，運動の制御を行い，さらに学習，創造等のより高度な機能を果たしている．手足等は脳からの指令により，移動や各種の作業を行い，信号を脳に伝えてフィードバック制御がなされている．信号は神経細胞による電気化学反応により，伝達されていると言われている．このような人間の各機能の分担と協調を示したものが図 6.52（a）である．

知能化機械も人間にならい，センサー，コンピューター，作業のための機構（メカニズム）およびこれらを結ぶネットワークで構成されるものと考える．これを示したものが図 6.52（b）である．但し，コンピューターの機能は，現状では，信号処理，認識，判断，制御，学習までで，創造は不可能で

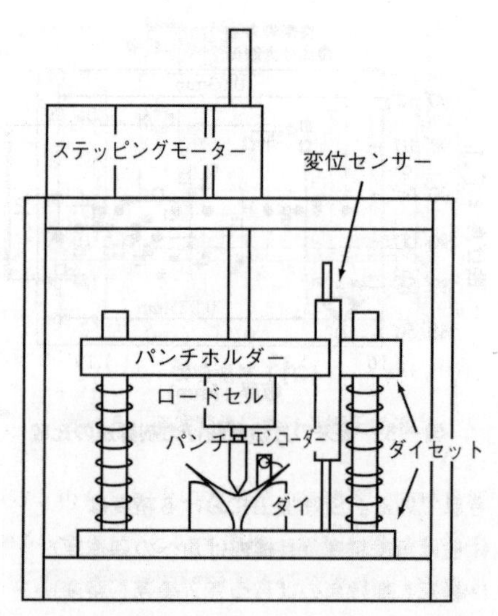

図 6.53　知能化プレスブレーキのプロトタイプ[(7)]

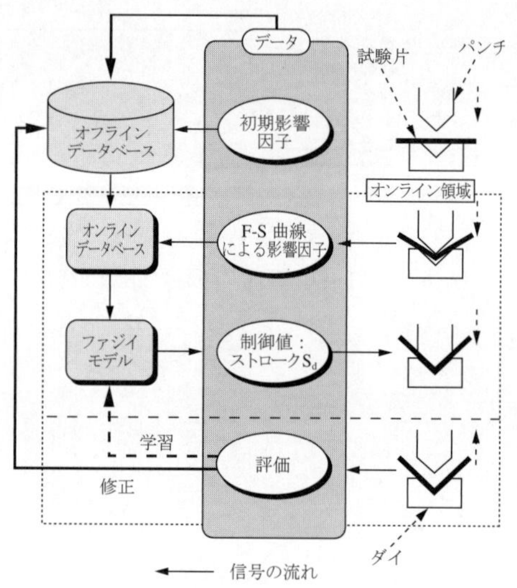

図 6.54　データベース利用知能化プレスブレーキのシステム構成[(8)]

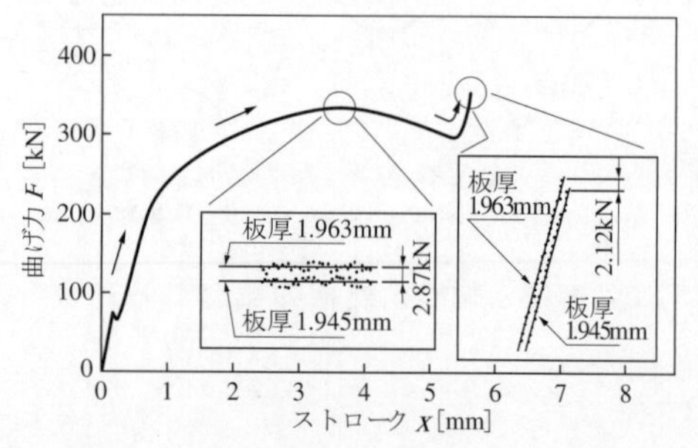

図 6.55　板厚の相違が加工力に及ぼす影響[(9)]

ある．クローズドループ NC 加工機械は，一応，図 6.52（b）に示すすべての機能を有しているが，それぞれの機能のレベルが低い（例えば，センシングでは位置あるいは回転数のみ，コンピューターの機能は位置あるいは回転の命令とフィードバック制御のみ，ネットワークというより単なる信号用配線のみといっても過言ではない）ので，知能化機械とは呼ばないことにしたい．即ち，NC 加工機よりもより複雑なセンシングシステムを有し，コンピューターは制御のみでなく判断の機能を有している機械を知能化機械と呼びたい．このような知能化機械で，市販されているものは殆どないのが実情であり，研究中のものが多い．

研究が比較的進んでいるプレスブレーキの知能化について紹介する．図 6.53 は知能化プレスブレーキの実験機の 1 例である．加工中の荷重をロードセル，ストロークを変位センサー，曲げ角度をエンコーダーでセンシングし，曲げの初期段階のデータから，曲げている板の材料特性値を同定し，所定の曲げ角度を得るのに必要な最終ストロークを計算して決定している．材料特性値の同定には，理論解析（シミュレーション）を用いる方法と，材料特性データベースに参照する方法が提案されている．後者の場合，曲げている板と全く同じ荷重～ストローク曲線がデータベース上に存在する保証はない．そこで，実データに最も近いデータをデータベース上で探索し，これを基に修正をかけるアルゴリズムが工夫されている．図 6.54 は提案されているデータベース利用の知能化曲げ加工システムの 1 例で、ファジイモデルで修正をしている．

上述の知能化曲げ加工機に比べると，知能化のレベルは低いが既に市販されているプレスブレーキがある．この機械はサーボモータとボールねじを組み合わせ，サーボモータの出力を検出し，これで加工力をセンシングしたことにしている．自ら曲げ行程を決定することはできず，曲げのストローク調整はオペレータに任されている．荷重～ストローク曲線を記憶し，わずかな板厚のばらつき（繰り返し曲げ精度）を小さくしている．

図 6.55 は同じ呼称板厚の板におけるわずかな板厚の違いが荷重～ストローク曲線に及ぼす影響を調べた実験結果である．板厚のわずかな相違（図 6.55 において 0.018mm）が曲げ終了時点での荷重に相違がでた（図 6.55 中の拡大図参照）ことを示しており、これが繰り返し曲げ精度に影響する．荷重の標準値（最初に記憶した値）からの偏りを計測して，加えるべき荷重あるいは最終ストロークを計算し決定することで，繰り返し曲げ精度を向上させることができる．図 6.56 はこの曲げ加工力を制御する方法で，繰り返し曲げ精度を大幅に向上させた結果の例である．

知能化機械ではセンシングの機能が重要である．プレスブレーキでは曲げ角度のセンシングは荷重やストロークに比べ難しい．図 6.57 は非接触で曲げ角度を測定する方法の 1 例である．レーザー光を曲げられた板に照射し，照射された形状が板の傾きによって変化するのを CCD カメラで撮像して角度を検出している．図 6.58 は接触式の角度検出法の 1 例で，直径の異なる 2 枚の円盤を曲げた板に当て，二つの円盤の中心の位置関係から，板の曲げ角度を測定している．これらの 2 例はいずれも市販されている．他にも様々な方法が提案されている.

現時点では市販の加工機械で, 完全に知能化されているものは殆どないが, 遠からず知能化加工機械が出回るものと考えられる.

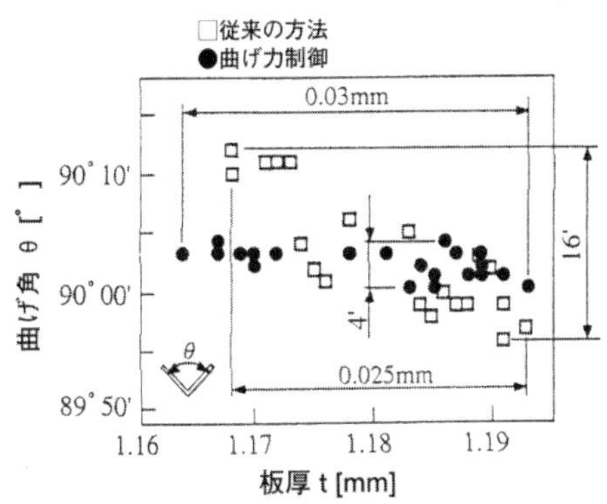

図 6.56　加工力制御による加工精度の向上(9)

【例題 6・4】　＊＊＊＊＊＊＊＊＊＊＊＊＊＊＊＊＊＊＊＊＊＊＊＊

塑性加工においてＦＭＳが成立するために必要な条件を述べなさい.

【解答】　１：加工のフレキシビリティがある加工機械が存在する.

２：自動化が可能である.

＊＊＊＊＊＊＊＊＊＊＊＊＊＊＊＊＊＊＊＊＊＊＊＊

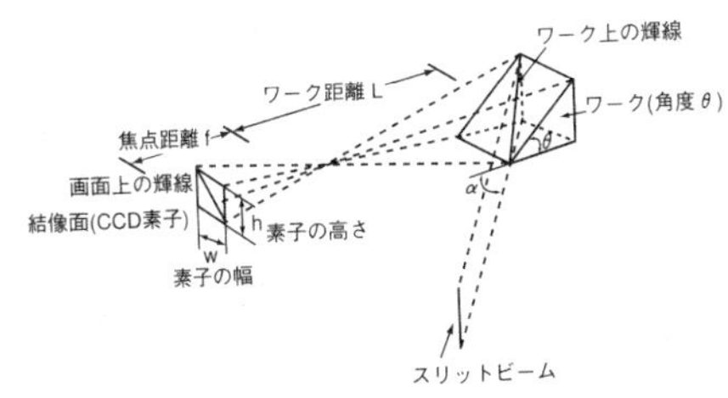

図 6.57　非接触方式の曲げ角度測定システム(10)

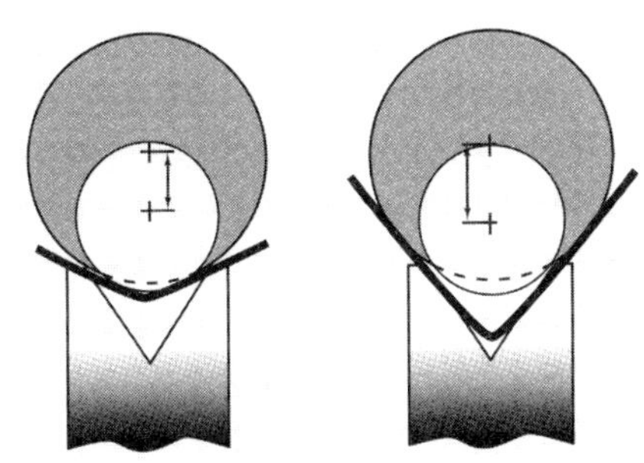

図 6.58　円板を利用した接触式曲げ角度測定システム(11)

＝＝＝＝　練習問題　＝＝＝＝＝＝＝＝＝＝＝＝＝＝＝＝＝＝＝＝＝＝＝＝＝

【6・1】　塑性加工のシステム化において, これからどのような問題があるかを考えなさい.

【6・2】　What is the main purpose of installing FMS in sheet metal fabricating in 1990s?

【解答】

6・1　加工機械／システムの知能化, 環境問題　etc

6・2　Labor –saving..

第 6 章の参考文献

(1)　日本塑性加工学会, 塑性加工用語辞典, (1998), コロナ社.

(2)　Aida Engineering,Ltd., AIDA PRESS HANDBOOK(3rd Ed.).

(3)　木村好次他：トライボロジー概論, (1994), (株)養賢堂.

(4)　塑性加工における CIM/IMS 化とヒューマンファクターに関する調査研究会, 塑性加工における CIM/IMS 化とヒューマンファクターに関する調査研究報告書, (1997), 機械技術協会.

(5)　Kenichi Manabe, Manabu Kiuchi, Junichi Endow, Katsuki Nakazawa, Munenori Ono, Shigeo Matsubara, Proc. Int. Conf. on Manufacturing Milestones toward the 21st Century, (1997), 61-66.

(6)　遠藤順一, 塑性と加工, 31-356, (1990), 1077-1081.

(7)　楊明, 博士論文, (1990).

(8)　小島直樹,楊明,真鍋健一,西村尚, 平成 7 年度塑性加工春季講演会講演文集, (1995), 45-46.

(9)　安西哲也, 遠藤順一, 水野勉, 山田一, 塑性と加工, 37-426, (1996), 743-748.

(10)　大谷敏郎, 大榎俊行, 小田和弘, 高田政明, 第 47 回塑性加工連合講演会講演論文集, (1986), 411-412.

(11) トルンプ社, カタログ, トルンプ.

付録
Appendix

A　有限要素法(finite element method)

A・1　有限要素法の基本的な考え方

有限要素法による解析の基本的な流れを図 A.1 に示す．ここでは，内挿関数の計算方法，節点変位～ひずみ（節点速度～ひずみ速度についても全く同じ）マトリックスの計算方法ならびに数値積分の方法について述べる．

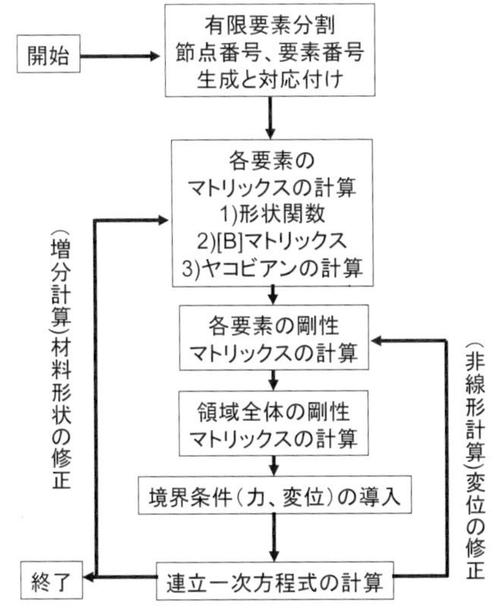

図 A.1　有限要素法による解析の基本的な流れ

・要素の種類と内挿関数　塑性加工の有限要素解析においては，図 A.2 に示した要素が用いられる．要素の種類は，内挿関数の次数，内挿関数の形式，要素形状により定まる．なお内挿関数は，各要素境界面での変位もしくは速度の連続条件が満足される関数から選ばれている．以下に，塑性加工の二次元解析において多く用いられる 3 節点三角形要素（三角形一次要素）と 4 節点四角形要素（四角形一次要素）を例にとり説明を行う．なお，

- 3 節点三角形要素（三角形一次要素）と 6 節点三角形要素（三角形二次要素）
- 4 節点四角形要素（四角形一次要素）と 8 節点四角形要素（四角形二次要素）
- 4 節点四面体要素（四面体一次要素）と 10 節点四面体要素（四面体二次要素）
- 8 節点六面体要素（六面体一次要素）と 20 節点六面体要素（六面体二次要素）

は, それぞれ 1 次もしくは 2 次の Serendipity 関数をもとにした要素である．対象とする問題の次元数や要素形状に応じて，適切な要素を使い分けるが，内挿関数の計算方法はほぼ同じ手法を用いることができる．

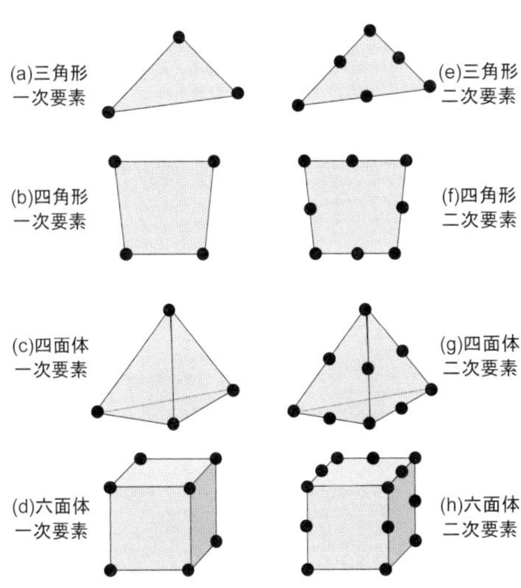

図 A.2　塑性加工の有限要素解析に利用される要素

・3 節点三角形要素の内挿関数　図 A.3 の各節点の座標 $\mathbf{x}^{\langle i \rangle} : \left(x^{\langle i \rangle}, y^{\langle i \rangle}\right)$ ならびに節点での変位 $\mathbf{u}^{\langle i \rangle} : \left(u_x^{\langle i \rangle}, u_y^{\langle i \rangle}\right)$ が定まっているものとする．要素内の節点での変位は，座標に関する一次式を用いて，以下の如く表されるものと仮定する．

$$\begin{aligned} u_x &= A + Bx + Cy \\ u_y &= E + Fx + Gy \end{aligned} \quad \text{(A.1)}$$

式(A.1)は，図 A.4 に示されている通り，関数値 $f(x, y)$ を平面の方程式によって近似していることに相当している．3 つの節点での関数値によってこれらの節点で囲まれる領域の関数が近似されるためには，近似関数が 3 つのパラメータを含まねばならない．最も単純な近似関数系が式(A.1)で表され，またこの関数を利用すると，節点間の辺の上での関数値が両端の節点での関数値のみで表されるため, 隣接する要素との間での関数値の連続性も保たれる．

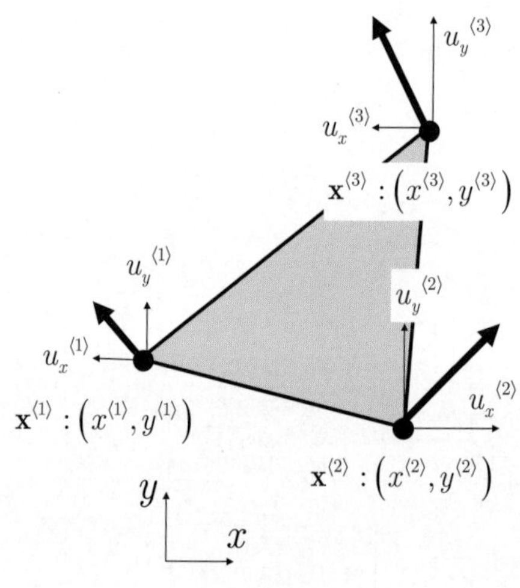

図 A.3　3 節点三角形要素

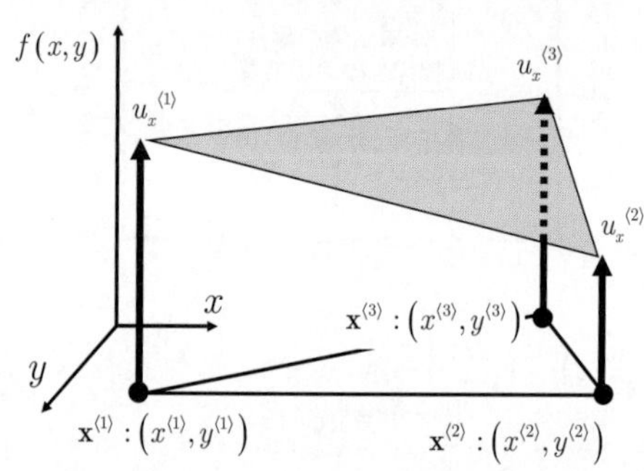

図 A.4　3 節点三角形要素による内挿

ただし関数値の一次微分の連続性は満足されない．

節点座標ならびに節点速度を代入し計算することにより，未知係数 A, B, C, E, F, G を求めることができる．まず，式 (A.1)に節点 $\langle 1\rangle$，節点 $\langle 2\rangle$，節点 $\langle 3\rangle$ での座標と速度を代入することにより，次式(A.2)を得る．

$$
\begin{aligned}
u_x^{\langle 1\rangle} &= A + Bx^{\langle 1\rangle} + Cy^{\langle 1\rangle}, u_y^{\langle 1\rangle} = E + Fx^{\langle 1\rangle} + Gy^{\langle 1\rangle} \\
u_x^{\langle 2\rangle} &= A + Bx^{\langle 2\rangle} + Cy^{\langle 2\rangle}, u_y^{\langle 2\rangle} = E + Fx^{\langle 2\rangle} + Gy^{\langle 2\rangle} \\
u_x^{\langle 3\rangle} &= A + Bx^{\langle 3\rangle} + Cy^{\langle 3\rangle}, u_y^{\langle 3\rangle} = E + Fx^{\langle 3\rangle} + Gy^{\langle 3\rangle}
\end{aligned}
\tag{A.2}
$$

上式をマトリックス表示することにより，次式が得られる．

$$
\begin{bmatrix} 1 & x^{\langle 1\rangle} & y^{\langle 1\rangle} \\ 1 & x^{\langle 2\rangle} & y^{\langle 2\rangle} \\ 1 & x^{\langle 3\rangle} & y^{\langle 3\rangle} \end{bmatrix}
\begin{Bmatrix} A \\ B \\ C \end{Bmatrix}
=
\begin{Bmatrix} u_x^{\langle 1\rangle} \\ u_x^{\langle 2\rangle} \\ u_x^{\langle 3\rangle} \end{Bmatrix}
\tag{A.3}
$$

$$
\begin{bmatrix} 1 & x^{\langle 1\rangle} & y^{\langle 1\rangle} \\ 1 & x^{\langle 2\rangle} & y^{\langle 2\rangle} \\ 1 & x^{\langle 3\rangle} & y^{\langle 3\rangle} \end{bmatrix}
\begin{Bmatrix} E \\ F \\ G \end{Bmatrix}
=
\begin{Bmatrix} u_y^{\langle 1\rangle} \\ u_y^{\langle 2\rangle} \\ u_y^{\langle 3\rangle} \end{Bmatrix}
\tag{A.4}
$$

このマトリックス方程式を解くことで，係数 A, B, C, E, F, G を求めることができる．クラメルの公式を利用すれば，

$$
A = \frac{\begin{vmatrix} u_x^{\langle 1\rangle} & x^{\langle 1\rangle} & y^{\langle 1\rangle} \\ u_x^{\langle 2\rangle} & x^{\langle 2\rangle} & y^{\langle 2\rangle} \\ u_x^{\langle 2\rangle} & x^{\langle 3\rangle} & y^{\langle 3\rangle} \end{vmatrix}}{2\Delta}
\tag{A.5}
$$

$$
B = \frac{\begin{vmatrix} 1 & u_x^{\langle 1\rangle} & y^{\langle 1\rangle} \\ 1 & u_x^{\langle 2\rangle} & y^{\langle 2\rangle} \\ 1 & u_x^{\langle 2\rangle} & y^{\langle 3\rangle} \end{vmatrix}}{2\Delta}
\tag{A.6}
$$

$$
C = \frac{\begin{vmatrix} 1 & x^{\langle 1\rangle} & u_x^{\langle 1\rangle} \\ 1 & x^{\langle 2\rangle} & u_x^{\langle 2\rangle} \\ 1 & x^{\langle 3\rangle} & u_x^{\langle 2\rangle} \end{vmatrix}}{2\Delta}
\tag{A.7}
$$

で与えられる．E, F, G は上に示した 3 つの式の，x 方向変位を y 方向変位と入れ替えることで順次求めることができる．Δ は三角形の面積であり，式(A.3)もしくは式(A.4)の左辺第 1 項の係数行列の行列式によって与えられる．これらの式を解いて整理すると，以下の式が得られる．

$$
A = \alpha_1 u_x^{\langle 1\rangle} + \alpha_2 u_x^{\langle 2\rangle} + \alpha_3 u_x^{\langle 3\rangle}
\tag{A.8}
$$

$$
B = \beta_1 u_x^{\langle 1\rangle} + \beta_2 u_x^{\langle 2\rangle} + \beta_3 u_x^{\langle 3\rangle}
\tag{A.9}
$$

$$C=\gamma_1 u_x^{\langle 1\rangle}+\gamma_2 u_x^{\langle 2\rangle}+\gamma_3 u_x^{\langle 3\rangle} \tag{A.10}$$

ただし，α,β,γ は以下の式によって与えられる．

$$\begin{aligned}
\alpha_1&=\frac{1}{2\Delta}\left(x^{\langle 2\rangle}y^{\langle 3\rangle}-x^{\langle 3\rangle}y^{\langle 2\rangle}\right)\\
\alpha_2&=\frac{1}{2\Delta}\left(x^{\langle 3\rangle}y^{\langle 1\rangle}-x^{\langle 1\rangle}y^{\langle 3\rangle}\right)\\
\alpha_3&=\frac{1}{2\Delta}\left(x^{\langle 1\rangle}y^{\langle 2\rangle}-x^{\langle 2\rangle}y^{\langle 1\rangle}\right)
\end{aligned} \tag{A.11}$$

$$\begin{aligned}
\beta_1&=\frac{1}{2\Delta}\left(y^{\langle 2\rangle}-y^{\langle 3\rangle}\right)\\
\beta_2&=\frac{1}{2\Delta}\left(y^{\langle 3\rangle}-y^{\langle 1\rangle}\right)\\
\beta_3&=\frac{1}{2\Delta}\left(y^{\langle 1\rangle}-y^{\langle 2\rangle}\right)
\end{aligned} \tag{A.12}$$

$$\begin{aligned}
\gamma_1&=\frac{1}{2\Delta}\left(x^{\langle 2\rangle}-x^{\langle 3\rangle}\right)\\
\gamma_2&=\frac{1}{2\Delta}\left(x^{\langle 3\rangle}-x^{\langle 1\rangle}\right)\\
\gamma_3&=\frac{1}{2\Delta}\left(x^{\langle 1\rangle}-x^{\langle 2\rangle}\right)
\end{aligned} \tag{A.13}$$

式 (A.2)に以上の結果を代入し，マトリックス表示することで式(A.14)を得る．

$$u_x\left(x,y\right)=\left\lfloor \alpha_1+\beta_1x+\gamma_1y \quad \alpha_2+\beta_2x+\gamma_2y \quad \alpha_3+\beta_3x+\gamma_3y \right\rfloor \begin{Bmatrix} u_x^{\langle 1\rangle}\\ u_x^{\langle 2\rangle}\\ u_x^{\langle 3\rangle}\end{Bmatrix}$$

・・・・・(A.14)

同じ手順で $u_y\left(x,y\right)$ を導くと，

$$u_y\left(x,y\right)=\left\lfloor \alpha_1+\beta_1x+\gamma_1y \quad \alpha_2+\beta_2x+\gamma_2y \quad \alpha_3+\beta_3x+\gamma_3y \right\rfloor \begin{Bmatrix} u_y^{\langle 1\rangle}\\ u_y^{\langle 2\rangle}\\ u_y^{\langle 3\rangle}\end{Bmatrix}$$

・・・・・(A.15)

が得られる．式(A.14)と式(A.15)をひとつの式にまとめると，次式を得ることができる．これが，3 節点三角形要素内部の任意の位置での変位を，節点での変位より補間して求める式に相当している．

$$\begin{Bmatrix} u_x\left(x,y\right)\\ u_y\left(x,y\right)\end{Bmatrix}=\begin{bmatrix} N_1 & 0 & N_2 & 0 & N_3 & 0\\ 0 & N_1 & 0 & N_2 & 0 & N_3\end{bmatrix}\begin{Bmatrix} u_x^{\langle 1\rangle}\\ u_y^{\langle 1\rangle}\\ u_x^{\langle 2\rangle}\\ u_y^{\langle 2\rangle}\\ u_x^{\langle 3\rangle}\\ u_y^{\langle 3\rangle}\end{Bmatrix} \tag{A.16}$$

$$N_1 = N_1(x,y) = \alpha_1 + \beta_1 x + \gamma_1 y$$
$$N_2 = N_2(x,y) = \alpha_2 + \beta_2 x + \gamma_2 y \qquad \text{(A.17)}$$
$$N_3 = N_3(x,y) = \alpha_3 + \beta_3 x + \gamma_3 y$$

この式をもとに，要素のひずみも容易に求めることができる．結果は，

$$\begin{Bmatrix} \varepsilon_{xx} \\ \varepsilon_{yy} \\ \varepsilon_{xy} \end{Bmatrix} = \begin{bmatrix} \beta_1 & 0 & \beta_2 & 0 & \beta_3 & 0 \\ 0 & \gamma_1 & 0 & \gamma_2 & 0 & \gamma_3 \\ \dfrac{\gamma_1}{2} & \dfrac{\beta_1}{2} & \dfrac{\gamma_2}{2} & \dfrac{\beta_2}{2} & \dfrac{\gamma_3}{2} & \dfrac{\beta_3}{2} \end{bmatrix} \begin{Bmatrix} u_x^{\langle 1\rangle} \\ u_y^{\langle 1\rangle} \\ u_x^{\langle 2\rangle} \\ u_y^{\langle 2\rangle} \\ u_x^{\langle 3\rangle} \\ u_y^{\langle 3\rangle} \end{Bmatrix} \qquad \text{(A.18)}$$

である．左辺係数マトリックスの成分は，式(A.12)もしくは式(A.13)で与えられる β_i, γ_i のみで表されているが，これらの数値は節点の座標値のみで与えられている．式(A.16)中の形状関数は内挿点の座標の関数であるが，式(A.18)は内挿点の座標によらず，一定の値となる．このことより，3 節点三角形要素は，定ひずみ要素と呼ばれることもある．

・4 節点四角形要素の内挿関数（xy 座標系による表示）　図 A.5 に示す 4 節点四角形要素の各節点の座標 $\mathbf{x}^{\langle i\rangle}:(x^{\langle i\rangle}, y^{\langle i\rangle})$ ならびに節点での変位 $\mathbf{u}^{\langle i\rangle}:(u_x^{\langle i\rangle}, u_y^{\langle i\rangle})$ が定まっているものとする．要素内の節点での変位は， 座標に関する一次式を用いて，以下の如く表されるものと仮定する．

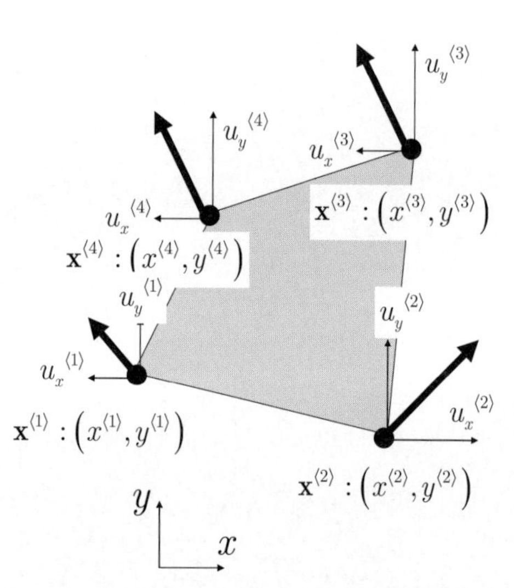

図 A.5　4 節点四角形要素

$$u_x = A + Bx + Cy + Dxy$$
$$u_y = E + Fx + Gy + Hxy \qquad \text{(A.19)}$$

式(A.19)に節点座標ならびに節点変位を代入し，先に示したのと同じ手順によって計算することにより，未知係数 $A \sim H$ を求め，変位のマトリックス表示を得ることができる．しかし計算は 3 節点三角形要素の場合と比較してはるかに煩雑であるので，通常は以下に述べる手順に従って計算する．

・4 節点四角形要素の内挿関数（自然座標系による表示）　要素剛性方程式を算出するためには，要素についての面積積分もしくは体積積分を実行する必要がある．これらの積分は，後ほど述べるガウスの数値積分公式を用いて行うが，ガウスの公式は，それぞれの座標方向とも $[-1.0, +1.0]$ の正規化された座標について与えられている．従って，形状関数も正規化された座標について定義しておいた方が便利である．

加えて，xy 座標系での形状関数の導出は，4 節点四角形要素については複雑な手順が必要である．そこで，同じ 4 節点四角形要素についての内挿関数の導出を，正規化された座標系（自然座標系と称する）について行う．

図 A.6 に，形状関数の基本的な考え方を示す．座標 ξ の $[-1.0, +1.0]$ の区間を要素とみなす．節点は，$\xi = -1.0$ と $\xi = 1.0$ の 2 箇所にあるので，それぞれ節点 1，節点 2 とする．座標 ξ の関数として定義された 2 つの関数，

$$\varphi^{\langle 1\rangle}=\frac{1}{2}(1-\xi)$$
$$\varphi^{\langle 2\rangle}=\frac{1}{2}(1+\xi) \tag{A.20}$$

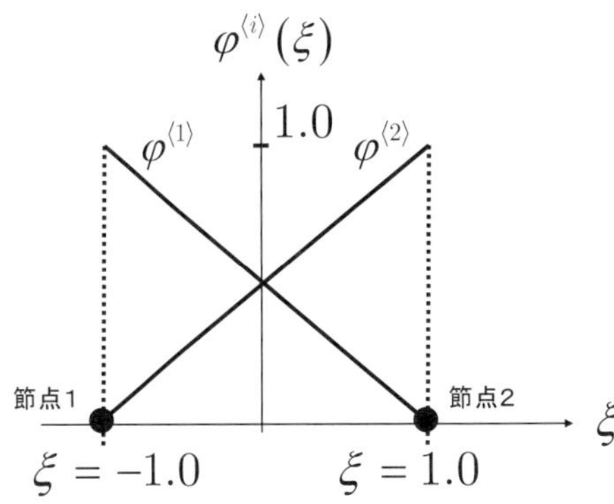

図 A.6　形状関数

は，節点$\langle 1\rangle$で$\varphi^{\langle 1\rangle}=1.0$, $\varphi^{\langle 2\rangle}=0.0$，節点$\langle 2\rangle$で$\varphi^{\langle 1\rangle}=0.0,\varphi^{\langle 2\rangle}=1.0$，中間点$\xi=0.0$で$\varphi^{\langle 1\rangle}=0.5,\varphi^{\langle 2\rangle}=0.5$の値をとり，また全ての座標$\xi$について$\varphi^{\langle 1\rangle}+\varphi^{\langle 2\rangle}=1.0$を満足する．この関数，すなわち形状関数を利用することで，任意の関数$f(\xi)$の近似値を，節点$\langle i\rangle$での関数値$f^{\langle i\rangle}$を利用して次式により求めることができる．

$$f(\xi)\approx f^{\langle 1\rangle}\varphi^{\langle 1\rangle}+f^{\langle 2\rangle}\varphi^{\langle 2\rangle} \tag{A.21}$$

図 A.7 に示される 4 節点四角形の基準要素については，座標値を(ξ,η)とし，形状関数$\varphi^{\langle i\rangle}$の値を次式によって与える．

$$\varphi^{\langle 1\rangle}=\frac{1}{4}(1-\xi)(1-\eta)$$
$$\varphi^{\langle 2\rangle}=\frac{1}{4}(1+\xi)(1-\eta)$$
$$\varphi^{\langle 3\rangle}=\frac{1}{4}(1+\xi)(1+\eta) \tag{A.22}$$
$$\varphi^{\langle 4\rangle}=\frac{1}{4}(1-\xi)(1+\eta)$$

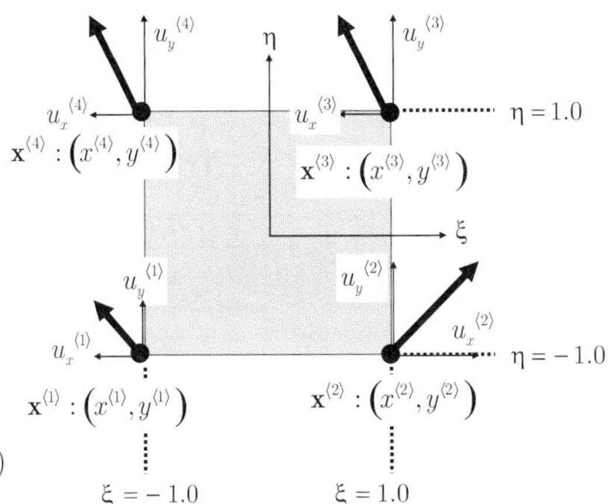

図 A.7　自然座標系での 4 節点四角形要素

括弧$\langle i\rangle$は要素の頂点にある節点の番号を意味する．各節点の座標$(\xi^{\langle i\rangle},\eta^{\langle i\rangle})$ならびに節点変位$\mathbf{u}^{\langle i\rangle}:(u_x^{\langle i\rangle},u_y^{\langle i\rangle})$を用いて，座標$(\xi,\eta)$での変位は，式(A.21)と同じく次式(A.23)によって計算される．

$$u_x=\varphi^{\langle 1\rangle}u_x^{\langle 1\rangle}+\varphi^{\langle 2\rangle}u_x^{\langle 2\rangle}+\varphi^{\langle 3\rangle}u_x^{\langle 3\rangle}+\varphi^{\langle 4\rangle}u_x^{\langle 4\rangle}$$
$$u_y=\varphi^{\langle 1\rangle}u_y^{\langle 1\rangle}+\varphi^{\langle 2\rangle}u_y^{\langle 2\rangle}+\varphi^{\langle 3\rangle}u_y^{\langle 3\rangle}+\varphi^{\langle 4\rangle}u_y^{\langle 4\rangle} \tag{A.23}$$

式(A.23)をマトリックス表示する．

$$\begin{Bmatrix}u_x\\u_y\end{Bmatrix}=\begin{bmatrix}\varphi^{\langle 1\rangle}&0&\varphi^{\langle 2\rangle}&0&\varphi^{\langle 3\rangle}&0&\varphi^{\langle 4\rangle}&0\\0&\varphi^{\langle 1\rangle}&0&\varphi^{\langle 2\rangle}&0&\varphi^{\langle 3\rangle}&0&\varphi^{\langle 4\rangle}\end{bmatrix}\begin{Bmatrix}u_x^{\langle 1\rangle}\\u_y^{\langle 1\rangle}\\u_x^{\langle 2\rangle}\\u_y^{\langle 2\rangle}\\u_x^{\langle 3\rangle}\\u_y^{\langle 3\rangle}\\u_x^{\langle 4\rangle}\\u_y^{\langle 4\rangle}\end{Bmatrix}$$

‥‥‥ (A.24)

各節点での座標系での節点座標を同じ形状関数で内挿する，次式を得る．

$$x = \varphi^{\langle 1 \rangle} x^{\langle 1 \rangle} + \varphi^{\langle 2 \rangle} x^{\langle 2 \rangle} + \varphi^{\langle 3 \rangle} x^{\langle 3 \rangle} + \varphi^{\langle 4 \rangle} x^{\langle 4 \rangle}$$
$$y = \varphi^{\langle 1 \rangle} y^{\langle 1 \rangle} + \varphi^{\langle 2 \rangle} y^{\langle 2 \rangle} + \varphi^{\langle 3 \rangle} y^{\langle 3 \rangle} + \varphi^{\langle 4 \rangle} y^{\langle 4 \rangle} \quad \cdots\cdots \quad \text{(A.25)}$$

式(A.25)は，形状関数が定義された自然座標系 $\xi\eta$ から，有限要素法にて解析の対象とする xy 座標系への一次写像をあらわしている．この写像を，図 A.8 に示す．また，式(A.24)と式(A.25)は，変位と座標について同じ形状関数を適用することを意味している．この様な内挿をアイソパラメトリック(iso-parametric)内挿と称し，この内挿により作られる要素をアイソパラメトリック要素(iso-parametric element)と呼ぶこともある．

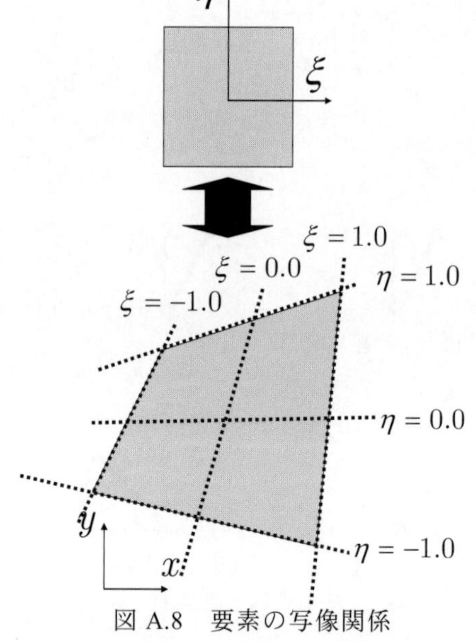

図 A.8　要素の写像関係

・節点変位～ひずみマトリックス　平面ひずみ問題について，ひずみと変位の関係は式(A.26)で与えられる．

$$\varepsilon_{xx} = \frac{\partial u_x}{\partial x}$$
$$\varepsilon_{yy} = \frac{\partial u_y}{\partial y} \qquad \text{(A.26)}$$
$$\varepsilon_{xy} = \frac{1}{2}\left(\frac{\partial u_y}{\partial x} + \frac{\partial u_x}{\partial y}\right)$$

軸対称問題（図 5.11，図 5.19，図 5.25 を参照のこと）の独立な変位は $\left(r, z\right)$ の 2 成分であるので，平面ひずみ問題と同じく 2 次元問題としての取り扱いができる．この場合のひずみ成分は，次式に従う．

$$\varepsilon_{rr} = \frac{\partial u_r}{\partial r}$$
$$\varepsilon_{zz} = \frac{\partial u_z}{\partial z}$$
$$\varepsilon_{rz} = \frac{1}{2}\left(\frac{\partial u_z}{\partial r} + \frac{\partial u_r}{\partial z}\right) \qquad \text{(A.27)}$$
$$\varepsilon_{\theta\theta} = \frac{u_r}{r}$$

式(A.26)もしくは式(A.27)をマトリックス表示すると，それぞれ式(A.28)，式(A.29)が得られる．

平面ひずみ問題：
$$\begin{Bmatrix} \varepsilon_{xx} \\ \varepsilon_{yy} \\ \varepsilon_{xy} \end{Bmatrix} = \begin{bmatrix} \dfrac{\partial}{\partial x} & 0 \\ 0 & \dfrac{\partial}{\partial y} \\ \dfrac{1}{2}\dfrac{\partial}{\partial y} & \dfrac{1}{2}\dfrac{\partial}{\partial x} \end{bmatrix} \begin{Bmatrix} u_x \\ u_y \end{Bmatrix} \qquad \text{(A.28)}$$

軸対称問題：
$$\begin{Bmatrix} \varepsilon_{rr} \\ \varepsilon_{zz} \\ \varepsilon_{rz} \\ \varepsilon_{\theta\theta} \end{Bmatrix} = \begin{bmatrix} \frac{\partial}{\partial r} & 0 \\ 0 & \frac{\partial}{\partial z} \\ \frac{1}{2}\frac{\partial}{\partial z} & \frac{1}{2}\frac{\partial}{\partial r} \\ \frac{1}{r} & 0 \end{bmatrix} \begin{Bmatrix} u_r \\ u_z \end{Bmatrix} \tag{A.29}$$

式(A.24)を式(A.28)に代入することで，平面ひずみ問題についての節点変位－ひずみマトリックス(A.31)が，式(A.29)に代入することで軸対称問題についての節点変位－ひずみマトリックス(A.32)が得られる．これらのマトリックスを，$[B]$マトリックスと呼ぶ．

$$\{\varepsilon\} = [B]\{u\}^n \tag{A.30}$$

$$[B] = \begin{bmatrix} \frac{\partial\varphi^{\langle 1\rangle}}{\partial x} & 0 & \frac{\partial\varphi^{\langle 2\rangle}}{\partial x} & 0 & \frac{\partial\varphi^{\langle 3\rangle}}{\partial x} & 0 & \frac{\partial\varphi^{\langle 4\rangle}}{\partial x} & 0 \\ 0 & \frac{\partial\varphi^{\langle 1\rangle}}{\partial y} & 0 & \frac{\partial\varphi^{\langle 2\rangle}}{\partial y} & 0 & \frac{\partial\varphi^{\langle 3\rangle}}{\partial y} & 0 & \frac{\partial\varphi^{\langle 4\rangle}}{\partial y} \\ \frac{1}{2}\frac{\partial\varphi^{\langle 1\rangle}}{\partial y} & \frac{1}{2}\frac{\partial\varphi^{\langle 1\rangle}}{\partial x} & \frac{1}{2}\frac{\partial\varphi^{\langle 2\rangle}}{\partial y} & \frac{1}{2}\frac{\partial\varphi^{\langle 2\rangle}}{\partial x} & \frac{1}{2}\frac{\partial\varphi^{\langle 3\rangle}}{\partial y} & \frac{1}{2}\frac{\partial\varphi^{\langle 3\rangle}}{\partial x} & \frac{1}{2}\frac{\partial\varphi^{\langle 4\rangle}}{\partial y} & \frac{1}{2}\frac{\partial\varphi^{\langle 4\rangle}}{\partial x} \end{bmatrix}$$

$$\cdots\cdots \tag{A.31}$$

$$[B] = \begin{bmatrix} \frac{\partial\varphi^{\langle 1\rangle}}{\partial r} & 0 & \frac{\partial\varphi^{\langle 2\rangle}}{\partial r} & 0 & \frac{\partial\varphi^{\langle 3\rangle}}{\partial r} & 0 & \frac{\partial\varphi^{\langle 4\rangle}}{\partial r} & 0 \\ 0 & \frac{\partial\varphi^{\langle 1\rangle}}{\partial z} & 0 & \frac{\partial\varphi^{\langle 2\rangle}}{\partial z} & 0 & \frac{\partial\varphi^{\langle 3\rangle}}{\partial z} & 0 & \frac{\partial\varphi^{\langle 4\rangle}}{\partial z} \\ \frac{1}{2}\frac{\partial\varphi^{\langle 1\rangle}}{\partial z} & \frac{1}{2}\frac{\partial\varphi^{\langle 1\rangle}}{\partial r} & \frac{1}{2}\frac{\partial\varphi^{\langle 2\rangle}}{\partial z} & \frac{1}{2}\frac{\partial\varphi^{\langle 2\rangle}}{\partial r} & \frac{1}{2}\frac{\partial\varphi^{\langle 3\rangle}}{\partial z} & \frac{1}{2}\frac{\partial\varphi^{\langle 3\rangle}}{\partial r} & \frac{1}{2}\frac{\partial\varphi^{\langle 4\rangle}}{\partial z} & \frac{1}{2}\frac{\partial\varphi^{\langle 4\rangle}}{\partial r} \\ \frac{\varphi^{\langle 1\rangle}}{r} & 0 & \frac{\varphi^{\langle 2\rangle}}{r} & 0 & \frac{\varphi^{\langle 3\rangle}}{r} & 0 & \frac{\varphi^{\langle 4\rangle}}{r} & 0 \end{bmatrix}$$

$$\cdots\cdots \tag{A.32}$$

ただし，

平面ひずみ問題：
$$\{u\} \equiv \begin{Bmatrix} u_x \\ u_y \end{Bmatrix}, \{u\}^n \equiv \begin{Bmatrix} u_x^{\langle 1\rangle} \\ u_y^{\langle 1\rangle} \\ u_x^{\langle 2\rangle} \\ u_y^{\langle 2\rangle} \\ u_x^{\langle 3\rangle} \\ u_y^{\langle 3\rangle} \\ u_x^{\langle 4\rangle} \\ u_y^{\langle 4\rangle} \end{Bmatrix}, \{\varepsilon\} \equiv \begin{Bmatrix} \varepsilon_{xx} \\ \varepsilon_{yy} \\ \varepsilon_{xy} \end{Bmatrix}$$

軸対称問題：　$\{u\} \equiv \begin{Bmatrix} u_r \\ u_z \end{Bmatrix}, \{u\}^n \equiv \begin{Bmatrix} u_r^{\langle 1 \rangle} \\ u_z^{\langle 1 \rangle} \\ u_r^{\langle 2 \rangle} \\ u_z^{\langle 2 \rangle} \\ u_r^{\langle 3 \rangle} \\ u_z^{\langle 3 \rangle} \\ u_r^{\langle 4 \rangle} \\ u_z^{\langle 4 \rangle} \end{Bmatrix}, \{\varepsilon\} \equiv \begin{Bmatrix} \varepsilon_{rr} \\ \varepsilon_{zz} \\ \varepsilon_{rz} \\ \varepsilon_{\theta\theta} \end{Bmatrix}$

である．$[B]$ マトリックスの成分を，以下，平面ひずみ問題について計算する.成分のうち形状関数 φ の x または y 方向微係数について，合成関数の微分法則より，次式が得られる．

$$\begin{aligned} \frac{\partial \varphi^{\langle i \rangle}}{\partial \xi} &= \frac{\partial \varphi^{\langle i \rangle}}{\partial x}\frac{\partial x}{\partial \xi} + \frac{\partial \varphi^{\langle i \rangle}}{\partial y}\frac{\partial y}{\partial \xi} \\ \frac{\partial \varphi^{\langle i \rangle}}{\partial \eta} &= \frac{\partial \varphi^{\langle i \rangle}}{\partial x}\frac{\partial x}{\partial \eta} + \frac{\partial \varphi^{\langle i \rangle}}{\partial y}\frac{\partial y}{\partial \eta} \end{aligned} \tag{A.33}$$

ここで，式(A.25)より，

$$\begin{aligned} \frac{\partial x}{\partial \xi} &= x^{\langle 1 \rangle}\frac{\partial \varphi^{\langle 1 \rangle}}{\partial \xi} + x^{\langle 2 \rangle}\frac{\partial \varphi^{\langle 2 \rangle}}{\partial \xi} + x^{\langle 3 \rangle}\frac{\partial \varphi^{\langle 3 \rangle}}{\partial \xi} + x^{\langle 4 \rangle}\frac{\partial \varphi^{\langle 4 \rangle}}{\partial \xi} \\ \frac{\partial x}{\partial \eta} &= x^{\langle 1 \rangle}\frac{\partial \varphi^{\langle 1 \rangle}}{\partial \eta} + x^{\langle 2 \rangle}\frac{\partial \varphi^{\langle 2 \rangle}}{\partial \eta} + x^{\langle 3 \rangle}\frac{\partial \varphi^{\langle 3 \rangle}}{\partial \eta} + x^{\langle 4 \rangle}\frac{\partial \varphi^{\langle 4 \rangle}}{\partial \eta} \\ \frac{\partial y}{\partial \xi} &= y^{\langle 1 \rangle}\frac{\partial \varphi^{\langle 1 \rangle}}{\partial \xi} + y^{\langle 2 \rangle}\frac{\partial \varphi^{\langle 2 \rangle}}{\partial \xi} + y^{\langle 3 \rangle}\frac{\partial \varphi^{\langle 3 \rangle}}{\partial \xi} + y^{\langle 4 \rangle}\frac{\partial \varphi^{\langle 4 \rangle}}{\partial \xi} \\ \frac{\partial y}{\partial \eta} &= y^{\langle 1 \rangle}\frac{\partial \varphi^{\langle 1 \rangle}}{\partial \eta} + y^{\langle 2 \rangle}\frac{\partial \varphi^{\langle 2 \rangle}}{\partial \eta} + y^{\langle 3 \rangle}\frac{\partial \varphi^{\langle 3 \rangle}}{\partial \eta} + y^{\langle 4 \rangle}\frac{\partial \varphi^{\langle 4 \rangle}}{\partial \eta} \end{aligned} \tag{A.34}$$

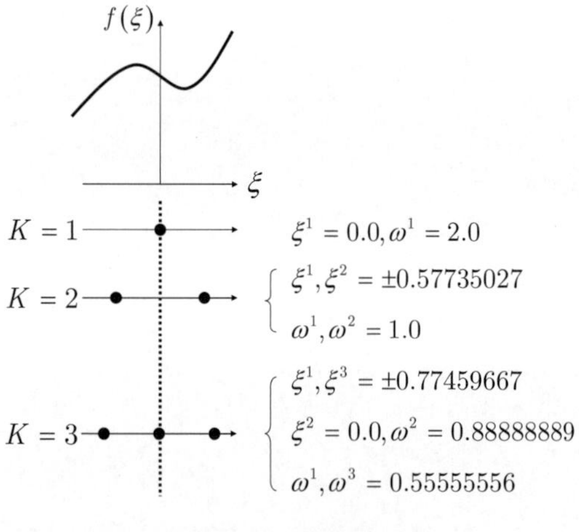

であるので，式(A.34)によって，線形一次写像についてのヤコビマトリックス $[J]$ の成分が節点座標と形状関数の ξ, η 微係数より計算できる．

$$[J] = \begin{bmatrix} \dfrac{\partial x}{\partial \xi} & \dfrac{\partial y}{\partial \xi} \\ \dfrac{\partial x}{\partial \eta} & \dfrac{\partial y}{\partial \eta} \end{bmatrix} \tag{A.35}$$

式(A.33)をヤコビマトリックス $[J]$ を用いて書き換えると，

$$\begin{Bmatrix} \dfrac{\partial \varphi^{\langle i \rangle}}{\partial \xi} \\ \dfrac{\partial \varphi^{\langle i \rangle}}{\partial \eta} \end{Bmatrix} = [J] \begin{Bmatrix} \dfrac{\partial \varphi^{\langle i \rangle}}{\partial x} \\ \dfrac{\partial \varphi^{\langle i \rangle}}{\partial y} \end{Bmatrix} \tag{A.36}$$

この式(A36)の逆変換により，

$f(\xi)$

ξ

$K = 1$　$\xi^1 = 0.0, \omega^1 = 2.0$

$K = 2$　$\xi^1, \xi^2 = \pm 0.57735027$，$\omega^1, \omega^2 = 1.0$

$K = 3$　$\xi^1, \xi^3 = \pm 0.77459667$，$\xi^2 = 0.0, \omega^2 = 0.88888889$，$\omega^1, \omega^3 = 0.55555556$

図 A.9　ガウスの数値積分

$$\left\{\begin{matrix}\dfrac{\partial\varphi^{\langle i\rangle}}{\partial x}\\\dfrac{\partial\varphi^{\langle i\rangle}}{\partial y}\end{matrix}\right\}=\left[J\right]^{-1}\left\{\begin{matrix}\dfrac{\partial\varphi^{\langle i\rangle}}{\partial\xi}\\\dfrac{\partial\varphi^{\langle i\rangle}}{\partial\eta}\end{matrix}\right\} \tag{A.37}$$

が得られ，この式を計算することで$[B]$マトリックスの成分が計算できる．

・ガウスの数値積分公式　正規化された区間$\left[-1.0,+1.0\right]$に対する数値積分公式である．図A.9に示されている通り，正規化された区間に取る分点の数Kによって，たとえばK点積分などと呼ばれる．この積分公式によって，K点積分では$K-1$次の関数まで厳密に積分できる．それぞれの分点Kの座標を$\left(\xi^K,\eta^K\right)$，重み係数を$\omega^K$とすれば，関数$f\left(x,y\right)$の面積分は，

$$\int_S f\left(x,y\right)dxdy\approx\sum_K f\left(\xi^K,\eta^K\right)\det\left[J^K\right]\omega^K \tag{A.38}$$

で与えられる．積分点のxy座標は式(A.25)より計算される．ちなみに，$[B]$マトリックスの成分は$\xi\eta$座標について与えられるので，この様な変換を必ずしも必要としない．

・3次元問題への拡張　今まで4節点四角形要素について述べてきた内容は，容易に3次元問題に拡張することができる．図A.10に示した8節点六面体要素を用いる場合，形状関数$\varphi^{\langle i\rangle}$は，以下の式によって与えられる．

$$\varphi^{\langle i\rangle}=\frac{1}{8}\left(1+\xi\xi_i\right)\left(1+\eta\eta_i\right)\left(1+\gamma\gamma_i\right) \tag{A.39}$$

ただし$\left(\xi_i,\eta_i,\gamma_i\right)$は節点$\langle i\rangle$の$\left(\xi,\eta,\gamma\right)$空間での座標値である．たとえば図A.5，図A.7と同じ規則に基づいて番号をつけるならば，図A.10中に示したとおりの番号を付すことになる．

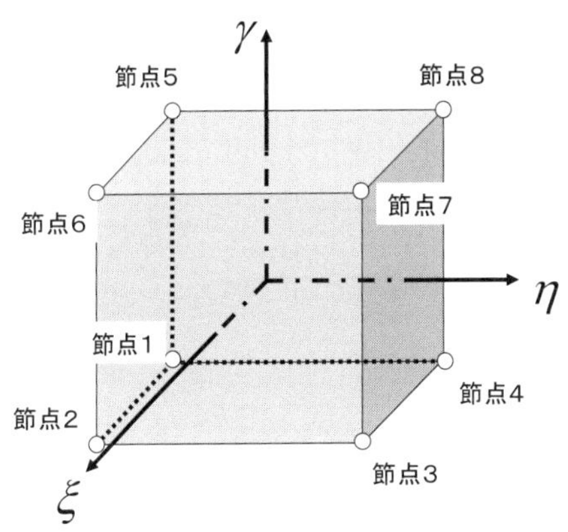

図A.10　自然座標系での8節点六面体要素

形状関数を用いた変位の内挿は，式(A.23)を3次元問題に拡張した式(A.40)で求められる．

$$u_x=\sum_{i=1}^{8}\varphi^{\langle i\rangle}u_x^{\langle i\rangle}$$
$$u_y=\sum_{i=1}^{8}\varphi^{\langle i\rangle}u_y^{\langle i\rangle} \tag{A.40}$$

座標は，同じ形状関数によって，

$$x=\sum_{i=1}^{8}\varphi^{\langle i\rangle}x^{\langle i\rangle}$$
$$y=\sum_{i=1}^{8}\varphi^{\langle i\rangle}y^{\langle i\rangle} \tag{A.41}$$

と内挿できる．以下，4節点四角形要素と同じ手順を踏むことによって，$\left[B\right]$マトリックスを計算でき，また数値積分が実行できる．

A・2　各種有限要素法の構成マトリックス (constitutive matrix)

・弾性有限要素法の構成マトリックス　弾性体に対する応力～ひずみ関係式は，フックの法則により次式で与えられる．

$$\sigma_{ij} = 2G\varepsilon_{ij} + 2G\frac{\nu}{1-2\nu}\delta_{ij}\varepsilon_{kk} \tag{A.42}$$

３次元問題について，上式をマトリックス表示する．

$$\begin{Bmatrix} \sigma_{xx} \\ \sigma_{yy} \\ \sigma_{zz} \\ \sigma_{xy} \\ \sigma_{yz} \\ \sigma_{zx} \end{Bmatrix} = 2G \begin{bmatrix} \frac{1-\nu}{1-2\nu} & \frac{\nu}{1-2\nu} & \frac{\nu}{1-2\nu} & 0 & 0 & 0 \\ \frac{\nu}{1-2\nu} & \frac{1-\nu}{1-2\nu} & \frac{\nu}{1-2\nu} & 0 & 0 & 0 \\ \frac{\nu}{1-2\nu} & \frac{\nu}{1-2\nu} & \frac{1-\nu}{1-2\nu} & 0 & 0 & 0 \\ 0 & 0 & 0 & \frac{1}{2} & 0 & 0 \\ 0 & 0 & 0 & 0 & \frac{1}{2} & 0 \\ 0 & 0 & 0 & 0 & 0 & \frac{1}{2} \end{bmatrix} \begin{Bmatrix} \varepsilon_{xx} \\ \varepsilon_{yy} \\ \varepsilon_{zz} \\ 2\varepsilon_{xy} \\ 2\varepsilon_{yz} \\ 2\varepsilon_{zx} \end{Bmatrix} \tag{A.43}$$

または，次式の如く表示し，

$$\{\sigma\} = \left[D^E\right]\{\varepsilon\} \tag{A.44}$$

を弾性係数マトリックス$\left[D^E\right]$と呼ぶ．

・弾塑性有限要素法の構成マトリックス　弾塑性体の構成式は，Prandtl-Reuss の式(A.45)により与えられる．Prandtl-Reuss の式を逆変換しマトリックス表示すると，式(A.46)，式(A.47)が得られる．ただしH'は塑性係数（応力－ひずみ線図の勾配），αは要素の状態を示すパラメータで，弾性状態のとき$\alpha = 0$，弾塑性状態のとき$\alpha = 1$をとる．

$$d\sigma_{ij} = 2G\left(\delta_{ik}\delta_{jl} + \frac{\nu}{1-2\nu}\delta_{kl} - \alpha\frac{9G\sigma'_{ij}\sigma'_{kl}}{2\bar{\sigma}^2\left(H'+3G\right)}\right)d\varepsilon_{kl} \tag{A.45}$$

$$\{d\sigma\} = \begin{Bmatrix} d\sigma_{xx} \\ d\sigma_{yy} \\ d\sigma_{zz} \\ d\sigma_{xy} \\ d\sigma_{yz} \\ d\sigma_{zx} \end{Bmatrix} = \left[D^P\right]\{d\varepsilon\} = \left[D^P\right]\begin{Bmatrix} d\varepsilon_{xx} \\ d\varepsilon_{yy} \\ d\varepsilon_{zz} \\ 2d\varepsilon_{xy} \\ 2d\varepsilon_{yz} \\ 2d\varepsilon_{zx} \end{Bmatrix} \tag{A.46}$$

$$\left[D^P\right] = \left[D^E\right] - \alpha\frac{9G^2}{\bar{\sigma}^2\left(H'+3G\right)}\begin{bmatrix} \sigma'^2_{xx} & \sigma'_{xx}\sigma'_{yy} & \sigma'_{xx}\sigma'_{zz} & \sigma'_{xx}\sigma'_{xy} & \sigma'_{xx}\sigma'_{yz} & \sigma'_{xx}\sigma'_{zx} \\ & \sigma'^2_{yy} & \sigma'_{yy}\sigma'_{zz} & \sigma'_{yy}\sigma'_{xy} & \sigma'_{yy}\sigma'_{yz} & \sigma'_{yy}\sigma'_{zx} \\ & & \sigma'^2_{zz} & \sigma'_{zz}\sigma'_{xy} & \sigma'_{zz}\sigma'_{yz} & \sigma'_{zz}\sigma'_{zx} \\ & & & \sigma'^2_{xy} & \sigma'_{xy}\sigma'_{yz} & \sigma'_{xy}\sigma'_{zx} \\ & \text{対称} & & & \sigma'^2_{yz} & \sigma'_{yz}\sigma'_{zx} \\ & & & & & \sigma'^2_{zx} \end{bmatrix}$$

････ (A.47)

式(A.45)に示されている通り弾塑性体の構成式は応力増分とひずみ増分との

関係式で与えられるため，増分形の解析を行わなければならない．この式は，増分時間で除し応力速度～ひずみ速度の関係に変換して用いることもできる．

なお，式(A.45)～式(A.47)は微小変形を前提に導かれた式であるが，左辺の応力増分のかわりに真応力の Jaumann 速度で，右辺第２項のひずみ増分のかわりに変形速度テンソルで置き換えれば，有限変形の場合の弾塑性構成式としてそのまま用いることができる．

・剛塑性有限要素法の構成マトリックス　剛塑性体の構成式（Levy-Mises の流動則）とそのマトリックス表示は，式(A.48)～式(A.50)により表される．

$$\sigma'_{ij} = \frac{2\bar{\sigma}}{3\dot{\bar{\varepsilon}}}\dot{\varepsilon}_{ij} \tag{A.48}$$

$$\left\{\sigma'\right\} = \begin{Bmatrix} \sigma'_{xx} \\ \sigma'_{yy} \\ \sigma'_{zz} \\ \sigma'_{xy} \\ \sigma'_{yz} \\ \sigma'_{zx} \end{Bmatrix} = \left[D^{RP}\right]\left\{\dot{\varepsilon}\right\} = \left[D^{RP}\right]\begin{Bmatrix} \dot{\varepsilon}_{xx} \\ \dot{\varepsilon}_{yy} \\ \dot{\varepsilon}_{zz} \\ \dot{\varepsilon}_{xy} \\ \dot{\varepsilon}_{yz} \\ \dot{\varepsilon}_{zx} \end{Bmatrix} \tag{A.49}$$

$$\left[D^{RP}\right] = \frac{2\bar{\sigma}}{3\dot{\bar{\varepsilon}}}\begin{bmatrix} 1 & 0 & 0 & 0 & 0 & 0 \\ 0 & 1 & 0 & 0 & 0 & 0 \\ 0 & 0 & 1 & 0 & 0 & 0 \\ 0 & 0 & 0 & 1 & 0 & 0 \\ 0 & 0 & 0 & 0 & 1 & 0 \\ 0 & 0 & 0 & 0 & 0 & 1 \end{bmatrix} \tag{A.50}$$

A・3　剛塑性有限要素法 (rigid-plastic finite element method)

・基本的な定式化　バルク材の塑性加工を対象としたシミュレータの多くは剛塑性解析を前提としているが，その場合には式(A.48)で与えられる Levy-Mises の構成式を利用する．この式は，Mises の降伏条件と，「偏差応力テンソルとひずみ増分テンソルの主軸が一致する」とした Reuss の仮定によって導かれている．

さて，3 次元問題をも含む形で一般化された釣合い式は，

$$\frac{\partial \sigma_{ji}}{\partial x_j} = 0 \tag{A.51}$$

で与えられている．この釣合い式を，弱形式（積分形式）表示して，体積一定条件，

$$\dot{\varepsilon}_{kk} = 0 \tag{A.52}$$

を Lagrange 乗数によって付帯すると，

$$\int_V \sigma'_{ij}\delta\dot{\varepsilon}_{ij}dV - \int_S \overline{T}_i\delta\dot{u}_i dS + \int_V \lambda\delta\dot{\varepsilon}_{kk}dV + \int_V \delta\lambda\dot{\varepsilon}_{kk}dV = 0 \tag{A.53}$$

が導かれる．$\delta(\ )$は境界条件を満足し且つ釣合っている状態からの仮想変動

を表す．σ'_{ij}は偏差応力テンソルの成分，$\bar{T}_i$は考えている閉領域Vの表面力境界S_Fに作用する表面力である．式(A.53)が任意の$\delta \dot{u}_i, \delta\lambda$について成立する場合について有限要素表示すると，節点速度$\{\dot{u}\}^n$とラグランジェ乗数λ（これは要素静水圧応力$\frac{1}{3}\sigma_{kk}$に等しい）を未知数とした非線形連立一次方程式が得られる．

ある要素nの節点速度を$\{\dot{u}\}^n$とすれば，変位の内挿と同じ形状関数(A.25)を利用して，要素内部の任意の位置$\mathbf{x}^{\langle i \rangle} : (x^{\langle i \rangle}, y^{\langle i \rangle})$での速度$\{\dot{u}\}$は，節点での速度$\dot{\mathbf{u}}^{\langle i \rangle} : (\dot{u}_x^{\langle i \rangle}, \dot{u}_y^{\langle i \rangle})$より補間できる．

$$\{\dot{u}\} = [\varphi]\{\dot{u}\}^n \tag{A.54}$$

ただし$[\varphi]$は形状関数である．節点速度，形状関数の次元数は，対象としている問題の次元数（1 次元／2 次元／3 次元）と，利用する要素を構成する節点数（頂点数）によって異なる．既に述べた通り，4 節点四角形要素の場合，$[\varphi]$は 2 行 8 列のマトリックスである．3 次元問題を一般的な 6 面体要素で取り扱う場合には，次元数は 3，節点数は 8 なので，節点速度$\{\dot{u}\}^n$は 24 行 1 列，要素の任意の位置での速度は 3 行 1 列のベクトルとなり，両者の内挿関係を規定する形状関数$[\varphi]$は 3 行 24 列のマトリックスとなる．

ひずみ速度$\dot{\boldsymbol{\varepsilon}}$は速度$\dot{\boldsymbol{u}}$の空間勾配によって表される．この定義式に基づいて式(A.54)を変換すると，節点速度と要素内部の任意の位置とを関係づける式が得られる．

$$\{\dot{\varepsilon}\} = [B]\{\dot{u}\}^n \tag{A.55}$$

既に説明したとおり，$[B]$は形状関数$[\varphi]$の勾配である．3 次元問題の場合ひずみ速度は 6 成分あるので，$[B]$は 6 行 24 列のマトリックスとなる．

式(A.48)で与えられていた Levy-Mises の流動則を，マトリックス形式で表すと次式が得られる．

$$\{\sigma'\} = \frac{2\bar{\sigma}}{3\dot{\bar{\varepsilon}}}\{\dot{\varepsilon}\} = \frac{2\bar{\sigma}}{3\dot{\bar{\varepsilon}}}[B]\{\dot{u}\}^n \tag{A.56}$$

相当応力は材料特性そのものであり，実験結果をもとに温度，ひずみ，ひずみ速度の関数として与える．また，美坂の式，志田の式などの実験式を利用して求めることもできる．相当ひずみ速度は，

$$\dot{\bar{\varepsilon}} = \sqrt{\frac{2}{3}\{\dot{u}\}^{nT}[B]^T[S][B]\{\dot{u}\}^n} \tag{A.57}$$

によりそれぞれの要素の任意の位置について計算できる．なおマトリックス$[S]$は，せん断変形に関わるひずみ速度が互いに関連する共役 2 成分あり，さらにひずみ速度が対称であることに対応して必要となる係数であり，3 次元問題については，

$$[S] = \begin{bmatrix} [E] & 0 \\ 0 & [2E] \end{bmatrix} \tag{A.58}$$

の通り，6 行 6 列のマトリックスとなる．ちなみに$[E]$は単位マトリックスである．式(A.57)の時間積分，すなわち微小時間についての積算和が相当ひずみ$\bar{\varepsilon}$である．

・塑性加工解析のための境界条件　塑性加工中の被加工材は，工具面に沿って流動する．被加工材の流動を表現するのは節点の速度であるから，工具に接触している節点の速度は，工具に沿っていなければならない．図 A.11 の通り，ロール表面の法線方向を向いた単位ベクトルを$\vec{n}$，成分を(n_x, n_y, n_z)とする．任意のベクトル$\vec{a}$について，その$\vec{n}$方向射影は$\vec{a}\cdot\vec{n}$で表される．法線と直交する単位ベクトル，すなわち接線ベクトルを$\vec{p}, \vec{q}$としこれらも互いに直交するとすれば，$\vec{n}, \vec{p}, \vec{q}$を 3 つの軸とする座標系を構成することが出来る．ベクトルの成分についての座標変換は，以下の式で表される．

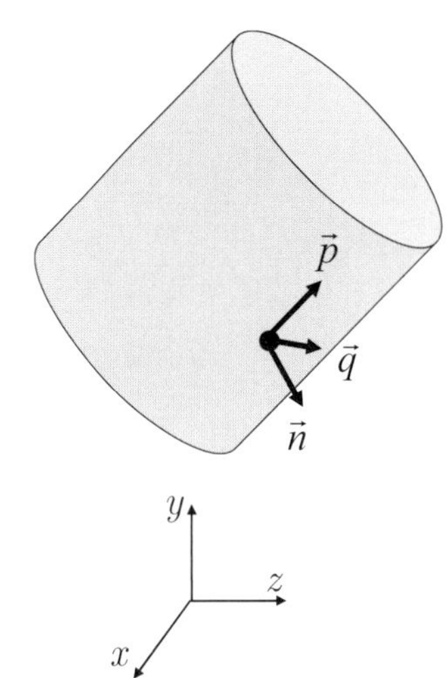

図 A.11　金型表面での局所座標系

$$\{a\}_{npq} = [\beta]\{a\}_{xyz} \tag{A.59}$$

式(A59)の逆を取ると，座標変換マトリックス$[\beta]$は直交マトリックスなので$[\beta]^{-1} = [\beta]^T$，すなわち，

$$\{a\}_{xyz} = [\beta]^T\{a\}_{npq} \tag{A.60}$$

が得られる．式(A.59)もしくは式(A.60)によって，任意のベクトルの成分の座標変換ができる．これを利用して工具に接触している節点の速度の座標を変換する．

$$\{\dot{u}\}^n_{xyz} = [\beta]^T\{\dot{u}\}^n_{npq} \tag{A.61}$$

工具に沿って流れる条件は，$\vec{\dot{u}}\cdot\vec{n} = 0$であるから，この条件は座標変換後の工具表面節点の速度の$\vec{n}$軸方向成分=0 として導入することができる．

塑性加工解析における応力境界条件には，a)圧延の場合のスタンド間張力などの応力境界条件，と，b)まさつ力がある．いずれの場合も，与えられる応力$\bar{T}$を面積積分し，節点に作用する集中荷重に置き換えて導入する．クーロンまさつ条件を利用する場合には，ロールに作用する垂直応力にまさつ係数を乗じてまさつ応力を算出する．ロールに作用する垂直応力は，以下の Cauchy の式(A.62)によりベクトルの成分として計算できるが，さらに応力ベクトルと単位法線ベクトル$\vec{n}$との内積$\vec{T}\cdot\vec{n}$によって，その大きさが計算できる．

$$T_j = n_i \sigma_{ij} \tag{A.62}$$

$$\|\vec{T}\| = n_j T_j = n_i n_j \sigma_{ij} \tag{A.63}$$

・剛性マトリックスの計算　仮想仕事の原理式(A.62)の各式に，以上で得られたマトリックス表示を代入すると，次式が得られる．

$$\delta\{\dot{u}\}^{nT}\int_V \frac{2\bar{\sigma}}{3\dot{\bar{\varepsilon}}}[B]^T[S][B]dV\cdot\{\dot{u}\}^n-\delta\{\dot{u}\}^{nT}\int_{S_F}[\varphi]^T\{\bar{T}\}dS$$
$$+\delta\{\dot{u}\}^{nT}\lambda\int_V[B]^T\{A\}dV+\delta\lambda\int_V\{A\}^T[B]dV\cdot\{\dot{u}\}^n=0$$

････ (A.64)

ただし$\{A\}$は，上3行の値が1.0，下3行の値が0.0となる，6行1列のベクトルである．式(A.58)が境界条件を満足する任意の仮想速度変化$\delta\{\dot{u}\}^n$，仮想ラグランジェ乗数変化$\delta\lambda$について満足されるためには，以下の式が常に成立している必要がある．

$$\int_V \frac{2\bar{\sigma}}{3\dot{\bar{\varepsilon}}}[B]^T[S][B]dV\{\dot{u}\}^n-\int_{S_F}[\varphi]^T\{\bar{T}\}dS+\lambda\int_V[B]^T\{A\}dV=0$$

････ (A.65)

$$\int_V\{A\}^T[B]dV\{\dot{u}\}^n=0 \tag{A.66}$$

すなわち，

$$\begin{bmatrix}\int_V \frac{2\bar{\sigma}}{3\dot{\bar{\varepsilon}}}[B]^T[S][B]dV & \int_V[B]^T\{A\}dV \\ \int_V\{A\}^T[B]dV & 0\end{bmatrix}\begin{Bmatrix}\{\dot{u}\}^n \\ \lambda\end{Bmatrix}=\begin{Bmatrix}\int_{S_F}[\varphi]^T\{\bar{T}\}dS \\ 0\end{Bmatrix}$$

････ (A.67)

である．左辺係数マトリックスの左上は要素の剛性を，右上・左下は体積一定の条件を表す．右辺は要素の外表面に作用している応力ベクトルを，節点に作用する集中荷重に置き換えたもの（節点力）である．なお，体積一定の条件は要素の中心において満足させるので（理由は次節で説明する），1つの要素についての剛性方程式(A.67)は，25×25 のマトリックス方程式となる．式(A.67)は，対象とする要素の力学的特性を，「バネ」－「外力」系にて近似した式に相当している．

式(A.67)を，領域を構成する全ての要素について重ね合わせると，領域全体についての有限要素式が得られる．式(A.67)の重ね合わせには，「内部節点に作用している力の合計は 0」という条件を利用する．式(A.67)の右辺は，それぞれの節点に作用している力を表すが，この力は隣接要素間での釣合い条件を満たす．たとえば図 A.12 に示す4要素モデルを考えると，一つの節点を共有す工具表面に存在する節点については，式(A.67)を領域全体に拡張すると同時に式(A.59)(A.60)(A.61)を代入し，「法線方向速度=0」なる条件を満足することが出来るようにする．式(A.64)に表れる仮想（節点）速度変化$\delta\{\dot{u}\}^n$は境界条件を満足するので，このことを参考にしつつ式(A.67)を変換すると，剛性方程式の左辺係数行列については左から$[\beta]$を右からは$[\beta]^T$を，右辺列ベクトルには左より$[\beta]$をかけることによって，境界条件を剛性方程式に導入することが出来る．

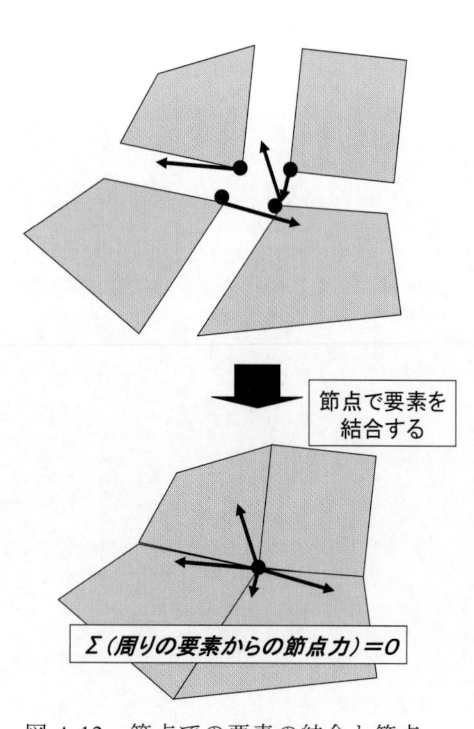

図 A.12　節点での要素の結合と節点力の釣合い

$$\begin{bmatrix} [\beta]\int_V \frac{2\bar{\sigma}}{3\dot{\bar{\varepsilon}}}[B]^T[S][B]dV\cdot[\beta]^T & [\beta]\int_V [B]^T\{A\}dV \\ \int_V \{A\}^T[B]dV\cdot[\beta]^T & 0 \end{bmatrix} \begin{Bmatrix} \{\dot{u}\}^n{}_{npq} \\ \lambda \end{Bmatrix} = \begin{Bmatrix} [\beta]\int_{S_F}[\varphi]^T\{\bar{T}\}ds \\ 0 \end{Bmatrix}$$

････ (A.68)

$\{\dot{u}\}^n{}_{npq}$ は局所座標変換後の節点速度である．工具表面上の節点については「垂直速度成分=0」の条件を導入したいときには，式(A.68)の剛性方程式より該当する行・列を除外してマトリックスを縮約し，縮約されたマトリックスについて解析を行うことによって実現できる．このことにより，垂直方向節点力が未知量となるが，これは解かれた節点速度を元の剛性方程式(A.62)に代入することで求めることができる．

なお剛性方程式(A.68)はラグランジェ乗数については線形であるが，節点速度については非線形であるので繰り返し計算によって答えを求める必要がある．繰り返し計算の方法には，直接代入法・ニュートンラフソン法などがあるが，収束精度を高めるためにはニュートンラフソン法が適していると言われている．

・体積一定条件の数値積分　ガウスの積分公式によって，K 点積分では $K-1$ 次の関数まで厳密に積分できる．ここで積分の対象となるのは，式(A68)に示されている式であり，その主な部分は $[B]$ マトリックスである.4 節点四角形要素の $[B]$ マトリックスは一次の関数であるから，$K=2$ すなわち 2 点積分を行えばよい．図 A.13 に示されている 4 節点四角形要素について，×点が積分点となる．

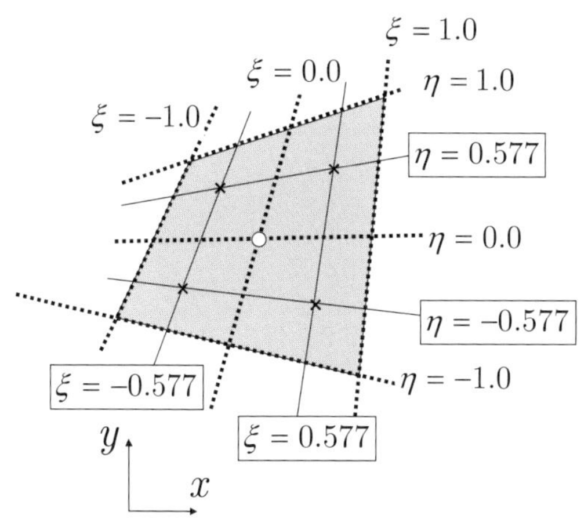

図 A.13　選択低減積分

式(A.67)の左辺係数マトリックスのうち，右上・左下は体積一定の条件を表していた．これについても積分を×点で行うと，積分点の数だけ非圧縮の拘束条件が付帯されることから，要素の変形の自由度が不足する．たとえば，5×5 要素の 2 次元計算では，最大の自由度（パラメータ数）は 6×6×2=72 である．そこに，各要素 4 点づつの体積一定の拘束条件が加わると，これだけで拘束条件数は 5×5×4=100 となり，有限要素モデルの自由度は，最大で 72-100=-28 となる．すなわちこのモデルは変形することができない．そこで，体積一定の条件のみ積分次数を下げた，選択低減積分(selective reduced integration)を行う．体積一定条件の評価点を，図 A.13 の○印（中心）のみとした $K=1$ の積分を行うと，拘束条件数は 5×5×1=25 に減少し，十分な変形自由度（最大で 72-25=47）を有限要素モデルに確保することができる．図 A.14 は，選択低減積分による計算例である．

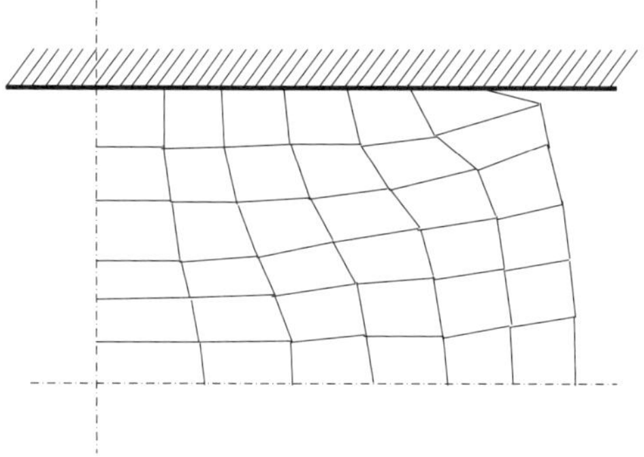

図 A.14　選択低減積分による計算例

Subject Index

T

索引

た

ま

や

JSMEテキストシリーズ一覧

〔各巻〕A4判

JSMEテキストシリーズ　JSME Textbook Series

加工学Ⅱ　Manufacturing Processes II

2004年9月20日　初版発行
2023年7月18日　第2版第1刷発行

著作兼発行者　一般社団法人　日本機械学会
（代表理事会長　伊藤　宏幸）

印刷者　柳瀬充孝
昭和情報プロセス株式会社
東京都港区三田5-14-3

発行所　東京都新宿区新小川町4番1号
KDX飯田橋スクエア2階
郵便振替口座　00130-1-19018番
電話（03）4335-7610　FAX（03）4335-7618　https://www.jsme.or.jp
一般社団法人　日本機械学会

発売所　東京都千代田区神田神保町2-17
神田神保町ビル
電話（03）3512-3256　FAX（03）3512-3270
丸善出版株式会社

ISBN 978-4-88898-340-2　C 3353

本書の内容でお気づきの点は　textseries@jsme.or.jp　へお知らせください。出版後に判明した誤植等は http://shop.jsme.or.jp/html/page5.html　に掲載いたします。